高等职业教育"十四五"规划畜牧兽医宠物大类新形态纸数融合教材

新形态教材

猪 生 产 技 术

ZHU SHENG CHAN JI SHU

主　编　霍海龙　白　玲　刘丽仙

副主编　张　霞　王　萍　母治平　杨文琳

编　者　（按姓氏笔画排序）

王　萍　玉溪农业职业技术学院

王　瑾　云南农业职业技术学院

白　玲　怀化职业技术学院

母治平　重庆三峡职业学院

刘　永　云南开放大学

刘兴能　云南农业职业技术学院

刘丽仙　楚雄师范学院

闫世雄　云南开放大学

杨文琳　宁夏职业技术学院

张　霞　吕梁学院

张小苗　大理农林职业技术学院

张旺宏　云南农业职业技术学院

范　俐　云南省农业科学院

赵　筱　云南农业职业技术学院

施红梅　云南开放大学

隋敏敏　云南农业职业技术学院

霍海龙　云南开放大学

魏椿萱　兰州现代职业学院

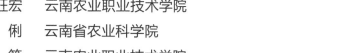
华中科技大学出版社
http://press.hust.edu.cn
中国·武汉

内 容 简 介

本书是高等职业教育"十四五"规划畜牧兽医宠物大类新形态纸数融合教材。

全书分为十个项目,内容包括猪场建设、猪种资源及选择利用、猪的繁殖技术、种猪的饲养管理、仔猪的培育、生长育肥猪的饲养管理、猪群保健防疫、猪场经营管理、猪生产实验实习指导以及猪生产实践技能训练。本书内容丰富,通俗易懂,并且融入了思政元素,突出职业性、实用性和规范性。

本书可作为高等职业院校畜牧兽医及相关专业的教学用书,还可作为基层畜牧兽医技术人员和养殖户的参考用书。

图书在版编目(CIP)数据

猪生产技术/霍海龙,白玲,刘丽仙主编. —武汉:华中科技大学出版社,2024.2
ISBN 978-7-5772-0422-2

Ⅰ. ①猪… Ⅱ. ①霍… ②白… ③刘… Ⅲ. ①养猪学 Ⅳ. ①S828

中国国家版本馆 CIP 数据核字(2024)第 016491 号

猪生产技术
Zhu Shengchan Jishu

霍海龙　白　玲　刘丽仙　主编

策划编辑:罗　伟

责任编辑:李　佩　李艳艳

封面设计:廖亚萍

责任校对:朱　霞

责任监印:周治超

出版发行:华中科技大学出版社(中国·武汉)　　电话:(027)81321913
　　　　　武汉市东湖新技术开发区华工科技园　　邮编:430223

录　　排:华中科技大学惠友文印中心

印　　刷:武汉市籍缘印刷厂

开　　本:889mm×1194mm　1/16

印　　张:10.75

字　　数:322 千字

版　　次:2024 年 2 月第 1 版第 1 次印刷

定　　价:49.80 元

高等职业教育"十四五"规划
畜牧兽医宠物大类新形态纸数融合教材
编审委员会

委员（按姓氏笔画排序）

于桂阳	永州职业技术学院	张代涛	襄阳职业技术学院
王一明	伊犁职业技术学院	张立春	吉林农业科技学院
王宝杰	山东畜牧兽医职业学院	张传师	重庆三峡职业学院
王春明	沧州职业技术学院	张海燕	芜湖职业技术学院
王洪利	山东畜牧兽医职业学院	陈 军	江苏农林职业技术学院
王艳丰	河南农业职业学院	陈文钦	湖北生物科技职业学院
方磊涵	商丘职业技术学院	罗平恒	贵州农业职业学院
付志新	河北科技师范学院	和玉丹	江西生物科技职业学院
朱金凤	河南农业职业学院	周启扉	黑龙江农业工程职业学院
刘 军	湖南环境生物职业技术学院	胡 辉	怀化职业技术学院
刘 超	荆州职业技术学院	钟登科	上海农林职业技术学院
刘发志	湖北三峡职业技术学院	段俊红	铜仁职业技术学院
刘鹤翔	湖南生物机电职业技术学院	姜 鑫	黑龙江农业经济职业学院
关立增	临沂大学	莫胜军	黑龙江农业工程职业学院
许 芳	贵州农业职业学院	高德臣	辽宁职业学院
孙玉龙	达州职业技术学院	郭永清	内蒙古农业大学职业技术学院
孙洪梅	黑龙江职业学院	黄名英	成都农业科技职业学院
李 嘉	周口职业技术学院	曹洪志	宜宾职业技术学院
李彩虹	南充职业技术学院	曹随忠	四川农业大学
李福泉	内江职业技术学院	龚泽修	娄底职业技术学院
张 研	西安职业技术学院	章红兵	金华职业技术学院
张龙现	河南农业大学	谭胜国	湖南生物机电职业技术学院

网络增值服务

使用说明

欢迎使用华中科技大学出版社医学资源网 yixue.hustp.com

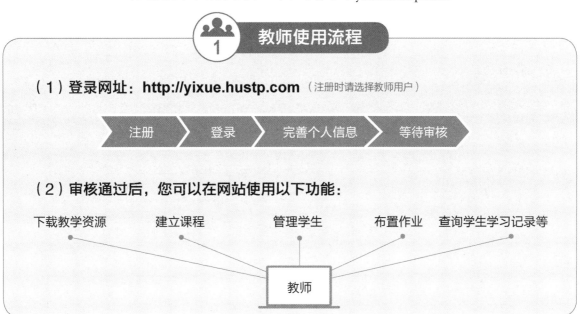

1 教师使用流程

（1）登录网址：http://yixue.hustp.com （注册时请选择教师用户）

注册 ＞ 登录 ＞ 完善个人信息 ＞ 等待审核

（2）审核通过后，您可以在网站使用以下功能：

下载教学资源　　建立课程　　管理学生　　布置作业　查询学生学习记录等

教师

2 学员使用流程

（建议学员在PC端完成注册、登录、完善个人信息的操作）

（1）PC端操作步骤

① 登录网址：http://yixue.hustp.com （注册时请选择普通用户）

注册 ＞ 登录 ＞ 完善个人信息

② 查看课程资源： （如有学习码，请在个人中心－学习码验证中先验证，再进行操作）

选择课程

首页课程 ＞ 课程详情页 ＞ 查看课程资源

（2）手机端扫码操作步骤

手机扫码 → 登录 → 查看数字资源

注册

出版说明

随着我国经济的持续发展和教育体系、结构的重大调整,尤其是 2022 年 4 月 20 日新修订的《中华人民共和国职业教育法》出台,高等职业教育成为与普通高等教育具有同等重要地位的教育类型,人们对职业教育的认识发生了本质性转变。作为高等职业教育重要组成部分的农林牧渔类高等职业教育也取得了长足的发展,为国家输送了大批"三农"发展所需要的高素质技术技能型人才。

为了贯彻落实《国家职业教育改革实施方案》《"十四五"职业教育规划教材建设实施方案》《高等学校课程思政建设指导纲要》和新修订的《中华人民共和国职业教育法》等文件精神,深化职业教育"三教"改革,培养适应行业企业需求的"知识、素养、能力、技术技能等级标准"四位一体的发展型实用人才,实践"双证融合、理实一体"的人才培养模式,切实做到专业设置与行业需求对接、课程内容与职业标准对接、教学过程与生产过程对接、毕业证书与职业资格证书对接、职业教育与终身学习对接,特组织全国多所高等职业院校教师编写了这套高等职业教育"十四五"规划畜牧兽医宠物大类新形态纸数融合教材。

本套教材充分体现新一轮数字化专业建设的特色,强调以就业为导向、以能力为本位、以岗位需求为标准的原则,本着高等职业教育培养学生职业技术技能这一重要核心,以满足对高层次技术技能型人才培养的需求,坚持"五性"和"三基",同时以"符合人才培养需求,体现教育改革成果,确保教材质量,形式新颖创新"为指导思想,努力打造具有时代特色的多媒体纸数融合创新型教材。本套教材具有以下特点。

(1)紧扣最新专业目录、专业简介、专业教学标准,科学、规范,具有鲜明的高等职业教育特色,体现教材的先进性,实施统编精品战略。

(2)密切结合最新高等职业教育畜牧兽医宠物大类专业课程标准,内容体系整体优化,注重相关教材内容的联系,紧密围绕执业资格标准和工作岗位需要,与执业资格考试相衔接。

(3)突出体现"理实一体"的人才培养模式,探索案例式教学方法,倡导主动学习,紧密联系教学标准、职业标准及职业技能等级标准的要求,展示课程建设与教学改革的最新成果。

(4)在教材内容上以工作过程为导向,以真实工作项目、典型工作任务、具体工作案例等为载体组织教学单元,注重吸收行业新技术、新工艺、新规范,突出实践性,重点体现"双证融合、理实一体"的教材编写模式,同时加强课程思政元素的深度挖掘,教材中有机融入思政教育内容,对学生进行价值引导与人文精神滋养。

(5)采用"互联网+"思维的教材编写理念,增加大量数字资源,构建信息量丰富、学习手段灵活、学习方式多元的新形态一体化教材,实现纸媒教材与多媒体资源的融合。

(6)编写团队权威,汇集了一线骨干专业教师、行业企业专家,打造一批内容设计科学严谨、深入浅出、图文并茂、生动活泼且多维、立体的新型活页式、工作手册式、"岗课赛证融通"的新形态纸数融合教材,以满足日新月异的教与学的需求。

本套教材得到了各相关院校、企业的大力支持和高度关注,它将为新时期农林牧渔类高等职业

教育的发展做出贡献。我们衷心希望这套教材能在相关课程的教学中发挥积极作用,并得到读者的青睐。我们也相信这套教材在使用过程中,通过教学实践的检验和实践问题的解决,能不断得到改进、完善和提高。

高等职业教育"十四五"规划畜牧兽医宠物大类

新形态纸数融合教材编审委员会

前言

猪生产技术是高等农业职业院校畜牧兽医专业的一门专业必修课。本教材是根据《教育部关于全面提高高等职业教育教学质量的若干意见》以及《关于加强高职高专教育教材建设的若干意见》的有关文件精神编写的。

本教材立足于培养"技术技能型人才"的教学需要，突出职业性、实用性和规范性。依据课程项目化教学改革的思路，本教材在内容体系设计上以猪生产工作环节组织项目内容，按企业经营管理流程安排学习内容和学习顺序，贴近生产实际；在内容选取上，充分吸纳了养猪行业的新知识、新技术、新工艺和新方法，结合畜牧兽医从业人员的行业需求和职业技能，突出对学生职业能力的培养和职业素质的养成。按照猪生产的工作过程，全书分为十个项目，内容包括猪场建设、猪种资源及选择利用、猪的繁殖技术、种猪的饲养管理、仔猪的培育、生长育肥猪的饲养管理、猪群保健防疫、猪场经营管理、猪生产实验实习指导以及猪生产实践技能训练。本教材又根据工作细节，将前八个项目分解成若干个任务，每个任务均具有较强的实践操作性，可解决猪生产中的具体问题。这样的教学设计板块思路清晰、循序渐进，有助于学生掌握猪生产的要点，提高学生的饲养技能。

本教材充分体现近年来国内外猪生产技术的最新研究成果，建立了该层次教学内容新体系；知识丰富，通俗易懂，理论联系实际，可操作性强，并且融入了思政元素，让学生在学习专业技能的同时培养职业精神。

本教材编写人员年龄梯度和职称梯度都较为合理，教材在编写过程中也得到了很多企业和高校专家的鼎力支持，在此一并致以诚挚的谢意。

由于编者水平有限，书中难免有一些疏漏之处，恳请读者和同行批评指正。

编　者

目录

项目一　猪场建设

学习目标

▲ 知识目标

1. 理解猪场选址和规划设计的基本原则,了解各类型猪舍的优点和缺点。
2. 掌握猪舍环境控制及废物处理的基本原理和方法。

▲ 能力目标

1. 能实地选择猪场场址,并根据场址实地进行规划布局。
2. 能根据猪场规模及生产工艺确定各类猪舍的数量和布局。

任务一　猪场设计与建设

任务知识

　　养猪生产的效果不仅取决于猪本身的遗传潜力,还与猪所处的环境条件密切相关。只有通过正确地选择猪场场址、饲养工艺流程和猪舍类型,合理地规划布局猪场建筑,科学地设计建造猪舍,完善猪场(舍)环境,处理与利用废弃物,为猪的生存和生产创造适宜的环境条件,保证猪群健康高产,才能提高猪场的经济效益、社会效益和环境效益。成功的猪场离不开科学选址、合理布局,达到这一标准,不仅可以有效地节约用地,而且能提高劳动生产效率,降低场内疫病的发生率,满足生猪最大生长潜能需要,提高猪场长期的经济效益。猪场设计与建设是进行猪生产的基础,主要包括选择猪场场址、确定猪场性质和规模、确定生产工艺流程、场地规划布局、猪舍设计及配套设备选择等。

一、猪场场址的选择

　　猪场场址的选择正确与否,与猪群的健康、生产性能以及生产效率等有着密切的关系。猪场用地应符合土地利用发展规划和村镇建设发展规划,满足建设工程需要的水文和工程地质条件。猪场选址应根据猪场的性质、规模、地形地势、水源、土壤、当地气候条件、饲料及能源供应、交通运输、产品销售以及与周围工厂、居民点及其他畜禽场的距离等有效防疫条件要求,当地农业生产、猪场粪污消纳能力等环保条件的要求,进行全面调查、综合分析后再做出决定。

(一)地形地势

　　猪场地形应开阔、整齐,有足够的使用面积。猪场生产区面积一般可按繁殖母猪每头 45～50 m² 或上市商品肉猪每头 3～4 m² 考虑,猪场生活区、行政管理区、隔离区另行考虑,且需留有发展余地。一般一个自繁自育,年出栏 1 万头商品肉猪的大型猪场,占地面积以 30000 m² 左右为宜。

　　猪场地势应较高、平坦。地势低洼的场地容易积水而潮湿泥泞,且夏季通风不良,空气闷热,容易造成蚊蝇和微生物滋生,而冬季则阴冷。猪场应节约用地,不占或少占耕地,在丘陵山地建场时应尽量选择阳坡,坡度不超过 20°。坡度过大,不但在施工中需要大力填挖土方,增加工程投资,而且在

Note

建成投产后也会给场内运输及管理工作造成不便。

土壤要求透气性好,易渗水,以沙壤土为宜。土壤一旦被污染,则多年具有危害性,因此选择场址时应避免在旧猪场或其他畜牧场场地上重建或改建。规定的自然保护区、生活饮用水水源保护区、风景旅游区、受洪水或山洪威胁及泥石流、滑坡等自然灾害多发地带,以及自然环境污染严重的地区等不宜作为猪场的建设地点。

(二)水源

猪场水源要求水量充足,水质良好,便于取用和进行卫生防护,并易于净化和消毒。水质要清洁,不含细菌、寄生虫卵及矿物毒物。农业部在《无公害食品 畜禽饮用水水质》(NY 5027—2008)、《无公害食品 畜禽产品加工用水水质》(NY 5028—2008)中明确规定了无公害畜牧生产中的水质要求。水源不符合饮用水卫生标准时,必须经净化消毒处理,达到标准后方能饮用。水源水域必须能满足场内生活用水、猪饮用及饲养管理用水(如调制饲料、冲洗猪舍、清洗机具和用具等)等的要求。水源的建设还要给猪场今后的生产发展留有余地。一个万头猪场日用水量达 150～250 t。猪需水量参考值见表 1-1。

表 1-1 猪需水量参考值

项 目	总需水量/[L/(头·天)]	饮用量/[L/(头·天)]
种公猪	40	10
空怀及妊娠母猪	40	12
带仔母猪	75	20
断奶仔猪	5	2
育肥猪	15	6

(三)电力和交通

猪场选址最好能距电源近,以节省输变电开支;供电稳定,少停电。机械化猪场有成套的机电设备,包括供水设备、保温设备、通风设备、饲料加工设备、饲料运输设备、饲料输送设备、清洁设备、消毒设备、冲洗设备等,用电量较大,加上生活用电,如一个万头猪场装机容量(除饲料加工外)达 70～100 kW。当电网不能稳定供电时,猪场应自备小型发电机组,以应对临时停电。

猪场要求交通便利,特别是大型集约化的商品猪场,饲料、产品、粪污和废弃物运输量很大,为了减少运输成本,应保证便利的交通条件。交通干线往往是疫病传播的途径,因此选择场址时既要考虑交通方便,又要使猪场与交通干线保持适当的距离。按照猪场建设标准,要求距离国道、省际公路500 m 以上,距离省道、区际公路 300 m 以上,距离一般道路 100 m 以上。猪场要修建专用道路与主要公路相连,以保证饲料的就近供应、产品的就近销售及粪污和废弃物的就地处理和利用等,以降低生产成本和防止污染周围环境。

(四)卫生防疫要求

为了保持良好的卫生防疫和安静的环境,猪场应远离居民区、兽医机构、屠宰场、公路、铁路干线(1000 m 以上),并根据当地常年主导风向,使猪场位于居民点的下风向和地势较低处,但要避开居民点的污水排出口。猪场距离一般牧场应不少于 300 m,距离大型牧场应不少于 1500 m。另外,猪场会产生大量的粪便及污水,如果能把养猪与养鱼、种植蔬菜和水果或农作物结合起来,则可变废为宝,达到综合利用的目的,保持生态平衡,保护环境。

二、确定猪场的性质和规模

猪场根据生产任务一般可分为选育场(原种场)、商品猪场、自繁自养专业场和供精站。猪场规模的大小,一般以基础母猪群数量或年出栏(种猪和肥猪)数量来表示。规模化养猪场类型的划分因采用的标准不同而异。根据养猪场年出栏商品肉猪的生产规模,规模化猪场可分为三种基本类型:

年出栏 10000 头以上商品肉猪的猪场为大型规模化猪场,年出栏 3000～10000 头商品肉猪的猪场为中型规模化猪场,年出栏 3000 头以下的猪场为小型规模化猪场。确定养猪场的经营类型,应以提高养猪场的经济效益为出发点和落脚点,充分发挥本地区的资源优势,根据市场需求和本场的实际情况来确定。

(一)种猪场

种猪场以饲养种猪为主,主要包括两种类型:一类是以繁殖推广优良种猪为主的专业场,当前全国各地的种猪场多属于这种类型;另一类是以繁殖出售商品仔猪为目的的母猪专业场,饲养的种猪应具有较强的繁殖力,这种母猪多数为杂种一代,通过三元杂交生产出售仔猪供应育肥猪场和市场。目前单纯以生产优质仔猪的母猪专业场在全国范围内并不多见。

(二)商品猪场

商品猪场专门从事肉猪育肥,以生产肉猪为经营目的。目前,我国商品猪场包括两种形式,也代表两种技术水平,反映了商品猪场的发展过程。一种是以专业户为代表的数量扩张型,是规模化养猪的初级类型,在广大农村普遍存在;另一种是拥有较大规模资金、技术和设备的养猪经营形式,是规模化养猪的最高形式,这种形式称为现代化密集型。它改变了传统的饲养方式,饲养的是优质瘦肉型猪,采用的是先进的饲养管理技术,具备现代营销手段,并能根据市场变化规律合理组织生产;不仅猪场生产规模扩大,而且产品质量也明显提高,并采用了一定的机械设备,生产水平和生产效率高,生产稳定,竞争力强。

(三)自繁自养专业场

自繁自养专业场即母猪和肉猪在同一个猪场集约饲养,解决了自身的仔猪来源,以生产商品猪为主,在一个生产区培育仔猪,在另一个生产区进行育肥,我国大型、中型规模化商品猪场大多采取这种经营方式。种猪应是繁殖性能优良、符合杂交方案要求的纯种或杂种,如培育品种(系)或外种猪及其杂种,来自经过严格选育的种猪繁殖场;杂交用的种公猪,最好来自育种场核心群或者种猪性能测定中心测定的优秀个体。仔猪来源于本场种猪,不受仔猪市场的影响,稳定性好;在严格的疾病控制措施和标准化饲养条件下,仔猪不易发病,规格整齐,为实现"全进全出"的生产管理提供了有效保证,且产品规范。

(四)供精站

供精站专门从事种公猪的饲养,目的在于为养猪生产提供量多质优的精液。公猪饲养场往往与人工授精站联系在一起,由于人工授精技术的推广与应用,进一步扩大了种公猪的利用率,种公猪精液的质量,直接关系到养猪生产的水平。为此,种公猪必须性能优良,必须是来自种猪性能测定站经性能测定的优秀个体或育种场核心群(没有种猪性能测定站的地区)的优秀个体。饲养的种公猪包括长白猪、大约克夏猪、杜洛克猪等主要引进品种和培育品种(系),饲养数量取决于当地繁殖母猪的数量,如繁殖母猪数量为 50000 头,按每头公猪年承担 400 头母猪的配种任务,则需种公猪 125 头,公猪年淘汰更新率如为 30%,还需饲养后备公猪约 40 头,因此该地区公猪的饲养规模约为 165 头。人工授精技术水平高,饲养公猪数可酌情减少。建场数量既要考虑方便配种,又要避免种公猪饲养数量过多导致浪费。

三、确定生产工艺流程

现代化养猪的目的是要摆脱分散的、传统的、季节性的生产方式,建立工厂化、程序化、常年均衡的养猪生产体系,从而达到生产的高水平和经营的高效益。现代化养猪生产一般采用分段饲养、全进全出饲养工艺,应根据猪场的饲养规模、技术水平及不同猪群的生理要求,选择不同的生产工艺类型。

(一)一点一线生产工艺

一点一线生产工艺是指在同一个地方,一个生产场按配种、妊娠、分娩、保育、生长、育肥生产流

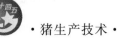

程组成一条生产线。根据商品猪生长发育不同阶段饲养管理方式的差异,一点一线生产工艺又分成3种常用的生产工艺。

1. 三段式生产工艺　三段式生产工艺指分三段饲养(空怀及妊娠期、哺乳期、生长育肥期)两次转群,三段式生产工艺流程如图1-1所示。

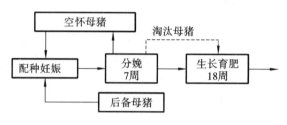

图1-1　三段式生产工艺流程

三段饲养是比较简单的生产工艺流程,它应用于规模较小的养猪企业,其特点是简单、转群次数少、猪舍类型少、节约维修费用,还可以重点采取措施。例如,分娩哺乳期可以采用好的环境控制措施,满足仔猪生长的条件,提高仔猪成活率,进而提高生产水平。

2. 四段式生产工艺　四段式生产工艺指分四段饲养(空怀及妊娠期、哺乳期、仔猪保育期、生长育肥期)三次转群,即将仔猪保育阶段独立出来,四段式生产工艺流程如图1-2所示。仔猪保育期一般持续到第10周,猪的体重达25 kg,转入生长育肥猪舍。断奶仔猪比生长育肥猪对环境条件要求高,这样便于采取措施提高仔猪成活率。在生长育肥猪舍饲养11～16周,体重达90～110 kg即可出栏。

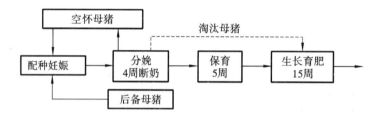

图1-2　四段式生产工艺流程

该工艺的主要特点如下。

(1) 妊娠母猪单栏饲养,便于饲养管理,母猪不会争吃打斗,避免损伤和其他应激,减少流产,而且比妊娠母猪小群饲养节约猪舍建筑面积500～600 m²(以万头猪场计)。

(2) 仔猪栏按7周设计,妊娠母猪可在产前1周进入分娩哺乳猪舍,仔猪4周断奶后,立即转走母猪,而仔猪再留养1周后转入保育猪舍,即可对产仔栏进行彻底清洁消毒。空栏1周有利于卫生防疫。

(3) 保育舍按6周设计,饲养5周,空栏清洁消毒1周,给生产周转留有一定余地。

(4) 仔猪出生后按哺乳、保育、生长和育肥四段饲养,比三段饲养(生长和育肥合二为一)可节约猪舍建筑面积300 m²左右(以万头猪场计)。

四段式生产工艺还有一种形式称为半限位生产工艺。它的特点是空怀和早期妊娠母猪采用每栏4～5头的小群饲养,产前5周为了便于喂料和避免打斗流产,又转入单栏饲养。采用这种工艺,哺乳母猪断奶后回到配种妊娠猪舍内小群饲养,母猪活动量增加,对增强母猪体质和延长母猪利用年限有一定好处,设计投资可减少一些,所以有些猪场也采用这种饲养工艺。缺点是小群饲养期饲养管理比较麻烦,有时母猪争食打斗会增加应激,猪舍面积也有所增加。

3. 五段式生产工艺　五段式生产工艺分为空怀配种期、妊娠期、哺乳期、仔猪保育期、生长育肥期五个阶段。图1-3为五段式生产工艺流程图。

五段饲养四次转群,与四段饲养工艺流程不同,它是将空怀待配母猪和妊娠母猪分开,单独组群,有利于配种,提高繁殖率。空怀母猪配种后观察21天,确认妊娠后转入妊娠猪舍饲养至产前7天,再转入分娩哺乳猪舍。这种工艺的优点是断奶母猪复膘快、发情集中、便于发情鉴定,容易把握适时配种。

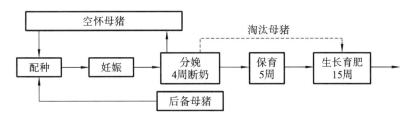

图 1-3　五段式生产工艺流程

（二）两点式生产工艺和三点式生产工艺

鉴于一点一线生产工艺存在的卫生防疫问题及其对猪生产性能的限制,1993 年以后美国养猪界开始采用一种新的养猪工艺,英文名为 Segregated Early Weaning,简称 SEW,即早期隔离断奶。这种生产工艺是指仔猪在较小的日龄即实施断奶,然后转到较远的另一个猪场中饲养。它的最大特点是防止病原体的积累和传染,实行仔猪早期断奶和隔离饲养相结合。它又可分为两点式生产和三点式生产。

1. 两点式生产工艺　其工艺流程如图 1-4 所示。

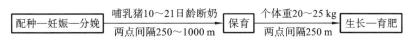

图 1-4　两点式生产工艺流程

2. 三点式生产工艺　其工艺流程如图 1-5 所示。

配种—妊娠—分娩　哺乳猪10～21日龄断奶　保育　个体重20～25 kg　生长—育肥
两点间隔250～1000 m　　两点间隔250 m

图 1-5　三点式生产工艺流程

四、确定各阶段猪舍数量

确定猪舍的种类和数量,是养猪场规划设计的基本程序。可根据生产工艺流程、饲养方式、饲养密度、猪栏占用时间、劳动定额,并综合考虑场地、设备等情况确定猪舍的种类和数量。

（一）确定各阶段的工艺参数

为了准确计算场内各期、各生产群的猪存栏数量,再据此计算出各猪舍所需的猪栏位数量,就必须首先确定各阶段的工艺参数。应根据当地(或本场猪群)的遗传基础、生产力水平、技术水平、经营管理水平和物质保证条件以及已有的历史生产记录和各项信息 资料,实事求是地确定生产工艺参数。猪场工艺参数参考值见表 1-2。

表 1-2　猪场工艺参数参考值

项　　目	参 考 值	项　　目	参 考 值
妊娠期	114 天	断奶仔猪成活率	95％
泌乳期	30 天	生长期、育肥期成活率	99％
保育期	35 天	每头母猪年产活仔数	20 头
生长(育成)期	56 天	公母猪年淘汰更新率	33％
育肥期	56 天	母猪情期受胎率	85％
空怀期	14 天	公、母猪比例	1∶25
繁殖周期	158 天	圈舍冲洗消毒时间	7 天
母猪年产胎次	2.31 胎	繁殖节律	7 天
母猪窝产仔数	10 头	母猪临产前进产房时间	7 天
窝产活仔数	9 头	母猪配种后原圈观察时间	21 天
哺乳仔猪成活率	90％		

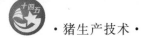

（二）确定各类猪舍中的猪存栏量

确定了生产工艺流程,就表示确定了需要建设的猪舍种类。各类猪舍中的猪存栏量可依据生产规模和采用的饲养工艺进行估测。下面以年出栏 10000 头商品肉猪场采用六阶段饲养工艺(空怀配种期、妊娠期、哺乳期、保育期、育成期、育肥期),各阶段工艺参数按表 1-2 执行为例说明估算方法。

1. 所需猪舍的种类 根据生产工艺流程可知,所需猪舍的种类有种公猪舍、空怀母猪舍、妊娠母猪舍、分娩哺乳猪舍、断奶仔猪保育舍、生长猪、肉猪育肥猪舍等。

2. 各类猪舍中的猪存栏量 各类猪舍中的猪存栏量计算如下。

（1）$年需要母猪总头数=\dfrac{年出栏商品肉猪总头数}{母猪年产胎次×窝产活仔数×各阶段成活率的乘积}$

$$=\frac{10000}{2.31×9×0.9×0.95×0.99}≈568(头)$$

（2）$公猪头数=母猪总头数×公、母猪比例=568×\dfrac{1}{25}≈23(头)$

（3）$空怀母猪头数=\dfrac{总母猪头数×饲养天数}{繁殖周期}=\dfrac{568×(14+21)}{158}≈126(头)$

（三）确定各类猪舍的数量

1. 确定繁殖节律 组建起哺乳母猪群的时间间隔(天数)称为繁殖节律。严格合理的繁殖节律是实现流水式生产工艺的前提,也是均衡生产商品肉猪、有计划利用猪舍和合理组织劳动管理的保证。繁殖节律按间隔天数可分为 1 日制、2 日制、7 日制或 14 日制等,视集约化程度和饲养规模而定。一般年产 30000 头以上商品肉猪的大型猪场多实行 1 日制或 2 日制,即每日(或每 2 日)有一批猪配种、产仔、断奶、仔猪育成和肉猪出栏;年产 5000~30000 头商品肉猪的猪场多实行 7 日制;规模较小的猪场所采用的繁殖节律较长。本例采用 7 日制。

2. 确定生产群的群数 用各生产群的猪在每个工艺阶段的饲养日数除以繁殖节律即为应组建的生产群的群数,再用每个工艺阶段猪群的总头数除以群数即可得到每群的头数。本例计算结果见表 1-3。

表 1-3 应组建的猪生产群数及每群的头数

猪　群	饲养日数/日	总头数/头	繁殖节律/日	猪群数/群	每群猪的头数/头
空怀母猪	35	127	7	5	26
妊娠母猪	84	312	7	12	26
分娩哺乳母猪	42	153	7	6	26
保育仔猪	35	1030	7	5	206
生长育成猪	56	1566	7	8	196
育肥猪	56	1550	7	8	194

3. 估算各类猪舍的栋数

（1）分娩哺乳猪舍:按繁殖节律组建的分娩哺乳母猪群各占一栋猪舍,再加上猪舍的冲洗消毒时间(一般为 7 日),则分娩哺乳母猪舍的栋数计算结果如下:

$$分娩哺乳母猪舍的栋数=\frac{饲养日数+猪舍冲洗消毒时间}{繁殖节律}=\frac{42+7}{7}=7(栋)$$

（2）断奶仔猪保育舍:按繁殖节律组建的断奶仔猪群各占一栋猪舍,再加上猪舍的冲洗消毒时间(一般为 7 日),则断奶仔猪保育舍的栋数计算结果如下:

$$断奶保育仔猪舍的栋数 = \frac{饲养日数 + 猪舍冲洗消毒时间}{繁殖节律} = \frac{35 + 7}{7} = 6(栋)$$

（3）生长猪舍：按每一个生产群占一栋猪舍来计算，考虑消毒需要再加1栋，需要9栋。为了便于管理，减少猪舍栋数，生产上多将几个生产猪群占用同一栋猪舍。例中如果4个生产群占一栋猪舍，则栋数为8÷4＝2(栋)，考虑消毒需要再加1栋，建造3栋生长猪舍即可满足生产需要。

（4）育肥猪舍：同生长猪舍一样，共需建造3栋肉猪育肥猪舍才能满足生产需要。

（5）妊娠母猪舍：与生长猪舍相同，也是4个生产群共同占用一栋猪舍，则栋数为12÷4＝3(栋)，考虑冲洗消毒需要再加1栋，共建4栋妊娠母猪舍就能保证生产。

（6）空怀待配母猪舍：按照以上思路，如果将5个生产群占一栋猪舍，考虑消毒需要加1栋，则空怀母猪舍的总栋数为2栋。

（7）种公猪舍：如采用自然交配，需要养23头种公猪，建1栋种公猪舍就能满足需要。如采用人工授精，从外单位购买精液，则可不必饲养公猪，也就不需建造种公猪舍。

五、猪场布局规划

养猪场科学合理的规划布局，可以减少建场投资、方便生产管理、利于卫生防疫、降低生产运营成本，从而提高生产效率。

（一）猪场场地规划

猪场场地规划要考虑的因素较多，猪场总体布局要从防疫和生产管理角度出发，按生产情境需要将猪场进行功能分区。猪场的功能分区是指将功能相同或相似的建筑物集中在场地一定范围内。猪场的功能分区是否合理，各区建筑物布局是否恰当，不仅影响基建投资、经营管理、组织生产，还会影响猪场防疫效果和生产效益。猪场场地主要包括生产区、生产管理区、隔离区、生活区、绿化区、场内道路及排水等。为便于防疫和安全生产，应根据当地全年主风向和场址地势，有序安排以下各区。

1. 生活管理区　生活区包括文化娱乐室、职工宿舍、食堂等。此区应设在猪场大门外面。生活区设在上风向或偏风向和地势较高的地方，同时其位置应便于与外界联系。猪场管理区主要包括办公室、接待室、会议室、技术资料室、化验室、食堂餐厅、职工值班宿舍、厕所、传达室、警卫值班室、围墙和大门，以及外来人员第一次更衣消毒室和车辆消毒设施等办公管理用房和生活用房。有家属宿舍时，应单设生活区。

2. 生产辅助区　生产辅助区包括猪场生产管理必需的附属建筑物，如饲料加工车间、饲料仓库、修理车间、变电所、锅炉房、水泵房等。它们和日常的饲养工作有着密切的关系，所以这个区应该与生产区毗邻建立。

3. 生产区　生产区包括各类猪舍和生产设施(各种生产猪舍、隔离舍、消毒室、兽医室、药房、值班室、饲料间)，也是猪场最主要的区域，严禁外来车辆进入生产区，也禁止生产区车辆外出。生产区应独立、封闭和隔离，与生活区和管理区保持一定的距离(最好超过100 m)，并用围墙或铁丝网封闭起来，围墙外最好用鱼塘、水沟或果林绿化带与生活区和管理区隔离。生产区是猪场中的主要建筑区，一般建筑面积占全场总建筑面积的70%～80%。为了避免来往人员、车辆、物料等未经消毒、净化就进入生产区，应注意以下几点。

（1）生产区最好只设一个大门，并设车辆消毒室、人员清洗消毒室和值班室等。

（2）出猪台和集粪池应设在围墙边，外来运猪车、运粪车等不必进入生产区即可操作。

（3）若饲料厂不在生产区，可在生产区围墙边设饲料间，外来饲料车在生产区外将饲料卸到饲料间，再由生产区自用饲料车送至各栋猪舍。饲料厂与生产区相连，则只允许饲料厂的成品仓库一端与生产区相通，以便于区内自用饲料车运料。总之，应根据当地的自然条件，充分利用有利因素，从而在布局上做到对生产最为有利。

4. 隔离区　隔离区包括兽医诊疗室、病畜隔离舍、尸体解剖室、病尸高压灭菌或焚烧处理设备区及粪便和污水储存与处理设施区。该区应尽量远离生产猪舍，设在整个猪场的下风向或偏风向和地势较低处，以避免疫病传播和环境污染，该区是卫生防疫和环境保护的重点。

5. 场内道路和排水　场内道路应分设净道、污道,且互不交叉。净道专用于运送饲料、猪及饲养员行走等,污道则专运粪污、病猪、死猪等。生产区不宜设直通场外的道路,以利于卫生防疫,而生产管理区和隔离区应分别设置通向场外的道路。

猪场内排水应设置明道与暗道,注意把雨水和污水严格分开,尽量减少污水处理量,保持污水处理工序正常运转。如果有足够面积,应充分考虑雨水和污水的高效净化利用。

6. 绿化区　绿化可以美化环境、吸尘灭菌、降低噪声、净化空气、防疫隔离、防暑防寒。但设置绿化区也有争议,因为树木会把鸟吸引过来,而不利于疾病的防疫。

(二)场区布局

对猪场的建筑物进行布局时需考虑各建筑物间的功能关系、卫生防疫、通风、采光、防火、节约占地等。

生活管理区与场外联系密切,为保障猪群防疫,宜设在猪场大门附近,门口分别设置行人和车辆消毒池,两侧设值班室和更衣室。管理区还包括办公室、畜牧技术室、会计及出纳室、接待室、会议室、食堂、宿舍、场大门、配电室、水塔、车库、杂品库、饲料加工间及饲料库、厕所等。一般猪场的建筑设施见表1-4。

表 1-4　一般猪场的建筑设施

生产建筑设施	辅助生产建筑设施	生活与管理建筑
配种猪舍、妊娠猪舍 分娩哺乳猪舍 仔猪培育舍 育肥猪舍 病猪隔离舍 病死猪无害化处理设施 装卸猪台	消毒沐浴室、兽医化验室、急宰间和焚烧间、饲料加工间、饲料库、汽车库、修理间、配电室、发电机房、水塔、蓄水池和压力罐、水泵房、物料库、污水及粪便处理设施	办公用房、食堂、宿舍、文化娱乐用房、围墙、大门、门卫室、厕所、场区其他工程

生产区各猪舍的位置需考虑配种、转群等联系方便,并注意卫生防疫,种猪舍、仔猪舍应置于上风向和地势较高处。繁殖猪舍、分娩猪舍应设置在位置较好的地方,分娩猪舍既要靠近繁殖猪舍,又要接近仔猪培育舍,育成猪舍靠近育肥猪舍,育肥猪舍设在下风向。商品猪场置于离场门或围墙靠近处,围墙内侧设装猪台,运输车辆停在墙外装车。因此各类猪舍按风向由上到下的排列顺序依次为配种猪舍、妊娠猪舍、分娩哺乳猪舍、断奶仔猪舍、生长猪舍、育肥猪舍等。若当地全年主风向为西北风且北面地势高,则由北向南顺序安排配种猪舍、妊娠猪舍、产房、培育猪舍。在围墙东南和西南角各设装猪台一个,场外运猪车在东西围墙外由装猪台装猪,生产区东、西污道均需设栏杆或密植绿篱,作转群或售猪的赶猪通道。

病猪隔离舍和粪污处理区应置于全场最下风向和地势最低处,距生产区宜保持至少 50 m 的距离。

炎热地区,应根据当地夏季主风向安排猪舍朝向,以加强通风效果,避免太阳辐射。寒冷地区,应根据当地冬季主风向确定朝向,减少冷风渗透量,增加热辐射,一般以冬季或夏季主风向与猪舍长轴成 30°~60°角为宜,应避免主风向与猪舍长轴垂直或平行。

六、猪舍设计

(一)确定猪舍类型

猪舍类型按封闭程度可分为开放式猪舍、半开放式猪舍和密闭式猪舍。其中密闭式猪舍按窗户有无又可分为有窗密闭式猪舍和无窗密闭式猪舍。

1. 开放式猪舍　开放式猪舍三面设墙、一面无墙,通常是在南面不设墙。开放式猪舍结构简单,造价低廉,通风采光均好,但是受外界环境影响大,尤其是冬季的防寒难以解决。开放式猪舍适用于农村小型养猪场和专业户,如在冬季加设塑料薄膜可改善保温效果(图1-6)。

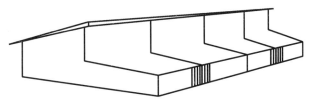

图1-6 开放式猪舍

2. 半开放式猪舍 半开放式猪舍三面设墙、一面设半截墙。其优缺点及使用效果与开放式猪舍接近,只是保温性能略好,冬季在敞开部分加设草帘或塑料薄膜等遮挡物形成密封状态,能明显提高保温性能。

3. 有窗密闭式猪舍 猪舍四面设墙,多在纵墙上设窗,窗的大小、数量和结构可依当地气候条件来定。寒冷地区可适当少设窗户,而且南窗宜大、北窗宜小,以利于保温。夏季炎热地区可在两纵墙上设地窗,屋顶设通风管或天窗。这种猪舍的优点是猪舍与外界环境隔绝程度较高,猪舍保温隔热性能较好,不同季节可根据环境温度启闭窗户以调节通风量或保温,使用效果较好,特别是防寒效果较好;缺点是造价较高。此类型猪舍适用于我国大部分地区,特别是北方地区以及分娩舍、保育舍(图1-7)。

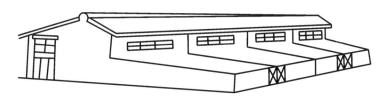

图1-7 有窗密闭式猪舍

4. 无窗密闭式猪舍 猪舍四面设墙,与有窗密闭式猪舍不同的是,墙上只设应急窗,仅供停电时急用,不作采光和通风之用。该种猪舍与外界自然环境隔绝程度较高,舍内的通风、光照、采暖等全靠人工设备调控,能给猪提供适宜的环境条件,有利于猪的生长发育,能够充分发挥猪的生长潜力,提高猪的生产性能和劳动生产率。其缺点是猪舍建筑、设备等投资大,能耗和设备维修费用高,因而在我国的应用还不是十分普遍,主要用于对环境条件要求较高的猪,如用作产房、仔猪培育舍等。

猪舍的作用是为猪提供一个适宜的环境,不同类型的猪舍,一方面影响舍内小气候,如温度、湿度、通风、光照等;另一方面影响猪舍环境改善的程度和控制能力,如开放式猪舍的小环境条件受到舍外自然环境条件的影响很大,不利于采用环境控制设施和手段。因此,根据猪的需求和当地的气候条件,同时考虑场内外其他因素,来确定适宜的猪舍类型十分重要。猪舍类型的选择可参考表1-5。

表1-5 我国畜舍建筑气候分区及房舍类型

气候区域	1月份平均气温/℃	7月份平均气温/℃	相对湿度/(%)	建筑要求	应选择的畜舍类型
I 区	−30～−10	5～26	—	防寒、保温、供暖	密闭式
u 区	−10～−5	17～29	50～70	冬季保温、夏季通风	半开放式或密闭式
m 区	−2～11	27～30	70～87	夏季降温、通风防潮	开放式、半开放式或有窗密闭式
N 区	10以上	27以上	75～80	夏季降温、通风、遮阳隔热	开放式、半开放式或有窗密闭式
V 区	5以上	18～28	70～80	冬暖夏凉	开放式、半开放式或有窗密闭式

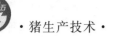

（二）猪舍基本结构设计

一个猪舍的基本结构包括地基与基础、地面、墙壁、屋顶、门窗等，其中地面、墙壁、屋顶、门窗等又统称猪舍的外围护结构。猪舍的小气候状况在很大程度上取决于猪舍基本结构，尤其是外围护结构的性能（图1-8）。

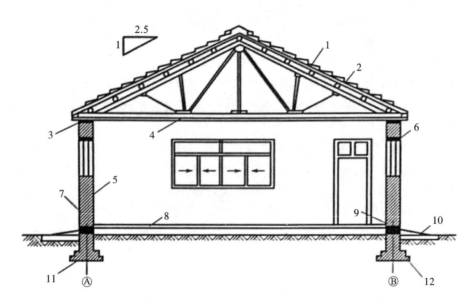

图1-8　猪舍的主要结构

1—屋架；2—屋面；3—圈梁；4—吊顶；5—墙裙；6—钢筋砖过梁；7—勒脚

8—地面；9—踢脚；10—散水；11—地基；12—基础

1. 地基与基础　猪舍的坚固性、耐久性和安全性与地基和基础有很大的关系，因此要求地基与基础必须具备足够大的强度和稳定性，以防止猪舍因沉降（下沉）过大或发生不均匀沉降而引起裂缝和倾斜，导致猪舍的整体结构受到影响。

支持整个建筑物的土层称为地基，可分为天然地基和人工地基。一般猪舍多直接建于天然地基上。天然地基的土层要求结实、土质一致、有足够的厚度、压缩性小、地下水位在2 m以下。通常以一定厚度的沙壤土层或碎石土层为宜，黏土、黄土、沙土以及富含有机质和水分及膨胀性大的土层不宜作为地基用土。

基础是猪舍地面以下承载猪舍各种荷载并将其传给地基的构件，它的作用是将猪舍自重及舍内固定在地面和墙上的设备、屋顶积雪等荷载传给地基。基础埋置深度因猪舍自重大小、地下水位高低、地质状况不同而异。混凝土、条石、黏土砖均可作为基础。为防止水通过毛细管向上渗透，一般基础顶部应铺设防潮层。基础一般比墙宽10～20 cm，并成梯形或阶梯形，以减少建筑物对地基的压力。基础埋深一般为50～70 cm，要求埋置在土层最大冻结深度之下，同时还要加强基础的防潮和防水能力。实践证明，加强基础的防潮和保温，对改善舍内小气候具有重要意义。

2. 地面　地面是猪采食、趴卧、活动、排泄的场所，与猪舍内小气候和卫生状况的关系十分密切，因此，要求地面坚实、致密、平整、不滑、不硬、有弹性、不透水，便于清扫和清洗消毒，导热性小、具有较高的保温性能，同时地面一般应保持一定坡度（3%～4%），以利于地面干燥。土质地面、三合土地面和砖地面保温性能好，但不坚固、易渗水，不便于清洗和消毒。水泥地面坚固耐用、平整，易于清洗消毒，但保温性能差。目前大多数猪舍地面为水泥地面，为增强保温效果，可在地面下层铺设孔隙较大的材料如炉灰渣、空心砖等；如经济条件允许，可以铺地暖设施（水暖或电暖）。为防止雨水倒灌入猪舍内，一般猪舍内地面高出猪舍外地面30 cm左右。

3. 墙壁　墙壁是将猪舍与外部空间隔开的主要外围护结构。对墙壁的要求是坚固耐久和保暖性能良好。不同的材料决定了墙壁的坚固性和保暖性能的差异。石料墙壁的优点是坚固耐久，缺点是导热性强、保温性能差和易于在墙壁凝结水汽,补救的办法是在内墙用砖砌筑,或在外墙壁上附加一层厚度为 5～10 cm 的泥墙皮,以增强其保温防潮性能。砖墙具有较好的保温性能、防潮性能和坚固性,但应达到一定的厚度。为增强保温性能可砌筑空心墙或内夹保温板的复合墙体。

4. 屋顶与天棚 屋顶的作用是防止漏水和保温隔热。屋顶的保温隔热作用比墙大,它是猪舍散热最多的部位,也是夏季吸收太阳能最多的部位,因而要求结构简单,经久耐用,保温性能好。

按结构形式不同,猪舍屋顶可分为单坡式屋顶、双坡式屋顶、联合式屋顶、平顶式屋顶、拱顶式屋顶、钟楼式屋顶、半钟楼式屋顶等类型(图 1-9)。各种样式屋顶结构特点见表 1-6。

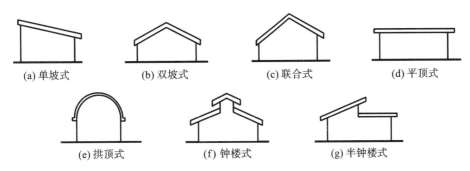

(a) 单坡式　(b) 双坡式　(c) 联合式　(d) 平顶式

(e) 拱顶式　(f) 钟楼式　(g) 半钟楼式

图 1-9　不同形式的猪舍屋顶

表 1-6　不同样式屋顶特点

屋顶类型	结构特点	优点	缺点	适用范围
单坡式屋顶	以山墙承重,屋顶只有一个坡向,跨度较小,一般南墙高而北墙低	结构简单,造价低廉,既可保证采光,又缩小了北墙面积和舍内容积,有利于保温	温度较低,不便于工人在舍内操作,前面易刮进风雪	适用于单列舍和较小规模猪群
双坡式屋顶	最基本的畜舍屋顶形式,屋顶两个坡向,适用于大跨度畜舍	结构简单,同时有利于保温和通风,比较经济	如设天棚,则保温隔热效果更好	适用于较大跨度的猪舍和各种规模的不同猪群
联合式屋顶	与单坡式基本相同,但在前缘增加一个短椽,起挡风避雨的作用	保温性能比单坡式屋顶大大提高	采光略差于单坡式屋顶	适用于跨度较小的猪舍

天棚又称顶棚或天花板,是将猪舍与屋顶下空间隔开的结构。天棚的功能在于加强畜舍冬季的保温和夏季的隔热。天棚应保温、不透气、不透水、坚固耐久、结构轻便简单。天棚上铺设足够厚度的保温层是天棚能否起到保温隔热作用的关键,而结构严密(不透水、不透气)是重要保证。保温层材料可因地制宜地选用珍珠岩、锯末、亚麻屑等。

5. 门窗 人、猪出入猪舍及运送饲料、粪污等均需经过门。因此,门应坚固耐用,并能保持舍内温度和便于人、猪的出入。门可以设在端墙上,也可以设在纵墙上,但一般不设北门或西门。双列猪舍门的宽度不小于 1.5 m、高度 1.0 m,单列猪舍要求宽度不小于 1.1 m,高 1.8～2.0 m。猪舍门应向外开。在寒冷地区,通常设门斗以防止冷空气侵入,并缓和舍内热能的外流。门斗的深度应不小于 2.0 m,宽度应比门长 0.5～1.0 m。

封闭式猪舍均应设窗户,以保证舍内的光照充足、通风良好。窗户距地面 1.1～1.2 m,顶距屋檐 40～50 cm,两窗间隔为窗宽度的 2 倍左右。在寒冷地区,应兼顾采光与保温,在保证采光系数的前提下尽量少设窗户,并多设南窗、少设北窗。窗户的大小以有效采光面积对舍内地面面积之比,即采光系数来计算,一般种猪舍为 1:(10~12)、育肥猪舍为 1:(12~15)。炎热地区南北窗的面积之比应保持在(1~2):1,寒冷地区则保持在 (2~4):1。

(三)确定猪栏排列方式

按猪栏的排列方式,猪舍可分为单列式猪舍、双列式猪舍和多列式猪舍(图 1-10)。

图 1-10　单列式猪舍、双列式猪舍及多列式猪舍示意图

1. 单列式猪舍　单列式猪舍的跨度较小,猪栏排成一列,一般靠北墙设饲喂走道,舍外可设或不设运动场。其优点是结构简单,对建筑材料要求较低,通风采光良好,空气清新,缺点是土地及建筑面积利用率不高,冬季保温能力差。这种猪舍适用于专业户养猪和饲养种猪。

2. 双列式猪舍　双列式猪舍的猪栏排成两列,中间设一条走道,有的还在两边再各设一条清粪通道,优点是保温性能好,土地及建筑面积利用率较高,管理方便,便于机械化作业,但是北侧猪栏自然采光差,圈舍易潮湿,建造比较复杂,投资较大。这种猪舍适用于规模化养猪场和饲养育肥猪。

3. 多列式猪舍　多列式猪舍的跨度较大,一般在 10 m 以上,猪栏排列成三列、四列或更多列。多列式猪舍的猪栏集中,管理方便,土地及建筑面积利用率高,保温性能好;缺点是构造复杂,采光通风差,圈舍阴暗潮湿,空气差,容易传染疾病,一般应辅以机械强制通风,投资和运行费用较高。这种猪舍一般情况下不宜采用,主要用于大群饲养育肥猪。

(四)各类猪舍设计

不同年龄、不同性别和不同生理阶段的猪对环境条件的要求各不相同,根据猪的生理特点和生物学、行为学特性,设计建造不同用途的猪舍。猪舍大体划分为五类,即公猪舍、空怀与妊娠母猪舍、泌乳母猪舍(分娩舍、产房)、仔猪保育舍和生长育肥猪舍。不同猪舍的结构、样式、大小以及保温隔热性能等均有所不同。

1. 公猪舍　种公猪均为单圈饲养,公猪舍多采用带运动场的单列式。公猪栏要求比母猪和育肥猪栏宽,高度为 1.2~1.4 m,每栏面积一般为 7~9 m²。公猪舍应配置运动场,以保证公猪充足的运动量,防止公猪过肥,保证健康,从而提高精液品质,延长利用年限。

2. 空怀与妊娠母猪舍　空怀与妊娠母猪舍可设计成单列式、双列式或多列式,一般小规模猪场可采用带运动场的单列式,现代化猪场则多采用双列式或多列式。空怀与妊娠母猪可采用群养,也可单养。群养时,通常每圈饲养空怀母猪 4~5 头或妊娠母猪 2~4 头。群养可提高猪舍的利用率,使空怀母猪间相互诱导发情,但母猪发情不容易检查,妊娠母猪常常因争食、咬架而导致死胎、流产等。单养(单体限位栏饲养,每个限位栏长 2.1 m、宽 0.65~0.7 m)便于发情鉴定、配种和定量饲喂,但母猪的运动量小,受孕率有下降的趋向,难产和肢蹄病增多,降低母猪的利用年限。妊娠母猪亦可采用隔栏定位采食,采食时猪进入小隔栏,平时则在大栏内自由活动,这样可以增加活动量,减少肢蹄病和难产,延长母猪利用年限。

3. 泌乳母猪舍　泌乳母猪舍供母猪分娩、哺育仔猪用,其设计既要满足母猪需要,也要兼顾仔猪的要求,常采用三过道双列式的有窗密闭式猪舍,舍内配置分娩栏,分设母猪限位区和仔猪活动栏两部分。

4. 仔猪保育舍　仔猪保育舍也称仔猪培育舍,常采用密闭式猪舍。仔猪断奶后就原窝转入仔猪保育舍。仔猪因身体功能发育不完全,怕冷,抵抗力、免疫力差,易感染疾病,因此,仔猪保育舍要提供温暖、清洁的环境,配备专门的供暖设备。仔猪保育常采用大栏地面群养方式,每群 8~12 头。

5. 生长育肥猪舍　　生长育肥猪身体功能发育日趋完善,对不良环境条件具有较强的抵抗力,因此,可采用多种形式的圈舍饲养。生长育肥猪舍可设计成单列式、双列式或多列式。生长育肥猪可划分为育成和育肥两个阶段,生产中为了减少猪群的转群次数,往往把这两个阶段合并成一个阶段饲养,多采用实体地面、部分漏缝地板或全部漏缝地板的地面群养,每群 10～20 头,每头猪占地面(栏底)面积 0.8～1.0 m²,采食宽度 35～40 cm。

七、配套设备选择

合理配置养猪场设备是提高饲养密度、调控舍内环境、搞好卫生防疫和防止环境污染的重要保证。合理配置养猪设备,可以提高劳动生产率、改善猪福利、提高生产性能和产品的质量,从而直接影响养猪场的效益。养猪场的主要设备包括各种限位饲养栏,漏缝地板,供水系统,饲料加工、储存、运送及饲养设备,供暖通风设备,粪尿处理设备,卫生防疫、检测器具和运输工具等。

(一)猪栏的设计

猪栏是限制猪的活动范围和防护的设施(备),为猪的活动、生长发育提供了场所,也便于饲养人员的管理。猪栏一般分为公猪栏、配种栏、妊娠栏、分娩栏、仔猪保育栏、生长育肥栏等。猪栏的基本结构和基本参数应符合 GB/T 17824.2—2008。

1. 公猪栏　　公猪栏面积一般为 7～9 m²,栏高 1.2～1.4 m,每栏饲养 1 头公猪,栅栏可以是金属结构,也可以是混凝土结构,栏门均采用金属结构。

2. 配种栏　　配种栏有两种:一种是采用公猪栏,将公、母猪驱赶到栏中进行配种。另一种是由 4 个饲养空怀待配母猪的单体限位栏与 1 个公猪栏组成的一个配种单元,公猪饲养在空怀母猪后面的栏中。这种配种栏将公、母猪饲养在一起,具有利用公猪诱导空怀母猪提前发情、缩短空怀期、便于配种、不必专设配种栏的优点。

3. 妊娠栏　　集约化和工厂化养猪多采用母猪单体限位栏饲养空怀及妊娠母猪,用钢管焊接而成,由两侧栏架和前门、后门组成,前门处安装食槽和饮水器,栏长 2.1 m、宽 0.6 m、高 0.96 m。与群养相比,其优点是便于观察发情,及时配种,避免母猪采食争斗,易掌握喂量、控制膘情、预防流产。缺点是限制母猪运动,容易出现四肢软弱或肢蹄病,繁殖性能有降低的趋势。母猪单体限位栏如图 1-11 所示。

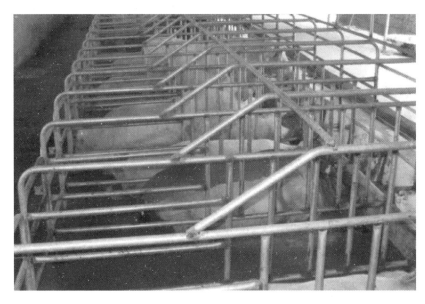

图 1-11　母猪单体限位栏

4. 分娩栏　　分娩栏是一种单体栏,是母猪分娩、哺乳和仔猪活动的场所。分娩栏的中间为母猪限位架,母猪限位架一般采用圆钢管和铝合金制成,长 2.0～2.1 m,宽 0.55～0.65 m,高 1.0 m;两侧是仔猪围栏,用于隔离仔猪,仔猪在围栏内采食、饮水、取暖和活动。分娩栏一般长 2.1~2.3 m、宽 1.65~2.0 m,仔猪围栏高 0.4~0.5 m。高床分娩栏是将金属编织漏缝地板铺设在粪沟的上面,再在金属地板网上安装母猪限位架、仔猪围栏、仔猪保温箱等(图 1-12)。

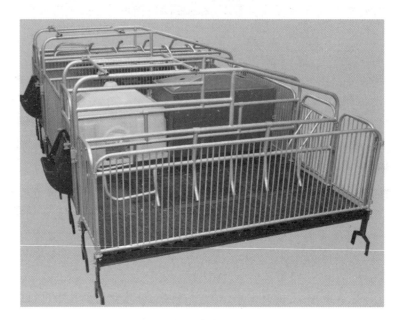

图 1-12　高床分娩栏

5. 仔猪保育栏　现代化猪场多采用高床网上仔猪保育栏,主要由金属编织漏缝地板网、围栏、自动食槽、连接卡、支腿等部分组成,相邻两栏在间隔处设有一个双面自动食槽,供两栏仔猪自由采食,每栏各安装一个自动饮水器。常用仔猪保育栏长 2 m、宽 1.7 m、高 0.7 m,侧栏间隙 5.5 cm,离地面高度 0.25~0.30 m,可饲养体重为 10~25 kg 的仔猪 10~12 头(图 1-13)。

图 1-13　仔猪保育栏

6. 生长育肥栏　生长育肥栏常用的有以下两种:一种是采用全金属栅栏加水泥漏缝地板条,也就是全金属栅栏架安装在钢筋混凝土板条地面上,相邻两栏在间隔栏处设有一个双面自动饲槽,供两栏内的猪自由采食,每栏各安装一个自动饮水器;另一种是采用实体隔墙加金属栏门,地面为水泥地面,后部设有宽 0.8~1.0 m 的水泥漏缝地板,下面为粪尿沟。实体隔墙可采用水泥抹面的砖砌结构,也可采用混凝土预制件,高度一般为 1.0~1.2 m。几种猪栏(栏栅式)的主要技术参数见表 1-7。

表 1-7　几种猪栏(栏栅式)的主要技术参数　　　　单位:mm

猪栏类别	长	宽	高	隔条间距	备　注
公猪栏	3000	2400	1200	100~110	—
后备母猪栏	3000	2400	1000	100	—
仔猪保育栏	1800~2000	1600~1700	700	<70	饲养1窝猪
仔猪保育栏	2500~3000	2400~3500	700	<70	饲养20~30头猪
生长栏	2700~3000	1900~2100	800	<100	饲养1窝猪
生长栏	3200~4800	3000~3500	800	<100	饲养20~30头猪
育肥栏	3000~3200	2400~2500	900	100	饲养1窝猪

（二）饲喂设备

猪场喂料方式可分为机械喂料和人工喂料两种。机械喂料是将加工好的全价配合饲料,用饲料散装运输车直接送到猪场的饲料储存塔中,然后用输送带送到猪舍内的自动饲槽或限量饲槽内进行饲喂。这种饲喂方法,饲料新鲜,不受污染,减少包装、装卸和散漏损失,还实现了机械化、自动化,节省劳动力,提高了劳动生产率。但设备造价高,成本大,对电力的依赖性大。因此,只在现代化的规模猪场采用较多。

目前,大多数猪场以人工喂料为主,由人工将饲料投到自动饲槽或限量饲槽。人工喂料劳动强度大,劳动生产率低,饲料装卸、运送损失大,又易污染,但所需设备较少,投资小,适宜运送各种形态的饲料;且不需要电力,任何地方都可采用。无论采用哪种喂料方式,都必须使用饲槽。根据饲喂制度(自由采食和限量饲喂)的不同,饲槽可分为自动饲槽和限量饲槽两种。

1. 自动饲槽　自动饲槽就是在饲槽的顶部装有饲料储存箱,贮存一定量的饲料,当猪吃完饲槽中的饲料时,贮料箱中的饲料在重力的作用下自动落入饲槽内(图1-14)。自动饲槽有成品的自动干湿饲槽,也有用钢板制造的饲槽,也有用水泥预制件拼装而成的饲槽(有双面自动饲槽和单面自动饲槽两种形式)。双面自动饲槽供两个猪栏共用,单面自动饲槽供一个猪栏用。自动饲槽适用于保育、生长和育肥阶段的猪。猪各类自动饲槽的主要结构参数见表1-8。

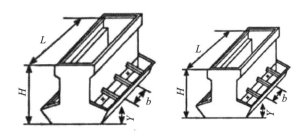

图 1-14　自动食槽

表 1-8　猪各类自动饲槽的主要结构参数

猪的类别	高度(H)/mm	前缘高度(Y)/mm	宽度(L)/mm	采食间隙(b)/mm
仔猪	400	100	400	140
幼猪	600	120	600	180
生长猪	800	160	650	230
育肥猪	900	180	800	330

2. 限量食槽　限量食槽(图1-15)用于公猪、母猪等需要限重饲喂的猪群,限量食槽一般用水泥制成,其造价低廉,坚固耐用,也可用钢板或其他材料制成。每头猪所需要的食槽长度大约等于猪肩部的宽度,具体见表1-9。

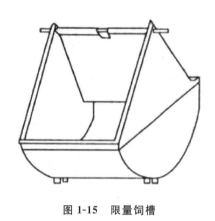

图1-15　限量饲槽

表1-9　每头猪采食所需要的食槽长度

猪的类别	体重/kg	每头猪采食所需要的食槽长度/mm
仔猪	<15	180
幼猪	<30	200
生长猪	≤40	230
育肥猪	≤60	270
育肥猪	<75	280
育肥猪	<100	330
繁殖猪	<100	330
繁殖猪	>100	500

（三）供水饮水设备

猪场的供水饮水设备是现代化猪场必不可少的设备,主要有供水设备、自动饮水器等。

1. 供水设备　猪场供水设备主要包括水的提取、储存、调节、输送、分配等部分。现代化猪场的供水一般采用压力供水,水塔或无塔供水设备是供水系统中的重要组成部分,要有适当的容积和压力,容积应能保证猪场2天左右的用水量。

2. 自动饮水器　猪用自动饮水器的种类很多,有碗式自动饮水器、鸭嘴式自动饮水器、乳头式自动饮水器、杯式自动饮水器等(图1-16、图1-17),应用最为普遍的是鸭嘴式自动饮水器。鸭嘴式自动饮水器结构简单、耐腐蚀、寿命长、密封性能好、不漏水、流速较低,符合猪饮水的要求。

除上述猪栏、饲喂设备和供水饮水设备外,现代化养猪场的设备还有供热保温与通风降温设备、清洗消毒设备、粪便处理设备、运输设备、检测仪器以及标记用具与套口器等。

图1-16　碗式自动饮水器

图1-17　鸭嘴式自动饮水器

课后练习

1. 建设猪场时应如何选择场址? 场区内的布局应如何规划?
2. 影响猪舍环境的主要因素有哪些?
3. 如何有效控制猪场废弃物对环境的污染?
4. 简述两点式生产工艺及三点式生产工艺及其优缺点。

任务二 猪场环境控制

任务知识

猪场的环境控制是养猪安全生产的重要内容,是养猪业可持续发展不可缺少的重要技术环节。养猪无害化处理废弃物的目的就是要确保养猪安全生产,确保养猪业的可持续发展和养殖业与其他行业的和谐发展。控制猪场环境的有效措施,主要包括两大方面,一是控制好猪舍内环境,二是加强猪场废弃物处置。

一、猪舍环境的控制措施

(一)猪的环境要求

环境因素包括空气、水域、土壤和群体四个方面,其中包含物理、化学和生物方面的因素。物理因素包括温度、湿度、光照、噪声、地形地势、畜舍等;化学因素包括空气、有害气体、水以及土壤中的化学成分等;生物因素包括环境中的寄生虫、微生物、媒介生物及其他动物等;群体关系包括猪的饲养管理、调教、利用,以及猪场、猪舍和猪群体内的相互关系等。

(二)猪舍内环境控制

根据当地自然环境条件和养猪场具体情况,通过建造有利于猪生存和生产的不同类型猪舍及环境设施,来克服自然气候因素对养猪生产的不良影响,称为猪舍的环境控制。猪舍内的环境控制主要有下列几个方面。

1.温度的控制 猪舍内温度的控制主要是通过外围护结构的保温隔热、猪舍的防暑降温与防寒保温来实现的。

(1)外围护结构的保温隔热:选用热阻大的建筑材料建设猪舍,通过猪舍的外围护结构,在寒冷季节,将猪舍内的热能保存下来,防止向舍外散失;在炎热的季节,隔断太阳辐射热传入舍内,防止舍内温度升高,从而形成冬暖夏凉的猪舍小环境条件。在猪舍的外围护结构中,屋顶面积大,冬季散热和夏季吸热最多,因此,必须选用导热性小的材料建造屋顶,并且要求有一定的厚度。在屋顶铺设保温层和进行吊顶,可明显增强保温隔热效果。

墙壁应选用热阻大的建筑材料,如用空心砖或空心墙体,并在其中填充隔热材料(如玻璃丝),可明显增大墙壁的热阻,取得更好的保温隔热效果。在寒冷地区应在能满足采光或夏季通风的前提下,尽量少设门窗,尤其是地窗和北窗,加设门斗,窗户设双层,气温低的月份挂草帘或棉帘保暖。冬季地面的散热也很大,可在猪舍不同部位采用不同材料的地面以增强保温效果。猪床用保温性能好、富有弹性、质地柔软的材料,其他部位用坚实、不透水、易消毒、导热性小的材料。减小外围护结构的表面积,可明显增强保温效果。在以防寒为主的地区,在不影响饲养管理的前提下,应适当降低猪舍的高度,以檐高 2.2～2.5 m 为宜。在炎热地区,应适当增加猪舍的高度,采用钟楼式屋顶有利于防暑。

(2)防暑降温:炎热夏季,太阳辐射强度大,气温高,昼夜温差小,持续时间长,采取有效的防暑降温措施来降低猪舍的温度十分重要。防暑降温方法很多,采用机械制冷的方法效果最好,但设备和运行费用高,经济上不合算,一般不采用。常用的防暑降温方法如下所述。

①通风降温:通风分为自然通风和机械强制通风两种,夏季多开门窗,增设地窗,使猪舍内形成穿堂风。炎热气候和跨度较大的猪舍,应采用机械强制通风,形成较强气流,增强降温效果。

②蒸发降温:向屋顶、地面、猪体上喷洒冷水,靠水分蒸发吸热而降低舍内温度,但这些措施会使舍内的湿度增大,应间歇喷洒。在高湿气候条件下,水分蒸发有限,故降温效果不佳。

③湿帘-风机降温系统:这是一种生产性降温设备,由湿帘、风机、循环水路及控制装置组成,主要依靠蒸发降温,也有通风降温的作用,降温效果十分明显。

另外,常用的其他降温措施还有在猪舍外搭设遮阳棚、屋顶墙壁涂白、搞好场区绿化、降低饲养密度以及供应清凉、洁净、充足的饮水等。

(3)猪舍的防寒保温:寒冷季节,通过猪舍外围护结构的保温不能使舍内温度达到要求时,就应该采取人工供热措施,尤其是仔猪舍和产房。人工供热可分为集中采暖和局部采暖两种形式,集中采暖是用同一热源,采用暖气、热风炉、火炉、火墙等供暖设备来提高整个猪舍的温度;局部采暖是用红外线灯、电热板、火炕、保温箱、热水袋等局部采暖设备对舍内局部区域供暖,主要应用在产仔母猪舍的仔猪活动区。

2. 湿度、通风与有害气体的控制 猪舍内的湿度与有害气体可通过通风来控制。湿度很少出现较小的情况,可通过地面洒水或结合带猪喷雾消毒来提高湿度。湿度大时通过通风可排出多余的水汽,同时排出有害气体。通风分为自然通风和机械通风两种方式。

(1)自然通风:自然通风是靠舍内外的温差和气压差实现的。猪舍内气温高于舍外,舍外空气从猪舍下部的窗户、通风口和墙壁缝隙进入舍内,舍内的热空气上升,从猪舍上部的通风口、窗户和缝隙排出舍外,称为"热压通风"。舍外刮风时,风从迎风面的门、窗户、洞口和墙壁缝隙进入舍内,从背风面和两侧墙的门、窗或洞口排出,称为"风压通风气"。

(2)机械通风:猪舍的机械通风分为以下三种方式。

①负压通风:用风机把猪舍内污浊的空气抽到舍外,使舍内的气压低于舍外而形成负压,舍外的空气从门窗或进风口进入舍内。

②正压通风:用风机将风强制送入猪舍内,使舍内气压高于舍外,从而使舍内污浊空气压出。

③联合通风:同时利用风机送风和风机排风。

冬季通风与保温是一对矛盾体,不能因为保温而忽视通风,一般情况下,冬季通风以舍温下降不超过2℃为宜。

3. 光照的控制 光照按光源分为自然光照和人工光照。自然光照是利用阳光照射采光,节约能源,但光照时间、强度和照度均匀度难以控制,特别是在跨度较大的猪舍。当自然光照不能满足需要,或者猪舍是无窗密闭式猪舍时,必须采用人工光照。

自然采光猪舍设计建造时,应保证适宜的采光系数,还要保证入射角不小于25°、透光角不小于5°。人工光照多采用白炽灯或荧光灯作光源,要求照度均匀,能满足猪对光照的需求。

4. 有害生物的控制 养猪场有害生物控制的有效方法是建立生物安全体系。生物安全体系是指采取必要的措施,最大限度地减少各种物理性、化学性和生物性致病因子对动物造成危害的一种生产体系。其总体目标是防止有害生物以任何方式侵袭动物,保持动物处于最佳的生产状态,以获得最大的经济效益。生物安全体系是目前最经济、最有效的传染病控制方法,同时也是所有传染病预防的前提。它将疾病的综合性防治作为一项系统工程,在空间上重视整个生产系统中各部分的联系,在时间上将最佳的饲养管理条件和传染病综合防治措施贯彻于动物养殖生产的全过程,强调了不同生产环节之间的联系及其对动物健康的影响。该体系集饲养管理和疾病预防为一体,通过阻止各种致病因子的侵入,防止动物群受到疾病的危害,不仅对疾病的综合性防治具有重要意义,而且对提高动物的生长性能,保证其处于最佳生长状态也是必不可少的。因此,它是动物传染病综合防治措施在集约化养殖条件下的发展和完善。

生物安全体系的内容主要包括动物及其养殖环境的隔离、人员物品流动控制以及疫病控制等,即用于切断病原体传入途径的所有措施。就特种动物生产而言,包括饲养场的选址与规划布局、环境的隔离、生产制度确定、消毒、人员物品流动的控制、免疫程序、主要传染病的监测和废弃物的管理等。

有害生物控制最基本的措施如下。

(1)搞好猪场的卫生管理。

①保持舍内干燥清洁,每天清扫卫生,清理生产垃圾,清除粪便,清洗刷拭地面、猪栏及用具。

②保持饲料及饲喂用具的卫生,不喂发霉、变质及来路不明的饲料,定期对饲喂用具进行清洗消毒。

③在保持舍内温暖干燥的同时,适时通风换气,排出猪舍内有害气体,保持舍内空气新鲜。

(2)搞好猪场的防疫管理。

①建立健全的卫生防疫制度并严格执行,认真贯彻落实"以防为主,防治结合"的基本原则。

②认真贯彻落实严格检疫、封锁隔离的制度。

③建立健全的消毒制度并严格执行。消毒可分为终端消毒、即时消毒和日常消毒,门口设立消毒池,定期更换消毒液,使用多种广谱、高效、低毒的消毒药物进行环境、栏舍、用具及猪体消毒。

④建立科学的免疫程序,选用优质疫(菌)苗进行切实的免疫接种。

(3)做好药物保健工作:正确选择并交替使用保健药物,采用科学的投药方法,严格控制药物的剂量。

(4)严格处理病死猪的尸体:对病猪进行隔离观察治疗,对病死猪的尸体进行无害化处理。

(5)消灭老鼠和媒介生物。

①灭鼠。老鼠偷吃饲料,一只老鼠一年能吃 12 kg 饲料,造成巨大的饲料浪费。老鼠还可传播病原体,并可咬坏包装袋、水管、电线、保温材料等,因此必须做好灭鼠工作。常用对人、畜低毒的灭鼠药进行灭鼠,投药灭鼠要全场同步进行,合理分布投药点,并及时无害化处理鼠尸。

②消灭蚊、蝇、蝶、蟑、蚂、虱、蚤、白蛉、虻等寄生虫和吸血昆虫,减少或防止媒介生物对猪的侵袭和传播疾病。可选用敌百虫、敌敌畏、倍硫磷等杀虫药物杀灭媒介生物,使用时应注意对人、猪的防护,防止引起中毒。另外,在猪舍门、窗上安装纱网,可有效防止蚊、蝇的袭扰。

③控制其他动物。猪场内不得饲养犬、猫等动物,以免传播弓形虫病,还要防止其他动物入侵猪场。

二、猪场废弃物处理

目前,我国的养猪生产正在由小规模分散、农牧结合方式快速向集约化、规模化、工厂化生产方式转变,每年产生大量的粪尿与污水等废弃物,如果处理不当,很容易对周围环境造成严重污染。因此,加强猪场的环境保护,合理利用废弃物,减少对环境的污染,是养猪生产必须解决的问题。目前,国内外治理猪场污染主要分为产前、产中和产后治理与利用。

(一)产前控制饲养规模

猪场污染物的排放量与生产规模成正比,规划猪场时,必须充分考虑对污染物的处理能力,做到生产规模与处理能力相适应,保证全部污染物得到及时有效的处理。

发达国家对养猪场污染物的治理主要采用源头控制的对策,因为即使是在对农民有巨额补贴的欧洲国家,能够采用污水处理设备的养猪场也很少,为此养猪场的面源控制,主要通过制订养猪场农田最低配置(指养猪场饲养量必须与周边可蓄纳猪粪便的农田面积相匹配)、养猪场化粪池容量、密封性等方面的规定进行。在日本、欧洲大部分国家,强制要求单位面积的养猪数量,使养猪数量与地表的植物及自净能力相适应。

借鉴国外的经验,我国在新建养猪场时,应进行合理的规划,以环境容量来控制养猪场的总量规模,调整养猪场布局,划定禁养区、限养区和适养区,同时应加强对新建场的严格审批制度,新建场一般都要设置隔离或绿化带,并执行新建项目的环境影响评价制度和污染治理设施建设的"三同时"(养猪场建设应与污染物的综合利用、处理与处置同时设计、同时施工和同时投入使用)制度,还可以借鉴工业污染治理中的经验,从制订工艺标准、购买设备补贴以及提高水价等方面推行节水型畜牧生产工艺,从源头上控制集约化养猪场污水量。

(二)产中科学治理

按猪的饲养标准科学配制日粮,加强饲养管理,提高饲料转化率,不仅能够减少饲料浪费,还能减少排泄物中的养分含量,这是降低猪粪尿对环境造成污染的根本措施。

1. 采取营养性环保措施

(1) 按照"理想蛋白质模式",配制平衡日粮,合理添加人工合成的氨基酸,适当降低饲料中蛋白质的含量,可提高饲料蛋白质的利用率,使粪尿中氮的排泄量减少 30%～45%。

(2) 应用有机微量元素代替无机微量元素,提高微量元素的利用率,降低微量元素的排出量,减少微量元素对环境的污染。

(3) 应用酶制剂,提高猪对蛋白质、微量元素的利用率。大量的研究结果证明,在日粮中添加植酸酶可显著提高植物性饲料中植酸磷的利用率,使猪粪中磷的含量减少 50% 以上,被公认为是降低磷排泄量最有效的方法。饲料中添加纤维素酶和蛋白酶等消化酶,可以减少粪便排放量和粪中的含氮量。

(4) 应用微生态制剂,在猪体内创造有利于其生长的微生态环境,维持肠道正常生理功能,促进动物肠道内营养物质的消化和吸收,提高饲料利用率,同时,还能抑制腐败菌的繁殖,降低肠道和血液中内毒素及尿素酶的含量,有效减少有害气体的产生。

(5) 在饲料中合理添加脂肪,提高能量水平,可显著降低粪便的排泄量。

2. 多阶段饲喂 多阶段饲喂可提高饲料转化率,猪在育肥后期,采用二阶段饲喂比采用一阶段饲喂的氮排泄量减少 8.5%。饲喂阶段分得越细,不同营养水平日粮种类分得越多,越有利于减少氮的排泄。

3. 强化管理 推广猪场清洁生产技术,采用科学的房舍结构、生产工艺,实现固体和液体、粪与尿、雨水和污水三分离,降低污水产生量和降低污水氨、氮浓度。通过对生产过程中主要产生污染的环节实行全程控制,控制和防治畜禽养殖可能对环境产生的污染。

(三) 产后处理与利用

猪场粪尿及污水的合理利用,既可以防治环境污染,又能变废为宝,利用方法主要是将猪场粪尿用作肥料、制沼气的原料和饲料、培养料等。

1. 粪便的无害化处理与利用

(1) 堆肥发酵:利用微生物分解物料中的有机物并产生 50～70 ℃的高温,杀死病原体及其虫卵和草籽等,腐熟后的物料无臭,复杂有机物被降解为易被植物吸收的简单化合物,变成高效有机肥料。

①自然堆肥:传统的堆肥方法,将物料堆成长、宽、高分别为 10～15 m、2～4 m、1.5～2 m 的条垛,在气温 20 ℃左右需腐熟 15～20 天,其间需翻堆 1～2 次,以供氧、散热和均匀发酵,此后需静置堆放 2～3 个月,即可完全腐熟。为加快发酵速度,可在垛内埋秸秆束或垛底铺设通风管,在堆垛前 20 天因经常通风,则不必翻垛,温度可升至 60 ℃。此后在自然温度下堆放 2～4 个月即可完全腐熟。该方法无需设备和耗能,但占地面积大,腐熟慢,效率低。

②现代堆肥法:堆肥作为传统的生物处理技术经过多年的改良,如今正朝着机械化、商品化方向发展,设备效率也日益提高。现代堆肥法是根据堆肥原理,利用发酵池、发酵罐(塔)等设备,为微生物活动提供必要条件,可使效率提高 10 倍以上。堆肥要求物料含水率 60%～70%,碳氮比(25～30):1。堆腐过程中要求通风供氧,天冷适当升温,腐熟后物料含水率约为 30%。为便于储存和运输,需降低水分至 13% 左右,并粉碎、过筛、装袋。因此,堆肥发酵设备包括发酵前调整物料水分和碳氮比的预处理设备和腐熟后物料的干燥、粉碎等设备,可形成不同组合的成套设备。

③大棚式堆肥发酵:发酵棚可利用从玻璃钢或塑料棚顶透入的太阳能,保障低温季节的发酵。设在棚内的发酵槽为条形或环形地上槽,槽宽 4～6 m,槽壁高 0.6～1.5 m,槽壁上面设置轨道,与槽同宽的自走式搅拌机可沿轨道行走,速度为 2～5 m/min。条形槽长 50～60 m,每天将经过预处理(调整水分和碳氮比)的物料放入槽一端,搅拌机往返行走搅拌并将新料推进与原有的料混合,起充氧和细菌接种作用。环形槽总长度 100～150 m,带盛料斗的搅拌机环槽行走,边撒布物料边搅拌。一般每平方米槽面积可处理 4 头猪的粪便,腐熟时间为 25 天左右。腐熟物料出槽时应存留 1/4～

1/3,起接种和调整水分的作用。

（2）生产沼气：沼气是有机物在厌氧环境中,在适宜的温度、湿度、酸碱度、碳氮比等条件下,通过厌氧微生物发酵作用而产生的一种可燃气体。沼气可作为能源,沼渣、沼液可作为肥料,废物资源化程度较高。沼气经燃烧后能产生大量热能,可作为生活、生产用燃料,也可用于发电。在沼气生产过程中,厌氧发酵可杀灭病原体,发酵后的沼液、沼渣又是很好的肥料。但此处理系统的建设投资高,且运行管理难度大。该处理系统较适用于南方温暖地区,北方地区由于气温低,大部分沼气要回用于反应器升温,限制了推广应用。其主要设备为格栅、固液分离机、污水泵、储气罐、沼气脱水/脱硫设备、沼气加压系统、沼气输送管道系统等。生产沼气后产生的残余物——沼液和沼渣含水量高、数量大,且含有很高的 COD(耗氧量)值,若处理不当会引起二次环境污染,所以必须要采取适当的利用措施。常用的处理方法有以下几种。

①用作植物生产的有机肥料：在进行园艺植物无土栽培时,沼气生产后的残余物是良好的液体培养基。

②用作池塘水产养殖料：沼液是池塘河蚌育珠、滤食性鱼类养殖培育饵料生物的良好肥料,但一次性施用量不能过多,否则会引起水体富营养化而导致水中生物死亡。

③用作饲料：沼渣、沼液脱水后可以替代一部分鱼、猪、牛的饲料。但与畜粪饲料化一样,要注意重金属等有毒有害物质在畜产品和水产品中的残留问题,避免影响畜产品和水产品的食用安全性。

④用作饲料：畜禽粪便中,最有价值的营养物质是含氮化合物。合理利用猪粪中的含氮化合物,对解决蛋白质饲料资源不足问题有积极意义。目前,已有许多国家利用畜禽粪便加工饲料,猪粪也被用来喂牛、鱼、羊等,以此降低饲料成本,但要对粪便进行适当处理并控制其用量。

2. 死猪的处理　在养猪生产中,疾病或其他原因会导致猪死亡,猪尸体中含有较多的病原体,也容易分解腐败,散发恶臭,污染环境。特别是患传染病的病死猪的尸体若处理不善,其病原体会污染大气、水源和土壤,造成疾病的传播与蔓延。因此,做好病死猪处理是防止疾病流行的一项重要措施,坚决不能图私利而出售。对病死猪的处理原则：对因烈性传染病而死的猪必须进行焚烧火化处理,对其他伤病死的猪可采用深埋法和高温分解法。

（1）焚烧法：这是一种较完善的方法,能彻底消灭病原体,迅速处理病死猪,但不能利用产品,且成本高,故不常用。对一些严重危害人、畜健康的传染病病死猪的尸体,仍有必要采用此法。

（2）高温处理法：将尸体放入特制的高温锅内或带盖的大铁锅内熬煮,达到彻底消毒的目的。一般用高温分解法处理死猪是在大型的高温高压蒸汽消毒机(湿化机)中进行的。高温高压的蒸汽可使猪尸体中的脂肪熔化、蛋白质凝固,同时杀灭病原体。分离出的脂肪作为工业原料,其他可作为肥料。此法可保留部分有价值的产品,但要注意熬煮的温度和时间,必须达到消毒的要求。这种方法投资大,适合大型的养猪场,或大中型养猪场集中的地区及大中城市的卫生处理厂。

（3）深埋法：传统的病死猪处理方法,是利用土壤的自净作用对病死猪的尸体进行无害化处理。在小型养猪场或个体养猪户中,病死猪数虽少,对不是因烈性传染病而死的猪可以采用深埋法进行处理。其优点是不需要专门的设备投资,简单易行；缺点是因其无害化过程缓慢,某些病原体能长期生存,从而污染土壤和地下水,并会造成二次污染,所以不是最彻底的无害化处理方法。因此,采用深埋法处理病死猪时,一定要选择远离水源、居民区的地方并且要在猪场的下风向,离猪场有一定的距离。具体做法：在远离猪场的地方挖 2 m 以上的深坑,在坑底撒上一层生石灰,然后放入病死猪,在最上层病死猪的上面再撒一层生石灰或洒上消毒药剂,最后用土埋实。

（4）发酵法：将尸体抛入尸坑内,利用生物热的方法进行发酵,从而起到消毒灭菌的作用。尸坑一般为井式,深达 9～10 m、直径 2～3 m,坑口有一个木盖,坑口高出地面 30 cm 左右。将尸体投入坑内,堆到距坑口 1.5 m 处,盖封木盖,尸体即可完全腐败分解。

在处理尸体时,不论采用哪种方法,都必须将病死猪的排泄物、各种废弃物等一并进行处理,以免造成环境污染。

3. 臭气的处理　臭气是猪场环境控制的另外一个重要问题。猪场的臭气来自猪的粪尿及污水中有机物的分解等,给人和猪都带来很大的危害。目前广泛使用的除臭剂,有的不仅能有效除臭,还能提高增重、预防疾病和改善猪肉品质。除臭灵可降低猪场空气中33.4%的氨气含量。另外,沸石、膨润土、蛭石等吸附剂也有吸附除臭、降低有害气体浓度的作用,硫酸亚铁能抑制粪便的发酵分解,过磷酸钙可消除粪便中的氨气等。

课后练习

1. 影响猪生产的环境因素有哪些?生产中各应控制在什么范围内?应如何进行控制?

2. 养猪场环境保护的主要措施有哪些?

3. 猪舍夏季防暑降温与冬季防寒保温的措施各有哪些?

项目二　猪种资源及选择利用

▲知识目标

1. 了解我国猪的种质资源情况。
2. 了解如何正确选种及成功引种。
3. 掌握不同生长时期的选种方法。

▲能力目标

1. 能根据猪的体形外貌识别猪的品种。
2. 能根据气候条件和本场实际情况制订引种方案。
3. 能根据个体的体形外貌准确选择出理想的猪。

扫码学课件

任务一　品　种　识　别

→ 任务知识

养猪生产,品种是基础,品种好坏直接关系到猪的生长快慢、饲料报酬高低,而且关系到猪肉品质的好坏与市场竞争力的强弱,更是保证猪群有较高生产水平的不可忽视的环节。猪种的选择首先要识别品种,在此基础上,进行选种和引种。

一、主要地方品种

(一)地方猪种介绍

1. 民猪

(1)产地和分布:产于东北和华北的部分地区,主要分布在河北的唐山、承德地区,辽宁的建昌、海城、复县和朝阳等地,以及吉林的桦甸、九站、通化,黑龙江的绥滨、北安、双城等地,还有内蒙古的部分地区。东北民猪分大、中、小三种类型,分别称为大民猪、二民猪、荷包猪。目前东北民猪多为二民猪。

(2)品种特征:颜面直长,头中等大小,耳大下垂;额部窄,有纵行的皱褶;体躯扁平,背腰狭窄,腿臀部位欠丰满;四肢粗壮,全身黑色被毛,毛密而长,鬃毛较多,冬季有绒毛丛生;乳头7~8对。

(3)生产性能:具有较好的抗寒性,肉质良好,肌内脂肪为5.22%,产仔数平均为13.5头,10月龄体重为136 kg,屠宰率为72%,体重90 kg屠宰时瘦肉率为46%,公猪成年体重200 kg,母猪成年体重148 kg。

(4)利用:具有抗寒性强、体质强健、产仔数多、脂肪沉积能力强和肉质好的特点,适合放牧和较粗放的饲养管理,与其他品种猪进行二品种和三品种杂交,其杂种后代在繁殖和育肥等性能上均表现出显著的杂种优势。以民猪为基础培育的哈尔滨白猪、新金猪、三江白猪和天津白猪均能保留民

Note

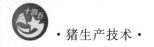

猪的优点。民猪的缺点是脂肪率高,皮较厚,后腿肌肉不发达,增重较慢。

2. 太湖猪

(1)产地和分布:主要分布于长江下游的江苏、浙江和上海交界的太湖流域。我国的许多省市有引进,并输出到阿尔巴尼亚、法国、泰国及匈牙利等国。按照体形外貌和性能上的差异,太湖猪可以划分成几个地方类群,即二花脸猪、梅山猪、枫泾猪、嘉兴黑猪、横泾猪、米猪和沙乌头猪等。太湖猪逐渐形成了繁殖力高、肉质鲜美及凹背大肚、耳大下垂、性情温顺等特点。

(2)品种特征:体形中等,各个类群之间有差异。以梅山猪较大,骨骼粗壮,米猪的骨骼比较细,二花脸猪、枫泾猪、横泾猪和嘉兴黑猪介于两者之间;沙乌头猪肉质比较紧凑。太湖猪的头大,额宽,额部皱褶多、深,耳大,软而下垂,耳尖和口裂对齐,甚至超过口裂,扇形。全身被毛为黑色或青灰色,毛稀疏,毛丛密但间距大。腹部的皮肤多为紫红色,也有鼻端白色或尾尖白色的,梅山猪的四肢末端为白色。乳头多为8～9对。

(3)生产性能:繁殖率高,3月龄即可达性成熟,产仔数平均16头,泌乳力强、哺育率高。生长速度较慢,6～9月龄体重65～90 kg,屠宰率65%～70%,瘦肉率40%～45%。

(4)利用:当今世界上繁殖力、产仔力较强的品种之一,其分布广泛,遗传基础多,肉质好,是一个不可多得的品种。和长白猪、大白猪、苏联白猪进行杂交,其杂种一代的日增重、胴体瘦肉率、饲料转化率、仔猪初生体重等均有较大程度的提高,在产仔数上略有下降。在太湖猪内部各个种群之间进行交配也可以产生一定的杂交优势。

3. 金华猪

(1)产地和分布:原产于浙江省金华地区,主要分布于东阳、浦江、义乌、金华、永康及武义等地。产区养猪历史悠久,因交通不便,猪肉不易外运,当地群众创造了肉品加工腌制方法,尤以加工火腿最为著名。以金华猪为原料加工而成的"金华火腿"享誉全球。我国的许多地区有引进。

(2)品种特征:体形中等偏小。耳中等大小,下垂,但不过口角。额部有皱褶。颈短粗。背腰微凹,腹大微下垂。四肢细短,蹄呈玉色,蹄质结实。毛色为体躯中间白、两端黑的"两头乌"特征。但也有少数猪在背部有黑斑。乳头8～9对。头型有"寿字头""老鼠头"和中间型。

(3)生产性能:公、母猪一般5月龄左右配种,产仔数平均13～14头,8～9月龄肉猪体重为65～75 kg,屠宰率72%,10月龄瘦肉率为43.46%。

(4)利用:优良的地方品种。其性成熟早,繁殖力强,皮薄骨细,肉质优良,适宜腌制火腿,可作为杂交亲本。常见的组合:长金组合、苏金组合、大金组合、长大金组合、长苏金组合、苏大金组合及大长金组合等。金华猪的缺点是肉猪后期生长慢,饲料转化率较低。

4. 荣昌猪

(1)产地和分布:产于重庆市荣昌县和四川省隆昌县等地区。

(2)品种特征:我国唯一的全白地方猪种(除眼圈为黑色或头部有大小不等的黑斑外)。体形较大,面部微凹,耳中等稍下垂,体躯较长,背平,腹大而深。鬃毛粗长,洁白刚韧,乳头6～7对。

(3)生产性能:每胎平均产仔11.7头。成年公猪平均体重158.0 kg,成年母猪平均体重144.2 kg。在较好的饲养条件下不限量饲养,育肥期日增重平均623 g;中等饲养条件下,育肥期日增重平均488 g。87 kg体重屠宰时屠宰率为69%,胴体瘦肉率为42%～46%。

(4)利用:有适应性强、瘦肉率较高、杂交配合力好和鬃质优良等特点。用国外瘦肉型猪作父本与荣昌猪作母本杂交,有一定的杂种优势,尤其是与长白猪的杂交配合力较好。另外,以荣昌猪为父本,其杂交效果也较明显。

5. 香猪

(1)产地和分布:小体形的地方品种,中心产区在贵州省从江县的宰便、加鸠两地,三都县都江区巫不乡和广西壮族自治区环江县的明伦镇、东兴镇。香猪主要分布在黔、桂接壤的榕江、荔波、融水等县北部,以及雷山、丹寨等地。香猪形成有数百年的历史,其体形小而早熟易肥,哺乳仔猪或断奶仔猪宰食时无奶腥味,故誉之为香猪。

（2）品种特征：体躯矮小。头较直，耳小而薄，略向两侧平伸或稍向下垂。背腰宽而微凹，股大丰圆而触地，后躯较丰满，四肢细短，后肢多为卧系。皮薄肉细。被毛多为全身黑色，也有白色、"六白"、不完全"六白"或两头乌的颜色。乳头 5～6 对。

（3）生产性能：性成熟早，一般 3～4 月龄性成熟。产仔数少，平均 5～6 头。成年母猪体重 40 kg 左右，成年公猪体重 45 kg 左右。香猪早熟易肥，宜于早期屠宰，屠宰率为 65%，瘦肉率为 47%。

（4）利用：体形小，经济早熟，胴体瘦肉率校高，肉嫩味鲜，可以早期宰食，也可加工利用，尤其适合做烤乳猪。香猪还适合作为实验动物。

（二）地方猪种遗传资源的利用

一个品种可以看作一个独特的基因库，汇集着各种各样的优良基因，它们能在独特的环境和特定的时期发挥作用，进而表现出各类独有的性状。因此，认真保护和合理利用品种资源是一项长期重要的任务。

1. 作为经济杂交的母本 良好的繁殖性能是杂交时母本品种的必备条件。我国地方猪种普遍具有性成熟早、产仔多、母性强等优良特性，因此可以作为经济杂交的母本品种使用。但是，我国地方猪种育肥性能和胴体性状均较差，主要表现为生长速度慢、饲料利用率低、胴体瘦肉率不高，故不宜作为杂交父本品种。

2. 产品开发 部分地方猪种在某些方面具有独特的表现，可以开发出新的产品。香猪经济早熟、胴体瘦肉率较高，肉嫩味鲜，断奶仔猪及乳猪无腥味，加工成烤猪别有风味。香猪是一种特有的小型猪，还宜作为实验动物。又如金华猪，肉质细嫩，肥瘦适宜，肉色鲜红，生产的金华火腿色、香、味俱佳，畅销世界。利用乌金猪生产的火腿（云腿）产量高、质量好，驰名中外。大猪幼小时开始积累脂肪，体重 8～10 kg 的断奶仔猪、体重约 40 kg 的中猪，都可作为烤猪。

3. 作为育成新品种（系）的原始素材 我国地方猪种大都具有对当地环境适应性强的特点，在育成新品种时，为使培育品种（系）对当地环境条件和饲养管理条件有良好的适应性，经常利用地方猪种与外来品种杂交。如培育新淮猪就是采用当地淮猪与大约克夏猪杂交。许多专门化母系培育都引用过太湖猪。

二、主要国外引入品种

（一）主要引入品种

1. 长白猪

（1）产地：原产于丹麦，为世界著名的瘦肉型猪种，原名兰德瑞斯（Landrace）。1964 年由瑞典引入我国，目前是我国外来品种中数量最多的猪种。现已遍布世界各地，尤以欧洲各国分布最多。

（2）体形外貌：全身被毛白色，头狭长，颜面直，耳大向前倾。背腰长，腹线平直而不松弛，体躯长，前躯窄，后躯宽呈流线形，肋骨 16～17 对，大腿丰满，蹄质坚实。

（3）繁殖性能：乳头 6～7 对，个别母猪可达 8 对。性成熟较晚，6 月龄开始出现性行为，9～10 月龄体重达 130～140 kg 开始配种。排卵数 15 枚左右。初产母猪产仔数 9～10 头，经产母猪产仔10～11 头。

（4）生长育肥性能：在良好的饲养条件下，公、母猪 6 月龄体重可达 85～90 kg。育肥期生长速度快，屠宰率高，胴体瘦肉多。日增重约为 793 g，料肉比为 2.68，胴体瘦肉率为 65.3%。

（5）引入与利用情况：20 世纪 80 年代首次从原产国丹麦引进长白猪，以后我国各地又相继从加拿大、英国、法国、丹麦、瑞典、美国引入新的长白猪种。经多年驯化，长白猪易发生皮肤病、四肢软弱、发情不明显、不易受胎等情况有所改善，适应性增强，性能接近国外测定水平。长白猪作为第一父本与地方品种或外来品种进行二元杂交或三元杂交，效果显著。

2. 约克夏猪

（1）产地：原产于英国北部的约克郡及其邻近地区。当地原有的猪种体形大而粗糙，毛色白，皮肤具有黑色或浅黄色斑点。其后用当地猪种作为母本，引入中国广东猪种和含有中国猪血统的莱塞斯特猪杂交,1852年正式确定为新品种,称约克夏猪,其至少含有50%的中国猪血统。后逐渐分为大、中、小三个类型,大型属瘦肉型,又称大白猪,中型为兼用型,小型为脂肪型。

(2)体形外貌:被毛白色(偶有黑斑),体格大,体形匀称,耳直立,背腰平直(有微弓),四肢较高,后躯丰满。

(3)繁殖性能:性成熟晚,母猪初情期在5月龄左右。大白猪繁殖力强,据四川、湖北、浙江等地的研究所测定,初产母猪产仔数10头,经产母猪产仔数12头。

(4)生长育肥性能:后备猪6月龄体重可达100 kg,育肥猪屠宰率高、膘薄、胴体瘦肉率高。据四川省养猪研究所测定,育肥期日增重682 g,屠宰率为73%,三点平均膘厚2.45 cm,眼肌面积为34.29 cm²,瘦肉率为63.67%。

(5)引入与利用情况:大白猪引入我国后,经过多年培育驯化,已有了较好的适应性。在杂交配套生产体系中主要作为母本,也可作为父本。大白猪通常利用的杂交方式是杜洛克猪×长白猪×大白猪或杜洛克猪×大白猪×长白猪,即用长白公(母)猪与大白猪母(公)猪交配生产,杂交一代母猪再与杜洛克公猪(终端父本)杂交生产商品猪。这是目前世界上比较好的杂交组合。我国用大白猪作为父本与本地猪进行二元杂交或三元杂交,效果也很好,可在我国绝大部分地区饲养。

3. 杜洛克猪

(1)产地:产于美国东北部的新泽西州等地。它的起源可追溯到1493年哥伦布远航美洲时,从原产于西非海岸几内亚等国带入美国的8头红毛猪。猪群不断扩大,19世纪上半叶,在美国已形成了三个猪群:一个是1820—1850年间产于新泽西州的新泽西红毛猪;另一个是1823年形成的纽约红毛猪,称为Duroci;第三个是始于1830年的康涅狄格州的红毛巴克夏猪。1872年,前两个红毛猪协会举行联合会议,成立俱乐部,1883年这个组织改称为杜洛克泽西登记协会,后人简称该猪为杜洛克猪。杜洛克猪体质健壮,抗逆性强。饲养条件比其他瘦肉型猪要求低,生长快,饲料利用率高,胴体瘦肉率高,肉质良好。

(2)体型外貌:全身被毛呈金黄色或棕红色,色泽深浅不一。头小清秀,嘴短直。耳中等大,略向前倾,耳尖稍下垂。背腰平直或稍弓。体躯宽厚,全身肌肉丰满,后躯肌肉发达。四肢粗壮、结实,蹄呈黑色、多直立。

(3)繁殖性能:母猪6~7月龄开始发情。繁殖力稍差,初产母猪产仔数9头,经产母猪产仔数10头。乳头5~6对。

(4)生长育肥性能:杜洛克猪前期生长慢,后期生长快。据四川省畜牧兽医研究所测定,6月龄体重公猪90 kg、母猪85 kg,2~4月龄平均日增重440~480 g,4~6月龄月增重730~760 g。育肥期日增重692 g,178天体重达90 kg,耗料指数3.02,屠宰率为72.7%,平均膘厚2.0 cm,眼肌面积31.6 cm²,胴体瘦肉率64.3%。

(5)引入与利用情况:20世纪70年代后我国从英国引进瘦肉型杜洛克猪,之后又陆续从加拿大、美国、匈牙利、丹麦等国家引入该猪,现已遍及全国。引入的杜洛克猪能较好地适应我国的环境,且具有增重快、饲料报酬高、胴体品质好、眼肌面积大、瘦肉率高等优点,已成为中国商品猪的主要杂交亲本之一,尤其是终端父本。但由于其繁殖能力不强、早期生产速度慢、母猪泌乳量不高等缺点,有些地区在与其他猪种进行二元杂交时,杜洛克猪作为父本不是很受欢迎,而是往往将其作为三元杂交中的终端父本。

4. 汉普夏猪

(1)产地:原产于美国肯塔基州,它的起源可追溯到英国英格兰汉普夏州在1825—1830年饲养的一种白肩猪,1835年输入美国,早期称为薄皮猪,1904年改名为汉普夏猪。其主要特点是胴体瘦肉率高,肉质好,生长发育快,繁殖性能良好,适应性较强。

(2)体形外貌:被毛黑色,在肩颈结合处有一条白带围绕。头中等大,嘴较长而直,耳直立,中等大小,体躯较长,背宽略呈弓形,体质强健,肌肉发达。

(3)繁殖性能:母性好,哺育率高,性成熟晚。母猪一般6~7月龄开始发情。初产母猪产仔数

7～8头,经产母猪产仔数8～9头。

(4)生长肥育性能:在良好的饲养条件下,6月龄体重可达90 kg。每千克增重耗料3.0 kg左右,育肥猪90 kg屠宰率72%～75%,眼肌面积30 cm²以上,胴体瘦肉率60%以上。

(5)引入与利用情况:我国于20世纪70年代后开始成批引入,由于其具有背膘薄、胴体瘦肉率高的特点,以其为父本,地方猪或培育品种为母本,开展二元杂交或三元杂交,可获得较好的杂交效果。国外一般以汉普夏猪作为终端父本,以提高商品猪的胴体品质。

5. 皮特兰猪 皮特兰猪原产于比利时,全身大部分为白色,上有黑块,呈花斑状。头中等大小,体形短矮,肌肉发达,特别是臀部丰满,繁殖性能较低。按照一般肉用型猪的饲养条件,皮特兰猪比杜洛克猪、长白猪、大白猪的生长速度慢,在适当提高饲粮蛋白质水平和钙、磷水平时,皮特兰猪能够表现出较快的生长速度。皮特兰猪瘦肉率很高,但肉质较差。其最大的缺点是容易发生应激,驱赶太急、打针、配种都可能引起应激反应,应激严重时可导致死亡。

(二)引入猪种的利用

1. 作为杂交父本 以地方猪种为母本进行二元杂交时,外引品种均可作为父本。利用较广泛的外引品种为长白猪和大白猪。以地方猪种为母本进行三元杂交时,以长白猪或大白猪为第一父本、杜洛克猪或汉普夏猪为第二父本,杂交效果很好。这种模式D♂ 或 H♂X(W1 或 L♂XC ♀)的杂交仔猪毛色不一致,生产上不易推广。以长白猪为第一父本、大白猪为第二父本的杂交组合 W♂X(L♂XC ♀)也有良好的杂交效果,杂交仔猪多为白色(此处 D、H、W、L♂XC 分别是杜洛克猪、汉普夏猪、大白猪、长白猪和本地猪的缩写)。

引入品种之间的杂交,二元杂交时,一般以长白猪或大白猪为母本,杜洛克猪或汉普夏猪为父本;三元杂交时,一般以长白猪为母本,大白猪为第一父本,终端父本为杜洛克猪或汉普夏猪,也有用大白猪作终端父本的。

2. 作为育种素材 在培育新品种(系)时,为提高培育品种的生长速度和胴体瘦肉率,大都将外引品种作为育种素材使用。我国培育新品种或专门化品系时,利用最多的是长白猪、大白猪等。

三、培育品种(系)

(一)培育品种(系)介绍

1. 哈白猪(图 2-1)

(1)产地和分布:产于黑龙江南部和中部地区,以哈尔滨市及其周围各县饲养最多,并广泛分布于滨州、滨绥、滨北及牡佳等铁路沿线。它是由哈尔滨本地猪与约克夏猪、巴克夏猪和从俄国引入的杂种猪经过复杂杂交后通过选育而成的一个培育品种,1975年经省级鉴定,宣布为品种。

(2)体形外貌:体形较大,被毛全白,头中等大小,两耳直立,颜面微凹,背腰平直,腹稍大,不下垂,腿臀丰满。四肢强健,体质坚实,乳头7对以上。

(3)生产性能:一般生产条件下,成年公猪体重为222 kg、母猪体重为176 kg。产仔数平均为11～12头。育肥猪15～120 kg阶段,平均日增重587 g,屠宰率74%,瘦肉率45.05%。

(4)利用:哈白猪与民猪、三江白猪和东北花猪进行正反交,所得一代杂种猪在日增重和饲料转

图 2-1 哈白猪

化率上均有较强的杂种优势。以其为母本,与外来品种进行二元、三元杂交也可取得很好的效果。

2. 三江白猪(图2-2)

(1)产地和分布:主要产于黑龙江东部合江地区的红兴隆农场管理局,主要分布于所属农场及其附近的市、县养猪场,是我国在特定条件下培育而成的国内第一个肉用型猪新品种。

(2)体形外貌:头轻嘴直,两耳下垂或稍前倾。背腰平直,腿臀丰满。四肢粗壮,蹄质坚实,被毛全白,毛丛稍密。乳头7对。

(3)生产性能:8月龄公猪体重达111.5 kg,母猪体重达107.5 kg,产仔数平均为12头。育肥猪在20~90 kg阶段,日增重600 g,体重90 kg时,胴体瘦肉率59%。

(4)利用:三江白猪与外来品种或国内培育品种以及地方品种都有很高的杂交配合力,是肉猪生产中常用的亲本品种之一。在日增重方面,尤其是以三江白猪为父本,以大白猪、苏联大白猪为母本的杂交组合的杂交优势明显。在饲料转化率方面,尤其以三江白猪与大白猪的组合杂交优势明显。在胴体瘦肉率方面,杜洛克猪与三江白猪的杂交组合优势最为明显。

图2-2 三江白猪

3. 北京黑猪(图2-3)

(1)产地和分布:属于肉用型的配套母系品种猪。北京黑猪的中心产区是北京市国有北郊农场和双桥农场,分布于北京的昌平、顺义、通州等地,并向河北、山西、河南等25个地区输出。现品种内有两个选择方向,即为增加繁殖性能而设置的"多产系"和为提高瘦肉率而设置的"体长系"。

(2)体形外貌:全身被毛黑色,头清秀,两耳向前上方直立或平伸。面部微凹,额部较宽。嘴中等长,粗细适中,颈肩结合良好,背腰平直、宽,四肢健壮,腿臀丰满,腹部平。乳头7对以上。

(3)生产性能:成年公猪体重约260 kg,产仔数平均11~12头。育肥猪体重为20~90 kg时,日增重609 g,屠宰率72%,胴体瘦肉率51.5%。

(4)利用:北京黑猪作为北京地区的当家品种,在猪的杂交繁育体系中具有广泛的优势,是一个较好的配套母系品种。与大白猪、长白猪或苏联大白猪进行杂交,可获得较好的杂交优势。杂种一代猪的日增重在650 g以上,饲料转化率为3.0~3.2,胴体瘦肉率达56%~58%。三元杂交的商品

图2-3 北京黑猪

猪后代胴体瘦肉率达到58％以上。

（二）培育品种（系）的利用

1.直接利用 我国新育成的品种大多具有较高的生产性能,或者在某一方面有突出的生产用途,它们对当地自然条件和饲养管理条件又有良好的适应性,因此可以直接利用生产畜产品。同时,还应继续加强培育品种的选育,提高其性能水平,更好地发挥培育品种的作用。

2.开展品种（系）配套 我国培育的品种（系）,其性能水平优于地方猪种,利用杜洛克猪、大白猪、长白猪、汉普夏猪等引进品种杂交配套所生产的杂种后代,其生产性能也大大优于以地方猪种为母本的杂交猪。开展杂交配套研究,筛选出多种高效配套系,生产优质杂交猪,是培育品种（系）利用的重要途径。

> **课后练习**

1. 地方品种和引入品种有哪些特性?
2. 我国地方猪种的优良特性有哪些?
3. 目前在养猪生产中使用的我国地方品种有哪些?

任务二 选种及引种

> **任务知识**

良种是提高养猪效益的首要因素,种猪的质量是关系养猪成败的关键环节。猪场为保持高效的生产能力,每年都会选留或引入一定数量的后备猪,占种猪群的25％～30％,以替代老弱病残及繁殖性能降低的种猪。种猪群只有保持以青壮年优秀种猪为主的结构比例,才能提高生猪生产水平和经济效益。

一、选种

在猪育种中,可以从不同的角度对选种方法进行分类。体质外貌是人们进行选种的直观依据。因为体质外貌是品种特征、生长发育的外在表现,又和生产性能有一定的关系。所以,应把体质外貌作为选种不可忽视的依据之一。选种是繁育工作的第一步,只有选择优秀的种源,才能保证繁殖计划的顺利进行和完成。种猪应具有品种应有的外形特征、优秀的生产性能、高繁殖力,同时具有早熟性好、健康、适应性强、遗传性稳定等特点。

（一）生长发育情况评定

猪的生长发育与生产性能和体质外形密切相关,特别是与生产性能关系极大。一般来说,生长发育快的猪,育肥期日增重多,饲料报酬高。对个体生长发育的评定,一般是定期称取猪的体重和测量体尺。测定时期一般为断奶、6月龄和24月龄(成年)三个时期。断奶时只测体重,后两个时期加测体尺。测定项目包括以下几个方面。

1.体重 测定时称取猪的活重。在早饲前空腹称重,单位用kg表示。

2.体长 从两耳根连线的中点,沿背线至尾根的长度,单位为cm。测量时要求猪下颌、颈部和胸部成一条直线,用软尺测量。

3.体高 从鬐甲最高点至地面的垂直距离。单位为cm,用测杖或硬尺测量。

4.胸围 用以表示猪胸部的发育状况,即用软尺沿肩胛后角绕胸一周的周径。测量时,皮尺要紧贴体表,勿过松或过紧,以将被毛压贴于体表为度。

5.腿臀围 从左侧膝关节前缘,经肛门绕至右侧膝关节前缘的距离。用皮尺量取。腿臀围可反映猪后腿和臀部的发育状况,它与胴体后腿比例有关,在瘦肉型猪的选育中颇受重视。

(二)外貌评定

1.种公猪

(1)整体评定:在观看猪的整体时,需将猪赶至一个平坦、干净且光线良好的场地上,保持与被选猪有一定的距离,对猪的整体结构、健康状态、生殖器官、品种特征等进行感官鉴定。总体要求:猪体质结实,结构匀称,各部结构良好。头部清秀,毛色、耳型符合品种要求,眼亮有神,反应灵敏,具有本品种的典型雄性特征。体躯长,背腰平直或呈弓形,肋骨开张良好,腹部容积大而充实,腹底成直线,大腿丰满,臀部发育良好,尾根附着要高。四肢端正,骨骼结实,着地稳健,步态轻快。被毛短、稀而富有光泽,皮薄而富有弹性。阴囊和睾丸发育良好。

(2)关键部位评定:头具有本品种的典型特征;种公猪头颈粗壮短厚,雄性特征明显。头中等大小,额部稍宽,嘴鼻长短适中,上下腭吻合良好,光滑整洁,口角较深,无肥腮,颈长中等,皮肤以细薄为佳。肩宽而平坦,肩胛骨角度适中,肌肉附着良好,肩背结合良好,胸宽且深,发育良好。前胸肌肉丰满,鬐甲平宽无凹陷。背腰平直宽广,不能有凹背或凸背。腹部大而不下垂,欣窝明显,种公猪切忌草肚垂腹。臀部宽广,肌肉丰满,大腿丰厚,肌肉结实,载肉量多。四肢高而端正,肢势正确,肢蹄结实,系部有力,无内外八字形,无卧系、蹄裂现象。

种公猪生殖器官发育良好,睾丸左右对称,大小匀称,轮廓明显,没有单睾、隐睾或疝,包皮适中,包皮无积尿。

(3)评分:经过上述鉴定后,依据猪品种的外貌评定标准,对供测猪进行外貌评分,并将鉴定结果做好记录。记录评分表见表2-1。

表 2-1　猪外貌鉴定评分表

猪号 _____　　品种 _____　　年龄 _____　　性别 _____

体重 _____　　体长 _____　　体高 _____　　胸围 _____

腿臀围 _____　　营养状况 _____　　等级 _____

序　　号	鉴定项目	外貌描述	标准评分	实际得分
1	一般外貌		25	
2	头颈		5	
3	前躯		15	
4	中躯		20	
5	后躯		20	
6	乳房、生殖器		5	
7	肢蹄		10	
合计			100	

(4)定级:根据评定结果,参照表2-2确定等级。

表 2-2　猪外貌鉴定等级表

等级　性别	特等	一等	二等	三等

鉴定地点 _____　　　　鉴定员 _____　　　　鉴定日期 _____

2. 种母猪

(1) 整体评定：种母猪评定时，人与被评定个体间保持一定距离，从正面、侧面和后面，进行系列观测和评定，再根据观测所得到的总体印象进行综合分析并评定优劣。评定时种母猪个体具有本品种的典型特征。其外貌与毛色符合本品种要求，体质结实，身体匀称，眼亮有神，腹宽大不下垂，骨骼结实，四肢结构合理、强健有力、蹄系结实。皮肤柔软、强韧、均匀光滑、富有弹性。乳房和乳头是母猪的重要特征表现，要求具有该品种所应有的乳头数，且排列整齐；外生殖器发育正常。

(2) 关键部位评定：头颈结合良好，与整个体躯的比例匀称。头具有本品种的典型特征；额部稍宽，嘴鼻长短适中，上下腭吻合良好，口角较深，腮、颈长中等。头形轻小的母猪多数母性良好，故宜选择头颈清秀的个体留作种用。肩部宽平、肩胛角度适中、丰满，与颈结合良好，平滑而不露痕迹。鬐甲平宽无凹陷。胸部宽、深和开阔。胸宽则胸部发达，内脏器官发育好，相关功能正常，食欲较强。背部要宽、平、直且长。背部窄、凸起，以及凹陷都不好。腰部宜宽、平、直且强壮，长度适中，肌肉充实。胸侧要宽平、强壮、长而深，外观平整、平滑。肋骨开张而圆弓，外形无皱纹。母猪腹部大小适中、结实而有弹性，不下垂、不卷缩，切忌背腰单薄和乳房拖地。臀和大腿是主要的产肉部位，总体要求宽广而丰满。后躯宽阔的母猪，骨盆腔发达，便于保胎多产，减少难产。尾巴长短因品种不同而要求不同，一般不宜超过飞节，超过飞节是晚熟的特征。四肢正直、长短适中，左右距离大，无内外八字形等不正常肢势，行走时前后两肢在一条直线上，不宜左右摆动。

种母猪有效乳头数不少于 6 对，无假乳头、瞎乳头、副乳头或凹乳头。乳头分布均匀，前后间隔稍远，左右间隔要宽，最后一对乳头要分开，以免哺乳时过于拥挤。乳头总体对称排列或平行排列。阴门充盈，发育良好，外阴过小预示生殖器发育不好和内分泌功能不强，容易造成繁殖障碍。

(3) 评分定级：参考公猪的评分、定级表，对母猪外貌进行评分、定级。

（三）生产性能测定

生产性能是猪最重要的经济性状，包括繁殖性状、育肥性状、胴体性状。

1. 繁殖性状

(1) 产仔数：总产仔数包括死胎、木乃伊胎和畸形胎在内的出生时仔猪的总头数。产活仔猪数则指出生时存活的仔猪数，包括衰弱即将死亡的仔猪数。产仔数的遗传力较低，平均为 0.1 左右，主要受环境条件的影响。母猪的年龄、胎次、营养状况、排卵数、卵子成活率、配种时间和配种方法、公猪的精液品质和管理方法等因素直接影响产仔数。

(2) 初生重：仔猪的初生重包括初生体重和初生窝重两个方面。仔猪初生体重指在出生后 12 h 以内，未吃初乳前测定的出生时存活仔猪的体重。全窝仔猪总重量为初生窝重（不包括死胎在内）。仔猪的初生体重的遗传力为 0.1 左右，初生窝重的遗传力为 0.24~0.42。

(3) 泌乳力：母猪泌乳力的高低直接影响哺乳仔猪的生长发育状况，是重要的繁殖性状之一。现在常用仔猪 20 日龄的全窝重量来表示，包括寄养过来的仔猪在内，但寄养出去的仔猪体重不得计入。泌乳力的遗传力较低，为 0.1 左右。

(4) 断奶性状：包括断奶个体重、断奶窝重、断奶头数等。断奶个体重指断奶时仔猪的个体重量。断奶窝重是断奶时全窝仔猪的总重量，包括寄养仔猪。断奶个体重的遗传力低于断奶窝重的遗传力。在实践中一般把断奶窝重作为选择性状，它与初生产仔数、仔猪初生重、断奶仔猪数、断奶成活率、哺乳期增重和断奶个体重等性状都呈显著正相关，是评定母猪繁殖性状最好的指标。

2. 育肥性状

(1) 平均日增重：通常指整个育肥期间猪（种猪为断奶或测定开始到 180 日龄）平均每天体重的增长量或用达到一定目标体重（100 kg）的日龄来表示。目前多用 20~90 kg 或 25~90 kg 期间平均每天的增重量来表示。品种类型、营养水平和管理方法直接影响日增重。日增重与单位增重所消耗的饲料量无论是在表型相关上，还是在遗传相关上，均呈强负相关。也就是说，日增重越高，则单位增重所消耗的饲料量越少。因此，在选种实践中，对日增重性状的选择，必将带来饲料利用率的改进。

（2）饲料利用率：一般指生长育肥期内育肥猪每增加 1 kg 活重的饲料消耗量，即消耗饲料（kg）与增长活重（kg）的比值，亦称料重比。饲料利用率属中等的遗传力，为 0.3～0.48。由于饲料采食量决定了生长速度，故生长快的猪通常饲料利用率高。

（3）采食量：猪的采食量是度量食欲的指标。在不限食条件下，猪的平均日采食量称为饲料采食能力或随意采食量，是近年来猪育种方案中日益受到重视的性状。采食地、育肥期饲料消耗、育肥天数难以准确测定，但通过控制采食量可以控制脂肪沉积速度，这是生产中常用的手段。

3. 胴体性状 猪的胴体性状主要有屠宰率、胴体瘦肉率、背膘厚、眼肌面积、胴体长等。然而，这些性状受猪的品种、年龄和发育阶段的影响。所以，研究这些性状的遗传力和对这些性状的选择，都必须在相对稳定的环境条件下，在相同的生长育肥阶段来进行此项工作。

（1）屠宰率。

①宰前重。育肥猪达到适宜屠宰体重后，经 24 h 的停食（不停水）休息，称得的空腹活重为宰前重。

②胴体重。育肥猪经放血、去毛、切除头（寰枕关节处）、蹄（前肢腕关节，后肢飞节以下）和尾后，开膛除去内脏（保留肾和板油）的躯体重量为胴体重。

③屠宰率。胴体重占宰前重的百分比。屠宰率高说明产肉量大，一般屠宰率应不低于 70%，高可达 80%。

$$屠宰率（\%）＝胴体重/宰前重×100\%$$

（2）胴体瘦肉率：指将左半胴体进行组织剥离，分为骨骼、皮肤、肌肉和脂肪四种组织，瘦肉量和脂肪量占四种组织总量的百分比即是胴体瘦肉率和脂肪率。公式如下：

$$胴体瘦肉率（\%）＝瘦肉量÷（瘦肉量＋脂肪量＋皮重＋骨重）×100\%$$
$$胴体脂肪率（\%）＝脂肪量÷（瘦肉量＋脂肪量＋皮重＋骨重）×100\%$$

（3）背膘厚：采用屠体测定时，一般在第 6 和第 7 胸椎接合处测定垂直于背部的皮下脂肪层厚度，不包括皮厚。平均背膘厚共测定 3 点：肩部最厚处、胸腰椎联合处、腰间椎结合处，最后以三个部位平均值表示。而活体测定，是用超声波测膘仪（A 超或 B 超）进行活体测量，一般在距离背中线 4～6 cm 处，取肩胛骨后缘、最后肋骨和髋结节（腰角）前缘三点的平均值，如果只测一点，以最后肋骨处最容易准确触摸，测量值最准确。背膘厚度的遗传力较高，为 0.4～0.7。

（4）眼肌面积：胴体胸腰椎结合处背最长肌横截面面积。于最后肋骨处垂直切断背最长肌（简称眼肌），用硫酸纸描下眼肌断面，用求积仪求之；也可用游标卡尺度量眼肌的最大高度和宽度，按下列公式计算：

$$眼肌面积（cm^2）＝眼肌高度（cm）×眼肌宽度（cm）×0.7$$

优良品种的眼肌面积可达 34～36 cm²。眼肌面积的遗传力为 0.4～0.7，增加眼肌面积将同时增加胴体的瘦肉率，降低背膘厚和提高饲料利用率。眼肌是胴体中最有价值的部位，因此，它是评定胴体产肉能力的重要指标。

（5）胴体长：分胴体斜长和胴体直长两种。从耻骨联合前缘中心点至第一肋骨与胸骨接合处中心点的长度（在吊挂时测量），称为胴体斜长；从耻骨联合前缘中心点至第一颈椎底部前缘的长度，称为胴体直长。胴体长与瘦肉率呈正相关，所以该性状是反映胴体品质的重要指标之一。

（四）选择

种猪生产以生产种猪或二元繁殖母猪以及公猪的精液为主要产品，其中核心工作是通过遗传育种的手段，生产优质的种猪资源。种猪的遗传改良是提高种猪质量的核心技术，种猪的现场选择是种猪改良的重要手段。

现代种猪场的育种工作已经是一项日常工作，融入现代养猪场生产工艺流程中。种猪选育工作是养猪生产流程——配种、妊娠、分娩、保育以及生长育成等生产环节中的一项日常工作。

种猪的现场选择主要技术指标包括种猪的品种特征、总体的体形结构以及乳头数量和结构、生殖器结构、肢蹄结构以及有无遗传缺陷。

1. 品种特征　种猪生产主要是进行纯种生产,所以选种首先要求选择的种猪品种特征明显,现在国内种猪生产的主流品种是大白猪、长白猪和杜洛克猪三大品种,每个品种都有其特征,选种时必须根据各个品种的特点进行选择。

2. 体形结构　健康状况良好的种猪的体形结构总的要求是各大部位匀称,相互之间的连接平滑,相互之间平衡;体长并且体深(图2-4)。不同用途的种猪,体形外貌的要求略有不同,例如,对于父系种公猪,除了种猪的总体要求以外,还特别要求体格健壮结实,对于母系种猪,则更加要求种猪个体体形适当、结构合理,具有较强的协调性。

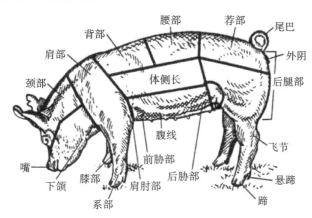

图 2-4　种猪体形结构及名称

3. 理想的外生殖器　种猪生殖器官与种猪的繁殖性能密切相关,种猪生殖器官也是可遗传的性状,所以外生殖器的形状、大小对于种猪的选择非常重要。种公猪要求睾丸大,并且两侧对称,防止包皮积液以及软鞭等影响公猪配种行为。母猪的选择要求外阴大小适中,防止幼仔外阴、上翘外阴,这些外阴表现往往预示母猪的繁殖性能比较低,会出现一些繁殖障碍。

4. 乳头结构、数量符合要求　种猪的腹线(即乳房和乳头)对于种猪来说十分重要,它与种猪的繁殖性能,尤其是种猪的哺乳能力和泌乳性能密切相关。腹线的评价从乳头的数目、位置、形状以及有无缺陷等几个方面进行。种猪的有效乳头数量一般要求在6～7对,结构要求大小适中,并均匀排列于腹线的两侧,乳头之间的空间距离均匀且充足,防止出现瞎乳头、小乳头、反转乳头等异常的乳头。

在实际育种工作中,对母系种猪,腹线的评价需要更加严格,因为具有良好的腹线,种猪的泌乳性能会更好,即母猪能够提供更多、更好的哺乳和断乳仔猪,从而提高母猪的断奶生产力。对于父系种猪,常规的腹线评价就能满足现场选种的要求。

5. 正确的肢蹄结构　种猪的肢蹄结构总体要求是四肢呈自然姿态,表现为行走的姿态自然,防止卧系、屈腿等不良的四肢结构。在实际的育种工作中,肢蹄结构的评价比较复杂,对前后肢、系与蹄等部分分别进行评价。理想型的前肢应该是从肩部到蹄部呈直线型,膝盖处有一定的角度。应该防止O型或X型等有缺陷的肢型。系部应该有一定的自然曲线,防止系部过度直立,这样会形成蹄尖走路,同时也防止系部过卧,形成卧系。理想的蹄部应该是蹄趾均匀、形状正常、位置合理且两蹄间无过大的裂隙,防止蹄趾不均、两蹄间裂隙过大或蹄部过长等缺陷。

(五) 选择程序

种猪的选择程序一般包括以下4个阶段。

1. 断奶阶段　第一次挑选(初选),可在仔猪断奶时进行。挑选的重点一是放在窝选和仔猪的个体选择上,但以窝选为主,可以把父母双方都好的仔猪选出来,被选留的外貌较易趋向一致;二是把握好生产性能与外貌的关系,应以生产性能为主。挑选的标准是选留的仔猪必须来自母猪产仔数较高的窝中,符合本品种的外形标准,生长发育好,体重较大,皮毛光亮,背部宽长,四肢结实有力,有效乳头数在7对以上;没有遗传缺陷,没有瞎乳头,公猪睾丸良好;大约3周龄(打耳刺的同时)选择生殖器发育正常,无遗传或生长缺陷,正常、完整无缺陷的后腿,表现正常,身体强壮,健康。一般来说,初选公猪数量为最终留种公猪数量的 1～20 倍,母猪的 5～10 倍,以便后期能有较多的选留机会。

2. 测定结束阶段 第二次挑选(主选阶段),可结合猪的性能测定进行。猪的性能测定一般在5～6 月龄结束,这时个体的重要生产性状(除繁殖性能外)都已基本表现出来。因此,这一阶段是选种的关键时期,应作为主选阶段。

(1)选留方法。

①根据性能测定选留。按照生长速度和活体背膘厚度等生产性状构成的综合育种值指数进行选留或淘汰。

②根据体形选留。凡体质衰弱、肢蹄存在明显疾患、有内翻乳头、体形有严重损征、外阴部特别小、同窝出现遗传缺陷者,可先行淘汰。要对公、母猪的乳头缺陷和肢蹄结实度进行普查。10 周龄(出售或转至后备区)最小体重大于 25 kg,腿部强壮、结实,干爽的后腿,生长位置标准,体形发育良好,生殖器发育良好,健康,一次性出售,均匀度一致的猪同批出售。

(2)选留数量:该阶段的选留数量可比最终留种数量多 15%～20%。

3. 母猪配种和繁殖阶段 该时期选择的主要目的是选留繁殖性能优良的个体。淘汰不良个体方法如下。

(1)后备母猪至 7 月龄后毫无发情征兆者。

(2)在一个发情周期内连续配种 3 次未受胎者。

(3)断奶后 2～3 月个无发情征兆者。

(4)母性太差者。

(5)产仔数过少者。

这一阶段选择的标准要根据第四阶段的需求进行。对于不符合条件的猪将准备屠宰,为符合条件者提供更多的空间。

4. 终选阶段 当母猪有了第二胎繁殖记录时可做出最终选择,选择的主要依据是种猪的繁殖性能。这时可根据本身、同胞和祖先的综合信息判断是否留种。同时,此时已有后裔生长和胴体性能的成绩,亦可对公猪的种用遗传性能做出评估。220 日龄起(出售期)最小体重 115 kg,生殖器生长发育良好,腿部强壮、结实、干爽,生长位置标准,生长良好和体形完美,健康。

二、引种

引种是现代畜牧业生产中较常见的现象。引入地区的自然生态条件与引入品种原产地基本相似或差异不大时,引种容易成功。

(一)引种时注意事项

每个猪群中都可能存在病原体,当猪处于应激状态时,就可能发生疾病。不同猪群病原体的种类和数量有所不同,每个猪群的机体免疫水平或保护性抗体的滴度也不相同,这取决于该猪群以前与病原体的接触程度。为了防止病原体破坏原有猪群健康的稳定性,引种时应考虑以下几点。

①从具有相同或更高健康水平的猪群引种。

②必须尽可能减少应激,因为应激会使猪对病原体的抵抗力下降。

③隔离所有新引进的种猪,这会减少未知病原体侵入的危险。

④在隔离与适应阶段,注意观察所有猪的临床表现。一旦发病,必须马上给予适当的治疗,治疗不少于 3 天。如果怀疑是严重的新的疾病(在原有猪群中未曾发现过),需做进一步诊断。

适应就是让新引进的种猪在一个新的环境中,与已存在的病原体接触,以使猪对这些病原体产生免疫力,而又不表现明显的临床症状。

(二)引种的时间、体重、数量

在引种时间的选择上一般为春季或秋季,应注意避免天气过冷或过热。引进的种猪一般要求在

50 kg 以上，不宜过大，留有充分的驯化时间，且不影响引种后的免疫计划。一般猪场采用本交时，公、母猪的比例为 1∶(20～30)，采用人工授精时，公、母猪比例为 1∶(100～500)，但往往引进公猪时相对要多于此比例，以防止个别公猪不能用，耽误母猪配种，增加母猪的无效饲养日。在体重上要大、中、小搭配，各占一定比例。

（三）种猪到场前的准备

引种前要根据本猪场的实际情况制订出科学合理的引种计划，计划应包括引进种猪的品种、级别（原种、祖代、父母代）、数量等。同时，要积极做好引种的前期准备工作。

1. 人员准备　种猪到场以前，首先根据引种数量确定人员的配备，特别是要有一定经验的饲养和管理人员。人员提前一周到场，实行封闭管理，并进行培训。

2. 场地消毒处理　新建场引种前一定要加强场内的消毒，消毒范围包括生产区、生活区及场外周边环境，生产区又分为猪舍、料库、展览厅等，都应遵循"清洗—甲醛熏蒸—30%的喷雾消毒"的消毒规程，消毒时猪舍的每一个空间都要彻底，做到认真负责、不留死角；对于生活区与场外周边环境也要用 3%～4% 氢氧化钠溶液进行喷雾消毒。

旧场改造后，对于发生过疫病的猪场，在种猪引进之前一定要加强消毒与疫病检测。首先把进入场区的通道全部用生石灰覆盖，猪栏也要用白灰刷一遍，粪沟内的粪便要清理干净，彻底用氢氧化钠溶液冲洗干净，猪舍与场区也要像新场一样消毒以后方可引种。

3. 隔离舍　猪场应设隔离舍，要求距离生产区最好 300 m 以上，在种猪到场前的 10 天（至少 7 天），应对隔离栏舍及用具进行严格消毒，可选择质量好的消毒剂进行多次严格消毒。

4. 物品与药品、饲料　因种猪在引进之后，猪场要进行封闭管理，禁止外界人员与物品进入场内，故种猪在引进之前，场内要把物品、药品、饲料准备齐全，以免造成不必要的防疫漏洞。需准备的物品有饲喂用具、粪污清理用具、医疗器械等；需要准备的药品有常规药品（如青霉素、安痛定、痢菌净等），抗应激药品（如地塞米松等），驱虫药品（如伊维菌素、阿维菌素等），疫苗类需准备猪瘟、口蹄疫等；需准备的消毒药品包括氢氧化钠、消毒威及其他刺激性小的消毒液等。同时要准备好饲料，备料员要保证一周的饲喂量。将所有物品包括饲料也应一起消毒。

5. 办齐相关凭证和手续　种猪起运前，要向输出地的县级以上动物防疫监督部门申报产地检疫合格证、非疫区证明、运载工具消毒证明等，凭动物运输检疫证、动物及其产品运载工具消毒证明、购买种猪的发票或种畜生产许可证和种畜合格证进行种猪的运输。

（四）种猪运输

种猪的运输方式一般有汽车运输、铁路运输和航空运输，其中，铁路运输和航空运输用于长途运输，汽车运输一般用于中、短途运输，它也是国内引种最常用的运输方式。

1. 车辆准备　运输种猪的车辆应尽量避免使用经常运输商品猪的车辆，且应备有帆布，以供车厢遮雨和在寒冷天气车厢保暖。运载种猪前，应对车辆进行 2 次以上的严格消毒，空置 1 天后再装猪。在装猪前用刺激性较小的消毒剂（如双链季铵盐络合碘）对车辆进行一次彻底消毒。为提高车厢的舒适性，减少车厢对猪的损伤，车厢内可以铺上垫料（如稻草、稻壳、锯末等）。

2. 必要物品的准备　在种猪起运前，应随车准备一些必要的工具和药品，如绳子、铁丝、钳子、注射器、抗生素、镇痛退热药以及镇静剂等。若是长途运输，还可先配制一些电解质溶液，以供运输途中种猪饮用。

3. 种猪装车　种猪装车前 2 h，应停止投喂饲料。如果是在冬季或夏季运猪，应该正确掌握装车的时间，冬季宜在上午 11 点至下午 2 点之间装车，并注意盖好棚布，防寒保温，以防感冒；夏季则宜在早、晚气候凉爽的时候装车。赶猪上车时，不能赶得太急，以防肢蹄损伤。为防止密度过大造成猪拥挤、损伤，装猪的密度不宜过大，寒冷的冬季装猪的密度可适当大一些，炎热的夏季装猪的密度则应适当小一些。对于已达到性成熟的种猪，公、母猪不宜混装。装车完毕后，应关好车门。长途运输的种猪，可按 0.1 mL/kg 体重注射长效抗生素，以防运输途中感染细菌性疾病。对于特别兴奋的种猪,可以注射适量的镇静剂。

4. 具体运输过程　为缩短种猪运输的时间,减少运输应激,长途运输时,每辆运猪车应配备 2 名驾驶员交替开车,行驶过程中应尽量保持车辆平稳,避免紧急刹车、急转弯。在运输途中要适时停歇查看猪群(一般每隔 3~4 h 查看 1 次),供给清洁的饮水,并检查有无发病情况,如出现异常情况(如呼吸急促、体温升高等),应及时采取有效措施。途中停车时,应避免靠近运载其他相关动物的车辆,切不可与其他运猪的车辆停放在一起。

运输途中遇暴风雨时,应用篷布遮挡车厢(但要注意通风透气),防止暴风雨侵袭猪体。冬季运猪时,应注意防寒保暖。夏季运猪时,应注意防暑降温,防止猪只中暑,必要时在运输过程中可给车上的猪喷水降温(一般日淋水 3~6 次)。

在种猪运输过程中,一旦发现传染病或可疑传染病,应立即向就近的动物防疫监督机构报告,并采取紧急预防措施。途中发现的病猪、死猪不得随意抛弃或出售,应在指定地点卸下,连同被污染的设备、垫料和污物等一起,在动物防疫监督人员的监督下按规定进行处理。

(五)入场隔离及驯养

1. 入场消毒　种猪到达目的地后,立即对卸猪台、车辆、猪体及卸车周围地面进行消毒,然后将种猪卸下,用刺激性小的消毒药对猪的体表及运输用具进行彻底消毒,用清水冲洗干净后进入隔离舍,如有损伤、脱肛等情况的种猪应立即隔开,单栏饲养,并及时治疗处理。偶蹄类动物的肉及其制品一律不准带入生产区内。猪体、圈舍及生产用具等每周消毒 2 次,疫病流行季节要增加消毒次数,并加大消毒液的浓度。猪群采取全进全出制,批次化管理,每次转群后要本着一清、二洗、三消、四洗、五腐的原则进行消毒,空舍 1 周后才能转入饲养。消毒药物可选用 3% 氢氧化钠溶液、百毒杀、消毒威等。

2. 饮水供给　种猪到场后先稍作休息,然后给猪提供饮水,在水中可加一些维生素或口服补液盐,休息 6~12 h 方可供给少量饲料,第二天开始可逐渐增加饲喂,5 天后才能恢复正常饲喂量。种猪到场后的前 2 周,由于疫病加上环境的变化,机体对疫病的抵抗力会降低,饲养管理上应注意尽量减少应激,可在饲料中添加抗生素(可用泰妙菌素 500 mg/kg、金霉素 150 mg/kg)和多种维生素,使种猪尽快恢复正常状态。

3. 隔离、观察　种猪到场后必须在隔离舍隔离饲养 45 天以上,严格检疫。特别是对布鲁氏菌、伪狂犬病(PR)等疫病要特别重视,需采血经有关兽医检疫部门检测,确认没有细菌感染阳性和病毒野毒感染,并监测猪瘟、口蹄疫等抗体情况。

观察猪群状况:种猪经过长途运输往往会出现轻度腹泻、便秘、咳嗽、发热等症状,饲养员要勤观察,如发现以上症状不要紧张,这些一般属于正常的应激反应,可在饲料中加入药物预防,如支原净和金霉素,连喂 2 周,即可康复。

观察舍内温、湿度:隔离舍勤通风、勤观察温湿度,保持舍内空气清新、温度适宜。隔离舍的温度要保持在 15~22 ℃,湿度要保持在 50%~70%。

4. 登记　种猪在引进后要按照提供的系谱,一头一头地核对耳号。核查清楚后,要将每个个体进行登记,打上耳号牌,输入计算机。

5. 免疫与驱虫　免疫接种是防止疫病流行的最佳措施,但疫苗的保存及使用不当都有可能造成免疫失败,因此规模化猪场要严格按照疫苗的保存要求和使用方法进行保存、使用,确保疫苗的效价。免疫接种可根据猪群的健康状况、猪场周围疫病流行情况进行。猪场要定期进行免疫抗体水平监测工作,如发现抗体水平下降或呈阳性,应及时分析原因,加强免疫,保证猪群健康。种猪到场 1 周后,应该根据当地的疫病流行情况、本场内的疫苗接种情况和抽血检疫情况进行必要的免疫注射(猪瘟、口蹄疫、伪狂犬病、细小病毒病等),免疫要有一定的时间间隔,以免造成免疫压力,使免疫失败。7 月龄的后备猪在此期间可做一些预防繁殖障碍疾病的疫苗注射,如猪细小病毒病疫苗、乙型脑炎疫苗等。

为了防止猪场寄生虫感染,一定要把驱虫工作纳入防疫程序的一部分,制订驱虫计划,每批猪群都要按驱虫计划进行,防止寄生虫感染。猪在隔离期内,接种完各种疫苗后,进行一次全面驱虫,可皮下注射长效伊维菌素等广谱驱虫剂,使其能充分发挥生长潜能。

6. 合理分群 新引进母猪一般为群养,每栏4~6头,饲养密度适当。小群饲养有两种方式,一是小群合槽饲喂,这种方法的优点是操作方便,缺点是易造成强压弱,特别是后期限饲阶段。二是单槽饲喂,这种方法的优点是采食均匀,生长发育整齐,但需要一定的设备。公猪要单栏饲喂。

7. 训练 猪生长到一定年龄后,要进行人畜亲和训练,使猪不惧怕人对它们的管理,为以后的采精、配种、接产打下良好的基础。管理人员要经常接触猪,抚摸猪敏感的部位,如耳根、腹侧、乳房等处,促进人畜亲和。

8. 淘汰 引进种猪体重达到85 kg以后,应测定活体膘厚,按月龄测定体尺和体重。要求后备猪在不同日龄阶段有相应的体尺和体重,对发育不良的猪,应分析原因,及时淘汰。

 知识链接

 课后练习

1. 简述选种的基本流程。
2. 简述引种的注意事项。

项目三 猪的繁殖技术

学习目标

▲知识目标
1. 了解母猪的发情周期、发情鉴定的方法和要点。
2. 学会妊娠检查。
3. 理解妊娠、分娩、接产的相关知识点。

▲能力目标
1. 学会在实际生活中做母猪的发情鉴定。
2. 学会准确地给猪做人工授精。
3. 学会计算猪的预产期并做好接产准备。
4. 学会助产、假死猪急救措施。

扫码学课件

任务一 发情鉴定

→ 任务知识

一、母猪的发情周期

母猪产后可在短期内出现三次发情:第一次出现在产后 2~7 天,发情症状不明显,不能正常排卵,是一次不孕的发情;第二次发情出现在产后 22~32 天,发情症状亦不明显,但若配种可以受胎,也不会影响泌乳和怀胎产仔,是一次应该利用的配种时机;第三次是断奶后 3~7 天,是一次必须抓住的配种时机。

母猪发育到初情期后,生殖器官及整个有机体便发生一系列周期性变化;除妊娠期外,这种变化周而复始,直到性功能停止活动为止。这种周期性的性活动,称为发情周期。通常将从上一次发情的开始至下次发情开始之间的时间间隔,称为一个发情周期,母猪的发情周期为 17~27 天,平均 21天。一个发情周期又分为发情持续期和休情期两个阶段。

发情持续期:指从发情开始至本次发情结束所持续的时间。猪的发情持续期为 2~3 天。在发情持续期间,母猪表现出各种发情症状,其精神、食欲、行为和外生殖器官均出现变化,这些变化表现为由浅到深再到浅,直至消退的过程。在实践中可以根据这些变化判断母猪的发情及发情的阶段和配种适期。

休情期:指本次发情结束至下次发情开始之间的一段时间。在休情期间,母猪发情症状完全消失,恢复到正常状态。

母猪发情周期平均是 21 天。产后 10 天内发情属于正常发情。超过 28 天不发情,可以注射催情素,刺激其发情。超过 60 天不发情,建议淘汰。青年(后备)母猪比成年(经产)母猪发情周期持续

Note

时间长。

二、母猪的发情表现

母猪发情的外部特征主要表现在行为和阴部的变化上,一个发情周期包括以下几个时期。

1. 发情前期 发情开始时,母猪表现为不安,食欲减退,阴门红肿,流出黏液,这时不接受公猪爬跨。

2. 发情期 随着时间的延续,食欲显著下降,甚至不吃,在圈内走动,时起时卧,爬墙、拱地、跳栏,允许公猪接近和爬跨。用手按其臀部,静立不动。几头母猪同栏时,发情母猪爬跨其他母猪。阴唇黏膜呈紫红色,黏液多而浓。

3. 发情后期 此时母猪变得安静,喜欢躺卧,阴户肿胀减退,拒绝公猪爬跨,食欲逐渐恢复正常。

4. 休情期 母猪没有性欲要求,精神状态已完全恢复正常。

个别母猪发情时仅有阴门红肿而无其他异常表现,外种猪及杂种母猪发情不如本地母猪明显,成年母猪发情不如青年母猪明显,这些差别在生产上应特别注意。

三、发情鉴定的方法

在规模化猪场中,母猪的发情鉴定及管理是比较薄弱的一个环节,很多养殖者比较关心如何提高后备母猪发情率,从而增加产仔数量。母猪发情是比较复杂的生理现象之一,且很多因素都会影响其发情时的行为特征表现和外阴变化。因此,对母猪进行发情鉴定时,需要综合分析这些特征表现和变化,从而确保鉴定结果比较准确。

1. 精神状态鉴定法 只要母猪开始发情,就会表现为对周围环境非常敏感,兴奋不安,拱地,嚎叫,两耳耸立,两前肢跨到栏杆上,食欲减退,东张西望,之后性欲逐渐旺盛。当采取群体饲养方式时,母猪会开始爬跨其他猪,且随着发情逐渐到达高潮,以上表现更加频繁,接着食欲会从低谷开始增加,嚎叫次数逐渐减少,表现出呆滞,且开始接受其他猪爬跨,这时配种最好。

2. 外部观察法 在发情前1～2天,母猪会表现出一系列的变化,说明其即将发情。母猪在这个阶段的特点是食欲减退或者彻底废绝,且对周围环境变化非常敏感,只要有响动就能够引起其注意。母猪在发情前期外阴部红肿,偶尔有清亮稀薄的黏液从阴部流出。由于母猪在发情前期有比较明显的征兆,因此容易被误认为已经发情,其实母猪在发情盛期反而会变得比较安静。母猪发情的特征是出现静立反射,如果没有出现静立反射就无法确定母猪发情与否。静立反射是指对发情母猪进行压背、骑背,被其他发情母猪或种公猪爬跨,甚至使其闻到种公猪气味时,所表现出的一系列行为变化,其主要特征是静立。此时母猪保持静立不动,耳朵和尾巴竖起,后肢叉开,背弓起,持续性颤抖。同时,可能会有较多的黏液从阴门排出。尤其是经产1胎的母猪和后备母猪,表现得更加明显。查情员对母猪乳房和侧腹进行触摸时,其非常敏感,表现为颤抖、紧张。发情盛期,从母猪阴道内排出的黏液微呈浑浊乳白色状,且在阴门裂周围的黏液开始形成结痂。此时排出的黏液牵拉性较强,两只手指间能够拉出1 cm左右或者更长的丝。对于经产母猪,可能没有黏液从外阴部流出,不过将阴门翻开就能够看到阴道内存在黏液,可用手指蘸取少量黏液进行牵拉性检查。需要注意的是,在对母猪进行发情鉴定的同时,也要对排出的黏液进行检查,确定有无异常(图3-1)。如果发现黏液质地不匀,或者呈红褐色或者黄色,说明可能患有子宫内膜炎或者阴道炎,这是导致其发生屡配不孕的主要原因,必须及时采取治疗。

3. 试情法 当母猪发情时,对公猪爬跨具有比较敏感的反应,可使其接触公猪,如果母猪接受公猪的爬跨,且处于安定状态,可据此判断其所处的发情阶段。同时,由于母猪发情时对公猪气味也比较敏感,也可在母猪跟前放置浸有公猪精液或尿液的布,观察其表现,从而判断其发情程度。随着科技的不断发展,也可使用合成的外激素试情,具有较好的效果。此外,母猪发情时对公猪的叫声也具有比较敏感的反应,因此可对母猪播放公猪的求偶录音,这也是鉴定其发情程度的方法之一。利用公猪试情是检查母猪发情阶段的常用、有效方法。通常在每天清晨或上午进行试情,驱赶性情温

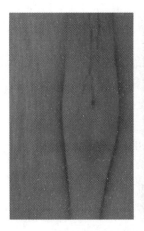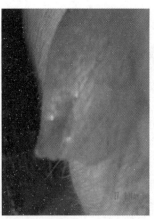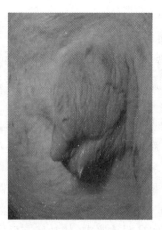

图 3-1　后备母猪发情外阴形态变化全过程（从左至右：红肿—肿胀—出现皱褶—消退）

驯、性欲旺盛的种公猪慢慢在走道上走动，并稍微停留在母猪栏门前，观察其反应。如果母猪没有远跑，而是保持静立，甚至主动接近公猪，就可将该母猪驱赶到公猪圈内进行试情。注意不能突然在群养的母猪圈内放入公猪，这是由于群体中未发情的母猪会拒绝爬跨，且快速躲避公猪，同时发情的母猪也常跟随跑动，不利于发现发情的母猪。

四、发情鉴定的注意事项

对于空怀和已经配种的母猪，每天需要进行发情检查 2 次，通常在每天上午 6:30～8:30 和下午 16:00～17:30 进行，需要间隔 10 h 左右。最好安排在饲喂后 30 min 左右试情，此时母猪处于比较安静的状态，容易发现发情的母猪。另外，在例行巡查、喂料、配种和清粪时也要注意对母猪进行观察。对于断奶母猪，尤其要注意断奶后 4～7 天的查情；对于已经配种的母猪，不仅要注意检查配种后 18～24 天和 38～44 天阶段是否能够正常返情，尤其要注意出现异常返情的母猪，例如在配种后 25～30 天出现返情，极大可能是由早期发生流产引起。与地方品种母猪相比，引进品种及其杂种母猪没有明显的发情表现，部分发情时不会出现停食、鸣叫和外阴部红肿、爬跨等现象。另外，老龄母猪发情表现也不会像青年母猪那样明显。因此，对于这类母猪，要细致观察，最好通过试情公猪进行试情鉴别，防止错过最佳配种时机。对母猪发情必须要做到细心、细心、再细心，通过采取一般鉴定方法与重点相互结合的方法，多次进行细致检查，并采取综合分析，不能单一地根据某个表现判定其是否发情。尤其是当母猪出现隐性发情时，只有让其直接与公猪接触进行试情，才能够判断其是否发情，因此在实际生产过程中要格外注意。发情鉴定后要做好相应的检查记录，主要是记录发情母猪的耳号、发情时间、胎次、压背反应和外阴部变化等，尤其重要的是详细记录后备母猪的变化。查情过程中不仅要做好记录，最好能够使用记号蜡笔在母猪身上做好标记，例如母猪出现外阴红肿，就在其臀部上画道杠，可在下一次查情时格外关注；如果母猪出现静立反射，可在其脖子上画道杠，判断已经配种则画两道；如果发现母猪患有子宫颈炎，可在背部画道杠。这样做能够确保不会出现遗漏发情母猪或者错配母猪等现象。

任务二　配　　种

 任务知识

一、配种时间

1. 母猪发情症状　根据母猪的表现和生殖器官变化，可分为 3 个阶段。

（1）发情前期：母猪表现为不安，食欲减退，鸣叫，爬跨其他母猪，外阴部膨大，阴道黏膜呈淡红色,但不接受公猪爬跨,此期持续 12~36 h。

(2)发情期:母猪继续表现为不安,食欲严重减退或废绝,时而呆立,两耳颤动,时而追随爬跨其他母猪,外阴部肿大,阴道黏膜呈深红色,黏液稀薄透明,愿意接受公猪爬跨和交配,出现静立反射。此期持续 6~36 h,为输精的最佳时期。

(3)发情后期:母猪趋于稳定,外阴部开始收缩,阴道黏膜呈淡紫色,黏液浓稠,不愿接受公猪爬跨,此期持续 12~24 h。

2. 配种时机 一般母猪发情后 24~36 h 开始排卵,排卵持续时间为 10~15 h,排出的卵子保持受精能力的时间为 8~12 h。精子在母猪生殖器官内保持受精能力的时间为 10~20 h,配种后精子到达受精部位(输卵管壶腹部)所需的时间为 2~3 h。据此计算,适宜的交配或输精时间是在母猪发情后 20~30 h。交配过早,当卵子排出时,精子已丧失受精能力;交配过晚,当精子进入母猪生殖道内,卵子已失去受精能力,两者都会影响受胎率,即使受精也可能因结合子活力不强而中途死亡。但在生产实践中一般无法掌握发情和能够接受公猪爬跨的确切时间。所以生产实践中,只要母猪可以接受公猪爬跨(可用压背反射或公猪试情判断),即配第一次。第一次配种后经 12~20 h,再配第二次。一般一个发情周期内配种 2 次即可,更多交配并不能增加产仔数,甚至有副作用,关键要掌握好配种的适宜时间。为准确判断适宜配种时间,应每天早、晚 2 次利用试情公猪对待配母猪进行试情(或压背反射)。就品种而言,本地猪发情后宜晚配(发情持续期长),引进品种发情后宜早配(发情持续期短),杂种猪居中间。就母猪年龄而言,老配早,小配晚,不老不小配中间。

二、配种方法

1. 单次配种 一头母猪在一个发情周期内,用一头公猪配种一次。其优点是所使用的公猪数少,但受胎率和窝产仔数比重复配略低。

2. 重复配 一头母猪在一个发情周期内,用一头公猪配种后,间隔 12~18 h 用同一头公猪进行第二次配种。这种配种方法确保了在卵子最佳受精期内输卵管内有足够的获能精子数,其受胎率和窝产仔数能够得到保证,而且容易进行后代的父本记录。

3. 双重配 一头母猪在一个发情周期的一次配种中,在间隔 15~20 min 的时间内,分别用两头种公猪与之交配。这种配种方法的优点是增加排出卵子选择不同遗传背景精子与之受精的机会,因此有助于提高母猪卵子的受精率。

4. 多次配种 一头母猪在一个发情周期中,从第一次配种后,每隔 12~18 h 配种一次,直到母猪在公猪前不再有静立反射为止。这种配种方法工作量大,对公猪的需要量也大。在不熟悉母猪发情的情况下,采用此法有助于提高受胎率。

三、人工授精操作

人工授精操作如下:压住发情母猪的后背并刺激其外阴内的阴蒂。如果母猪不舒适,允许其稳定下来,但不允许其躺下。如果母猪的外阴很干燥,就要在输精管上涂一些润滑剂(图 3-2 至图 3-4)。

(1)把试情公猪放在发情母猪前面,刺激母猪。

(2)用 0.1%高锰酸钾溶液清洁母猪外阴、尾根及臀部周围,用干净的卫生纸擦干净母猪外阴部。

(3)轻轻地混合精液,使精液在输精瓶中均匀分布。

(4)将输精管插入母猪阴道内。

(5)继续向里面插入,直到感觉到子宫颈的阻力。

(6)母猪可能自动锁住输精管。

(7)在母猪没有自动锁住的情况下,把输精管插入子宫颈。

(8)轻轻地拽输精管,证实其是否被子宫颈锁住。

(9)把输精瓶嘴部剪断并接到输精管上。

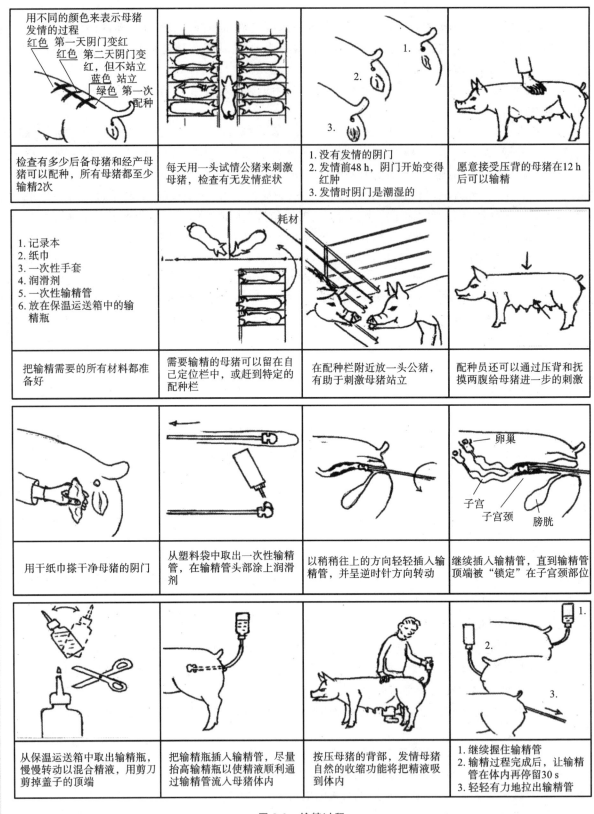

用不同的颜色来表示母猪发情的过程 红色 第一天阴门变红 红色 第二天阴门变红，但不站立 蓝色 站立 绿色 第一次配种			
检查有多少后备母猪和经产母猪可以配种，所有母猪都至少输精2次	每天用一头试情公猪来刺激母猪，检查有无发情症状	1. 没有发情的阴门 2. 发情前48 h，阴门开始变得红肿 3. 发情时阴门是潮湿的	愿意接受压背的母猪在12 h后可以输精
1. 记录本 2. 纸巾 3. 一次性手套 4. 润滑剂 5. 一次性输精管 6. 放在保温运送箱中的输精瓶	耗材		
把输精需要的所有材料都准备好	需要输精的母猪可以留在自己定位栏中，或赶到特定的配种栏	在配种栏附近放一头公猪，有助于刺激母猪站立	配种员还可以通过压背和抚摸两腹给母猪进一步的刺激
			卵巢 子宫 子宫颈 膀胱
用干纸巾搽干净母猪的阴门	从塑料袋中取出一次性输精管，在输精管头部涂上润滑剂	以稍稍往上的方向轻轻插入输精管，并呈逆时针方向转动	继续插入输精管，直到输精管顶端被"锁定"在子宫颈部位
从保温运送箱中取出输精瓶，慢慢转动以混合精液，用剪刀剪掉盖子的顶端	把输精瓶插入输精管，尽量抬高输精瓶以使精液顺利通过输精管流入母猪体内	按压母猪的背部，发情母猪自然的收缩功能将把精液吸到体内	1. 继续握住输精管 2. 输精过程完成后，让输精管在体内再停留30 s 3. 轻轻有力地拉出输精管

图 3-2　输精过程

（10）一只手拿住输精瓶，并给输精瓶一定的压力，这样能够察觉输精瓶是否被锁住，慢慢地减小对输精瓶的压力，避免伤害母猪的生殖道，所有过程必须轻柔。

（11）在没有压力的情况下，母猪可能自动吸收精液，如果精液被外界压力压入子宫，精液会倒流出来。

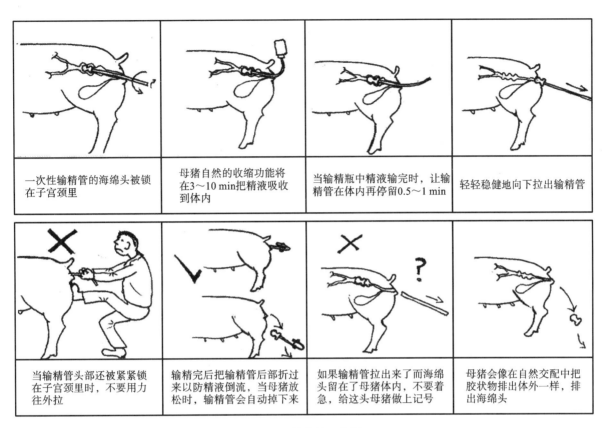

图 3-3　输精注意事项

图 3-4　母猪输精后

（12）当工作人员进行人工授精时，观察回流精液的数量，此点将被用于评估人工授精，如果70%的精液留在母猪子宫，说明人工授精操作得很好；如果少于70%的精液留在母猪子宫，说明人工授精操作不成功。

（13）输精瓶和输精管中的精液被母猪吸收完毕后，轻轻地抽回输精管，记录这次输精的质量。

（14）每次人工授精时间保持在5～8 min，尽量让母猪将精液自动吸入，避免给输精瓶过大压力，使精子输入过快，造成精子损伤或倒流。

（15）每次输精必须保证精液体积为80～100 mL，并且必须保证有活力精子总量为20～30亿。

人工授精注意事项：在母猪未喂料或者喂料后2 h进行配种，血液循环主要集中在胃肠部，母猪性欲低下，不愿运动，容易造成返情；炎热夏季输精时间最好避开中午高温阶段，在上午7:00之前和下午6:00之前完成配种。输精完毕后立即登记配种记录，包括配种的时间、次数、配种公猪号码、配种方式、生产目的（纯繁或杂交）等。

任务三　妊娠诊断

 任务知识

一、胚胎的生长发育

从精子与卵子结合、胚胎着床、胎猪发育直至分娩，这一时期称为妊娠期，对新形成的生命个体来说，称为胚胎期。分析胚胎期的生长发育情况可以发现，胚胎期前1/3时期，胚胎重量的增加很缓慢，但胚胎的分化很强烈，而胚胎期的后2/3时期，胚胎重量的增加很迅速。所以加强母猪妊娠前、后两期的饲养管理是保证胚胎正常生长发育的关键。

（1）胚胎着床：又叫胚胎的第一死亡高峰期，在母猪配种后9～13天，精子与卵子在输卵管的壶腹部受精形成受精卵，受精卵呈游离状态，不断向子宫游动，到达子宫系膜的对侧，在它周围形成胎盘。这个过程为12～24天。胚胎着床期主要是做好母猪的饲养管理，尽可能降低应激。

（2）胚胎器官形成期：又叫胚胎的第二个死亡高峰期，在母猪配种后3周左右。

（3）胎猪迅速生长期：又叫胚胎的第三个死亡高峰期，在母猪配种后60～70天。

二、妊娠诊断的方法

目前，养猪业不断朝着集约化方向发展，采取妊娠诊断的方法对于提高母猪繁殖率和增加养猪场经济效益两个方面具有越来越重要的作用。及时而准确地判断母猪是否成功妊娠，能够防止发生空怀，同时能够及时对空怀母猪采取补配，从而避免因发生无效饲养而引起的饲料成本增加。母猪妊娠诊断常用的方法有外部观察法、直肠触诊法、超声波诊断法和激素诊断法。

1. 外部观察法　外部观察法是妊娠诊断中最传统的方法，是指通过观察母猪是否出现返情来判断其妊娠与否。正常情况下，母猪发情周期平均持续21天左右。如果母猪进行配种后没有妊娠，在配种后18～22天会出现发情前期或具有发情期表现；如果成功妊娠，则在该时间段没有发情前期或发情期症状。因此，在母猪配种后的18～22天，可采取试情法或者外部观察法进行检查，如果没有出现发情前期或者发情期症状，说明很可能已经妊娠。母猪不返情持续越长时间，则不返情率会更接近实际受胎率。母猪妊娠后，一般还会表现出食欲良好，容易增膘，较平时嗜睡，谨慎行动，外阴部皱缩变小、较凉、苍白。但有时尽管母猪外阴部较大，也有可能已经妊娠。如母猪采食被镰孢菌污染的饲料，会出现轻微的中毒现象，此时就算已经妊娠，其外阴部也会发生一定程度的肿胀。母猪妊娠中后期，被毛光滑，腹部明显隆起。如果母猪已经妊娠，但还会出现假发情，具体表现是兴奋不安、外阴红肿等类似发情的症状，但基本没有出现静立反射症状，这时可采取超声波诊断法进行鉴别，避免发生误配而导致流产。

2. 直肠触诊法　直肠触诊法是指经直肠触摸子宫、子宫颈以及子宫中动脉。母猪妊娠 0～21 天，子宫和子宫颈基本与间情期相似，但这时子宫角分叉处变得不明显，子宫体积略有增大，且子宫壁较软。妊娠 21 天左右，子宫中动脉的直径往往增加到 5 mm 左右，且在通过髂外动脉时容易找到子宫中动脉，并发现其向下向前伸向腹腔。沿着髂骨的前内侧边缘，髂外动脉向后向下伸向后腿，成年猪直径达到 1 cm 左右。妊娠 21～30 天阶段，子宫角分叉更加不明显，子宫壁和子宫颈薄且软，子宫中动脉的直径达到 5～8 mm，非常容易找到。妊娠 31～60 天阶段，触诊子宫颈发现其为管状结构，且壁很软，触诊子宫发现壁薄，且不明显。增粗的子宫中动脉达到与髂外动脉大小一样，最开始会在妊娠 35～37 天能够感觉到脉搏震颤，触诊时可将其与髂外动脉相比较。妊娠 60 天至分娩阶段，子宫中动脉变得比髂外动脉更粗，且具有强烈的脉搏震颤，此时子宫中动脉会越过髂外动脉，比之前更加靠近背侧。胎猪在母猪妊娠末期才有可能在子宫角分叉处触诊到。妊娠母猪进行直肠检查时，无需将其保定过多，最好能够在饲喂过程中进行检查。但对体格过小的母猪很难使用这种检查方法，体格较大的母猪适合使用，且要求术者手臂细长。

3. 超声波诊断法　超声波诊断法是通过高频声波探查动物的子宫，并将其回波进行放大，再采取不同的形式将其转化成不同的信号显示，目前常用的诊断仪主要有三种，即 A 超（A 型超声诊断仪）、B 超（B 型超声诊断仪）和多普勒超声诊断仪。这种诊断方法的优点是安全、无损伤、准确等，缺点是价格昂贵，且机器损坏后很难进行修理，必须通过专业人员操作，现在通常应用于规模化猪场。A 超，通过超声波对充满积液的子宫进行检查，声波由妊娠的子宫反射回来，会被转换成示波器屏幕上的图像或者声音信号，或者通过二极管形成亮线。这种诊断仪适合基层猪场使用，且操作简便，体积较小，只需几秒钟就能够得到结果。但当母猪发生膀胱积液、子宫内膜水肿和子宫积脓时，容易导致假阳性诊断结果。另外，这种诊断仪还要注意根据使用对象选择型号，如果对猪使用大家畜专用的诊断仪，可能会导致全部被测对象都呈阳性结果。B 超，能够通过探查胎体、胎水、胎盘以及胎心搏动等来对妊娠阶段、胎猪状态、胎猪性别以及胎猪数量等进行判断，优点是准确率高、速度快、时间早等，但体积较大，且价格昂贵，目前只在大型猪场中用于定期检查。多普勒超声诊断仪，通过对母体和胎猪血流量、胎动等进行测定，从而在早期做出诊断。

4. 激素诊断法

（1）性激素检查法：在母猪人工授精后第 15～23 天，肌肉注射 2 mg 缬草素雌二醇和 5 mg 庚酸睾酮 1 次，经过 2～3 天使用公猪试情，如果没有妊娠就会发情，如果妊娠则不发情。另外，也可给母猪混合肌肉注射 0.5 mL 1% 丙酸睾酮和 2 mL 0.1% 苯甲酸雌二醇，之后 2～3 天进行试情，判断方法与上面相同。母猪配种 16～18 天，肌肉注射 1 mL 乙烯雌酚，或者 0.2 mL 0.5% 丙酸乙烯雌酚和 0.2 mL 丙酸睾丸酮的混合液，经过 2～3 天没有发情表现则说明已经妊娠。

（2）孕马血清促性腺激素诊断法：这种方法能够用于早期诊断，且简便、安全，诊断准确率达到 100%。原理是母猪妊娠后生成的功能性黄体较多，用于抑制卵巢上卵泡的发育。这些功能性黄体能够分泌大量的孕酮，并可抵消外源性孕马血清促性腺激素产生的生理反应，从而导致母猪不会出现发情。在母猪配种后 14 天左右，肌肉注射孕马血清促性腺激素 700～800 U，如果在之后的 5 天内没有出现发情，同时拒绝与公猪交配，说明已经妊娠。如果母猪表现正常发情，同时接受公猪爬跨，说明没有妊娠。

三、预产期推算

1. 333 推算法　此法是常用的推算方法，从母猪交配受胎的月数和日数加 3 个月 3 周 3 天，3 个月为 90 天，3 周为 21 天，另加 3 天，正好是 114 天，即妊娠母猪的大致预产期。例如配种期为 12 月 20 日，12 加 3 个月，20 日加 3 周 21 天，再加 3 天，则母猪分娩日期在 4 月 14 日前后。

2. 月减 8，日减 7 推算法　从母猪交配受胎的月份减 8，交配受胎日期减 7，不分大月、小月、平月，平均每月按 30 天计算，得数即是母猪妊娠的大致分娩日期。用此法也较简便易记。例如，配种期 12 月 20 日，12 月减 8 个月为 4 月，再把配种日期 20 日减 7 是 13 日，所以母猪预产期大致是 4 月 13 日。

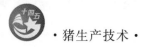

3．月加 4，日减 8 推算法　母猪交配受胎后的月份加 4，交配受胎日期减 8，其得数即是母猪的大致预产期。用这种方法推算月份加 4，不分大月、小月和平月，但日减 8 要按大月、小月和平月计算。用此推算法要比 333 推算法更为简便，可用于推算大群母猪的预产期。例如，配种日期为 12 月 20 日，12 月加 4 为 4 月，20 日减 8 为 12，即母猪的预产期大致为 4 月 12 日。使用上述推算法时，如月不够减，可借 1 年（即 12 个月），日不够减可借 1 个月（按 30 天计算）；如超过 30 天进 1 个月，超过 12 个月进 1 年。

任务四　分娩与接产

　任务知识

一、分娩

1．准确记录产仔时间和出生间隔　记录分娩的资料很重要，它可以反映仔猪出生间隔并由此看出分娩是否出现问题。如果母猪比较安静，仔猪相隔数分钟出生，说明产仔过程正常。相反，如果母猪十分不安，产仔显得十分吃力，并且产仔间隔在 45 min 以上，就必须进行人工干预。

2．对母猪助产的操作方法　如果个别母猪有难产的历史，产仔期间就需要进行特别护理，特别是那些年龄大、体重大和紧张的母猪分娩困难时，更应考虑助产。具体操作方法如下。

（1）需用酒精或洗必泰将母猪后躯和阴门清洗干净。

（2）把手洗净，戴上直检手套和乳胶手套。

（3）将戴手套的手用力慢慢穿过母猪阴道，进入子宫。

（4）戴手套的手一进入子宫，常常可摸到仔猪的头或后腿。如果是这样，要根据胎位抓住仔猪的后腿或头，慢慢地把仔猪拉出。要保证不将胎盘和仔猪一起拉出。

仔猪出生慢的原因很多，应该判断是哪种原因引起的，不能不检查就注射催产素，这样很可能导致仔猪过早死亡，并且鉴于分娩过程的重要性，要求全天 24 h 有人值班。

3．正常的接产技术　临产前先用 0.1% 高锰酸钾溶液擦洗乳房及外阴部，然后注意观察分娩过程。应采取以下措施。

（1）母猪产仔时的状态：母猪产仔时多数侧卧，腹部阵痛，全身哆嗦，呼吸紧迫，用力努责。阴门流出羊水，两后腿向前直伸，尾巴向上卷，产出仔猪。

（2）仔猪出生时的状态：胎猪进入产道后，脐带多数从胎盘上拉断，通过脐带供给仔猪的氧气停止，只等出生后仔猪用肺进行呼吸。胎猪出生时头部先出来的称为头前位，约占 60%；臀部先出来的称为臀前位，约占 40%，这两种均属正常胎位。

（3）接产：母猪产仔时应保持环境安静，可防止难产和缩短产仔时间。仔猪出生后先用清洁的毛巾擦去口鼻中的黏液，使仔猪尽快用肺呼吸，然后擦干全身，若天气较冷，立即将仔猪放入保温箱烤干。仔猪出生后应尽快吃初乳，既可使仔猪得到营养物质，增加抵抗力，又可提高母猪产仔速度。

（4）假死仔猪的救活：出生后不呼吸但心脏仍然跳动的仔猪称为假死仔猪，必须立即采取措施使其呼吸才能存活。

急救的方法如下：用左手倒提仔猪两条后腿，用右手拍打其背部；用左手托拿仔猪臀部，右手托拿其背部，两手同时进行前后运动，使仔猪自然屈伸，称为人工呼吸运动；用药棉蘸上酒精或白酒，涂抹仔猪的鼻部，刺激仔猪呼吸。

二、接产

母猪的接产在猪的养殖中是最重要的环节，关系着仔猪产出时的存活率，以后的抗病力和生长率，直接影响养猪的效益。

（一）产前准备

产房在前 2 周进行消毒，之后保持干燥，特别对于腹泻严重或有其他病史的产房，应严格用 1%～2%氢氧化钠溶液浸泡 2 h 以上，再用大量清水冲洗，干燥 1 周后再喷雾消毒。母猪产前 1 周赶入产房，清洗母猪全身，产前用高锰酸钾溶液清洗乳头和阴门，做好接产的准备。如果无专门的产房，在原猪厩产仔，按母猪预产期，临产前 1 周左右将厩舍清扫干净，并用 3%～5%石碳酸或 2%～3%来苏尔溶液或 5%进行消毒，消毒应非常严格，以利于预防产后仔猪痢疾的发生。冷天产仔时要在厩舍门窗挂上草帘或活动塑料薄膜挡风保温，猪厩要求温暖干燥，清洁卫生，舒适安静，阳光充足，空气新鲜，温度在 20 ℃以上，相对湿度为 65%～75%。

有产床（圈）的猪场，应提前 5～7 天将临产母猪转到产床（圈），在母猪转到前要对产床（圈）进行认真的冲洗、消毒，温度以 15～20 ℃为宜。临产前 2～3 天，用温热水刷洗母猪的全身，用 2%来苏尔水对腹部、乳头和阴门进行消毒，将消毒剪刀、碘酒或食用酒、毛巾、保温箱或箩筐等物放在顺手的地方，做好接产的准备，并垫以干净的稻草，猪圈内也给母猪准备适量的干净稻草，等待母猪分娩。有仔猪保温箱的猪场应提前 2 天将温度调至 32 ℃。

（二）接产操作

母猪产前 3～5 天出现临产症状，即乳房膨大、发热，乳头发胀、发红、光亮、变粗，有时可挤出少量的稀薄乳汁。阴门肿大、松弛，颜色发红或紫红色，从中流出稀薄的黏液。产前一昼夜或几小时，多数母猪前面的乳头中可以挤出或漏出带黄色较黏的初乳。母猪行动不安，叼草垫窝，站卧不安，时起时卧，徘徊运动，尾根抬起，有时频频排尿，开始阵痛，从阴门中流出黏液，则说明马上就要分娩。

正常母猪的分娩过程一般需要 2～3 h，此过程中接生很关键。分娩过程应该严格执行消毒各项操作程序，保证母仔产前产后健康。接产人员最好由该母猪饲养员来担任，这样母猪比较安心，产仔快。接产人员的手臂应洗净，用 2%来苏尔消毒。

仔猪出生后立即用干净毛巾将口鼻腔黏液擦净，然后用干布或接生粉除净体表胎膜和黏液，再擦拭全身，以利于仔猪呼吸，防止受冷感冒。仔猪产出后，有的脐带自然断开，有的未断。对未断的脐带，方法是先将脐血往仔猪腹部挤压，从距仔猪腹部 4 cm 处结扎，5～6 cm 处剪断脐带，涂上碘酒消毒，放入箩筐内或保温箱。如断脐后流血不止，用消毒棉线在脐带断端结扎止血。一般经 2～4 天后脐带就会干枯而自行脱落。生出 4～5 头仔猪后，用温水清洗母猪的乳房，然后立即将处理好的仔猪放在母猪腹部吃奶，然后填写产仔登记表。初乳中含有丰富的营养和免疫抗体。

（三）难产与助产

母猪难产是养猪生产中经常遇到的问题，出现难产后不能及时采取措施或者采取不当措施，均会对母猪的生殖系统造成影响，诱发繁殖机能障碍，如出现阴道炎、子宫内膜炎，严重的甚至会引起母猪的不孕不育、母猪及仔猪死亡等，对养殖场造成严重的经济损失。但是有些因素也会导致母猪难产，引起难产的原因主要有 3 种：第 1 种是产力异常诱发难产，如母猪在妊娠期营养不良、疲劳、疾病或者分娩中受到应激，造成产力不足或者减弱而引起难产。分娩中，如果注射子宫收缩剂的时间不当，也会引起产力异常。第 2 种是产道异常诱发难产，如由于母猪发育不良，母猪配种过早、饲料中缺乏钙磷等矿物质元素引起骨盆佝偻变形，或者阴道瘢痕、肿瘤等都可引起产道异常而诱发难产。第 3 种是由于胎猪异常诱发难产，胎猪过大、畸形或者羊水不足，胎位、胎势不正等都可以引起难产。妊娠母猪到临产期出现阵缩、努责、羊水排出等症状，但是胎猪不能从母体中顺利排出，母猪表现为起卧不安，回头顾腹，甚至浑身出汗，精神疲惫，分娩无力，卧地呻吟。当观察到母猪出现这些症状时，要仔细对母猪进行检查，以便采取科学的助产措施。

母猪难产有时由一种原因引起，有时是几种原因综合引起，因此，应根据实际情况采取相应的措施。

1. 产力不足或减弱　妊娠母猪到临产期，也出现临产的症状，但是由于努责无力，造成胎猪难以产出，在产道停留的时间过长；还有的妊娠母猪虽然到临产期，但是没有临产征兆，如胎死腹中的母猪,出现这种状况的,一定要及早检查,及早采取措施。

(1)临产母猪子宫颈已经完全张开,并且胎猪的方向、位置及姿势都正常,骨盆、产道等没有狭窄、肿瘤等异常情况,可使用药物催产。常用药物有催产素、垂体后叶素、麦角粉或麦角流浸膏等。如用1~5 mL的催产素皮下注射,必要时20~30 min后重复注射1次,增加子宫的收缩力;也可用2~5 g的麦角粉或麦角流浸膏投服。还可应用中药方剂辅助治疗,如用黄芪60 g、党参60 g、制附子30 g、制乳香30 g、制没药30 g,共研为末,用开水冲调,候温灌服。

(2)如果用药一段时间后,仍然不能产出胎猪,可利用辅助器械进行助产。拉出前,产道内应注入润滑剂,并尽可能矫正胎猪的方向、位置及姿势,否则容易损伤产道。然后利用产科导杆绳套、肛门钩等器械,配合母猪的努责,慢慢将胎猪拉出。

(3)当子宫完全弛缓不再收缩,子宫口已缩小,催产素无效,则只有施行剖宫产手术。

2. 产道狭窄 产道狭窄包括子宫颈狭窄、阴道狭窄、阴门狭窄。母猪已具备分娩的全部征兆,阵缩努责正常,但不出现胎膜或胎猪。此时进行阴道检查,可发现狭窄的地方,并在狭窄处的后方以手指可以触及胎猪的某些部位。如发现子宫颈紧闭或开张不全,可将涂有凡士林的手伸入阴道,以手指扩张子宫颈管,先伸入一指,然后逐渐增加手指,最后全手伸入;当手能抓住胎猪的整个头部或两后肢时即可拉出胎猪。阴道狭窄及阴门狭窄可用同样方法扩张后拉出胎猪。阴门狭窄在手无法伸入时,也可使用催产素。阴门狭窄使用上述疗法无效时,也可切开会阴。切开方法是用一头钝端的剪刀伸入阴道,沿会阴缝的线切开,取出胎猪。然后将黏膜与肌肉层、皮肤和皮下组织,做2层结节缝合。术后应保持局部的清洁。若产道有病变,极为狭小,无法扩张时,应及早进行剖宫产手术。这样可防止胎猪死亡,也能防止子宫破裂而造成母猪的死亡。

3. 骨盆狭窄 软产道已经完全开张,胎势、胎向完全正常,但不能通过骨盆腔,多见于母猪未达到体成熟即行配种而发生的生理性骨盆狭窄。针对这种情况,可先将温肥皂水或植物油等润滑剂灌入产道内,然后配合母猪的阵缩及努责,缓慢地将胎猪拉出。如为后天获得性的骨盆狭窄,如佝偻病等骨盆变形和先天性的骨盆发育不全,则应根据病理变化的大小及位置,判断有无拉出的可能,如无拉出的可能或拉出时易使软组织受到损伤时,则应进行剖宫产手术。

剖宫产手术方法:先保定临产母猪,然后将其手术部位剃毛、清洗、消毒,麻醉后切口,将胎猪依次从子宫内取出,最后在子宫内注入金霉素或青霉素后进行缝合。手术后,要加强管理,连续注射青霉素3~5天,防止感染。

4. 胎向、胎位及胎势不正

(1)胎向不正:胎向指胎猪纵轴与母体纵轴的关系。胎向不正有腹部前置竖向和背部前置竖向;腹部前置横向和背部前置横向,助产不及时则易使胎猪死亡,并给母猪带来严重的后遗症。腹部前置竖向和背部前置竖向对于猪而言不常见。腹部前置横向是胎猪横卧,四肢突入产道,检查时可触及胎猪。助产的方法是将胎猪的前躯向前推,然后握住胎猪的两后肢,缓慢地拉出。背部前置横向是胎儿横卧,背朝向产道,这种情况很少见,经过阴道检查可以触摸到胎猪的背椎棘突。助产时如前躯靠近出口则将后躯向前推,然后用手抓住胎猪的头或两前肢向外拉。相反,后躯靠近产道则将前躯向前推,用手抓住两后肢拉出胎猪。

(2)胎位不正:胎位指胎猪背部与母体背部及腹部的关系。胎位不正指胎猪的背不朝向母背,而朝向母体腹壁的侧位(左侧或右侧),胎猪背朝向母体下腹壁的称为下位。助产时应先向产道内灌入肥皂水或其他润滑剂。正生(胎猪头部前置)下位和正生侧位时以手握住头部,倒生(胎猪臀部前置)下位和倒生侧位时以手抓住两后肢扭转成上胎向,然后缓慢拉出。如果胎猪已有一部分进入产道,应将它推回骨盆入口前再扭转比较容易。以手拉出困难时也可使用产科导杆绳套或肛门钩等器械。

(3)胎势不正:胎势指胎猪在子宫内的各种姿势,即头、四肢及躯干的相互关系。胎势不正有胎头姿势不正、前肢姿势不正和后肢姿势不正等。胎头姿势不正对于猪而言较少发生,因猪的颈部短而粗,不易弯转,头向后仰的更为少见,但死胎时,则可能见到。头颈侧弯、头向下弯、头颈侧转,猪由于颈短,变位也较小,有时是唇部偏向一旁,这样就呈现出在头颈侧转和头向下弯 2 种不正姿势之间。助产时将手伸入子宫内握住头部再缓慢拉出。如果头部已进入骨盆入口矫正困难时,则应将胎猪推回子宫再行矫正。

三、假死仔猪的急救

刚产下的仔猪有的出现全身瘫软,没有呼吸,但心脏仍在跳动的假死状况,如不及时抢救或抢救方法不当,仔猪就会由假死变为真死。急救方法有下列 10 种:急救前应先把仔猪口鼻腔内的黏液与羊水用力甩出或捋出,并用消毒纱布或毛巾擦拭口、鼻,擦干躯体。

(1) 立即用一只手捂住仔猪的鼻、嘴,另一只手捂住肛门并捏住脐带。当仔猪深感呼吸困难而挣扎时,触动一下仔猪的嘴巴,以促进其深呼吸。反复几次,仔猪就可复活。

(2) 仔猪放在垫草上,用手伸屈两前肢或后两肢,反复进行,促其呼吸成活。

(3) 仔猪四肢朝上,一手托肩背部,一手托臀部,两手配合一屈一伸猪体,反复进行,直到仔猪叫出声为止。

(4) 倒提仔猪后腿,并抖动其躯体,用手连续轻拍其胸部或背部,直至仔猪出现呼吸。

(5) 用胶管或塑料管向仔猪鼻孔内或口内吹气,促其呼吸。

(6) 往仔猪鼻子上擦点酒精或氨水,或用针刺其鼻部和腿部,刺激其呼吸。

(7) 将仔猪放在 40 ℃温水中,露出耳、口、鼻、眼,5 min 后取出,擦干水汽,使其慢慢苏醒成活。

(8) 将仔猪放在软草上,脐带保留 20～30 cm 的长度,一手捏紧脐带末端,另一只手从脐带末端向脐部捋动,每秒钟捋 1 次。连续进行 30 余次时,假死猪就会出现深呼吸;捋至 40 余次时,即发出叫声,直到呼吸正常。一般捋脐 50～70 次就可以救活仔猪。

(9) 一只手捏住假死仔猪的后颈部,另一只手按摩其胸部,直到其复活。

(10) 如仔猪因短期内缺氧,呈软面团的假死状态,应用力擦动体躯两侧和全身,促进仔猪血液循环而成活。

任务五　母猪的产后喂养与管理

 任务知识

一、母猪产后喂养及仔猪喂养

(一)产后喂料加量太快

母猪产后,腹内空虚,消化系统功能未能恢复正常,而且母猪所产奶水量少,不需要太多的营养供给。采食过多,既不利于母猪身体恢复,同时也造成饲料的浪费。所以母猪产后不需要过快加料,一般到产后 7 天才达到母猪最大采食量。

(二)不定期更换补料槽中的料

仔猪在哺乳期间采食补料的量是很少的,在 28 天的哺乳期中,每头仔猪只能采食 200～300 g 补料,如果一次性放得太多,仔猪采食不完,剩下的料会变味或变质,仔猪再无采食兴趣,但这却给人一个假象,好像槽中有料不需再添。所以,应养成清洗料槽和换新鲜料的习惯,每天定时将料槽中料清走,清洗干净消毒后倒扣在产床上晾干,这样可保证猪每天都能采食新鲜的补料。

(三)补料只走形式

许多猪场在仔猪生后 7 天,就会将仔猪补料槽放上,这是人们认识到补料的作用,但实际上大多数仔猪却不吃料,补料只是一个形式,通过分析有以下原因:①母猪奶水充足,仔猪不需过早吃料,没有食欲。②补料区温度过低,仔猪吃完奶后马上钻进保温箱。③料槽过深或放在偏僻地方,仔猪很少过去。④补料一次性放入后，长时间不更换，失去香味。⑤缺乏人去诱导。根据以上原因，在给仔猪补料时也应灵活，如母乳充足，补料可适当推迟，而让仔猪吃料则要讲究方法。饲养员曾试过用浅盘放在仔猪保温箱出口附近，也试过在补料槽上方吊一个颜色鲜艳的塑料瓶，在料槽内放一块鹅卵石或圆球，以及强制性给仔猪口中添料等，都取得了不错的效果。

（四）断奶前给母猪减料过多

断奶前饲养员习惯给母猪减料，认为减料后可以减少泌乳，促进仔猪采食补料，同时可以促进母猪乳房萎缩，防止断奶后乳腺炎的发生。但我们认为，这样的作法并不理想，因为母猪泌乳除由饲料提供外，还分解体内组织产生乳汁，短期减料并不会明显减少泌乳，而只能更大地消耗体组织，引起断奶后发情推迟；同时母猪乳腺停止泌乳，影响最大的因素是乳汁不能排出，靠乳房胀大的压力促进乳腺萎缩，断奶刺激的影响更大些。所以我们建议母猪断奶前不必减料，断奶当天不喂料，这一办法在生产上应用情况良好，而且对断奶后发情有利。

（五）仔猪吃无奶或奶水不足的乳头

母猪的乳头产奶量不同，有的产奶多，有的产奶少，有时还出现部分奶头无奶的现象。这样，一些体弱的仔猪和新近寄养的仔猪往往不能占有好奶头，长时间下来，就出现营养不良，易患病，最后形成僵猪甚至死亡。仔猪吃奶不足有以下表现：长时间拱母猪奶头；身体瘦弱，腹部塌陷；在别的仔猪睡觉时，这些仔猪或在箱外转；吃奶时，仔猪前后转悠等。

二、母猪产后注意事项

（一）初生前三天护理不够

许多产仔舍饲养员都有这样的体会，产后前3天是仔猪死亡最高的时期，另外，以后出现的弱仔或仔猪的死亡也和前3天护理不够有关。因为前3天仔猪除要适应母体外环境外，还要受温度、初乳、吃奶量等因素的影响，如果照顾不周，会出现压死、冻死、饿死或生病现象。前3天的护理措施包括及早吃初乳、固定奶头、定时吃奶、创造舒适小气候、防压等。一些猪场在产后前3天采用定时吃奶的措施，可以有效地防止仔猪压死或吃奶不足现象。具体操作是定时喂奶，白天1h1次，晚上1h1次，吃奶时有人观察护理，吃奶结束后将仔猪放入保温箱内，这样可以保证每头仔猪都能吃到足够的奶水。这样做看似多花费了人力，但其效果是值得的。

（二）仔猪无保温设施或设施不适用

仔猪保温箱是专门保持仔猪温度的设施，可以给仔猪提供比较舒适的小环境，有利于仔猪的生长发育，一个理想的保温箱应满足以下几个要求：①保温性能好，箱内外温差大；空间足够大，可容纳十几头仔猪直到不需加温为止；②方便温度调整，如吊烤灯可上下活动，电热板有高低档开关；③方便操作，因在哺乳阶段，有许多工作需要借助保温箱，如补铁、防疫、治疗、去势等，如果顶盖和箱口可开可关，则便于各种操作的进行。同时，在仔猪稍大时，可打开箱口和顶盖，便于调节箱内温度，也便于随时观察仔猪；④结实耐用，要经得住母猪的挤碰和仔猪的拱咬；⑤价格便宜，由于各种原因，保温箱有各种形式，如铁油桶改装、木制、水泥制、玻璃钢制等，效果不一。不论哪种形式，只要能满足仔猪对温度的需要即可。但在实际生产中，有的猪场不设保温箱，有的光有箱无铺板，有的无加温设备，有的太大或太小，有的无法有效消毒等，都不能起到保温的最佳效果。

（三）仔猪生活区温度过高或过低

仔猪出生后需要较高温度早已被人们所接受，人们也想出许多办法满足仔猪对温度的需求，如保温箱、电热板、红外线灯、电灯泡等。但在生产中常出现箱内温度过高或过低的现象，都不利于仔猪的生长发育。我们给仔猪提供保温设施，不能单纯根据提供的设备，更主要是看仔猪生活是否舒适。

如果仔猪挤在一堆，向较热的地方集中，是受冷的表现；如仔猪在保温箱内远离热源，头冲向透风的箱口或底部，则是过热；而如果仔猪躺在保温箱外睡觉，则要考虑箱内是否过热。只有仔猪均匀侧躺在保温箱或垫板上,呼吸均匀,才是最理想的温度。另外,还可从仔猪卧姿观察冷热,如爬卧是受冷;侧卧而浑身战栗则是受冷或有病;如侧卧、呼吸均匀,则是温度适中;如侧卧而呼吸急促,则是温度过高。

(四)不注意卫生

仔猪腹泻是哺乳期最头痛的事,尽管现在采用许多方法加以防治,但如果不找到病因,往往是治标不治本,容易复发。有人总结了仔猪腹泻的几个原因:寒冷、潮湿、不卫生。其中不卫生是很重要的一项,若没有病原体,即使发病也比较轻,但如果环境很脏,仔猪不断地吃进含有病原体的脏物,并不断地排出病原体,这样就形成了恶性循环。产房对卫生的要求较高,如不允许产床上有母猪粪便,母猪拉粪后随拉随清,仔猪粪便也要及时清理,并用消毒药水定期擦刷,有的猪场每天用消毒药水擦洗母猪乳房2次,有的猪场定时擦洗产床床面等,都取得了不错的效果。注意卫生不仅是产床上,也要保持地面和保温箱内的干净卫生,还要注意使用工具的卫生等。

(五)对奶水少的母猪采用的方法不当

母猪产后无奶或少奶是哺乳期最常见的问题。原因多方面,如怀胎中期喂料量过大,脂肪颗粒充斥到乳房中影响乳腺发育;临产时出现严重便秘,引起产后不食;产仔前后乳房感染出现乳房炎,因疼痛拒哺使乳腺萎缩;产后出现感染引起高烧等。解决母猪无奶和少奶,也要针对具体情况而定,多方采取措施,营养不良的增加优质饲料,如鱼汤、肉汤等;产后感染的先做消炎处理;便秘者则要先促其排便,过肥者则只能通过按摩乳房,并结合注射催产素以解决。

课后练习

1. 请简述母猪发情鉴定常用的方法。
2. 请阐述人工授精的步骤。
3. 请分析母猪难产的原因和预防措施。

项目四　种猪的饲养管理

学习目标

▲知识目标

1. 了解各阶段种猪的营养需求。
2. 知道各阶段种猪的生理特点、淘汰标准。
3. 掌握各阶段种猪的饲养管理关键控制点。

▲技能目标

1. 能正确开展种猪各阶段的饲养管理。
2. 能科学管理种猪各阶段的生产工作。

任务一　种公猪的饲养管理

 任务知识

俗话说"母猪好好一窝,公猪好好一坡",这充分体现了种公猪在猪群中的重要作用。1头种公猪可承担 20～30 头母猪的配种任务,人工授精配种时,1头种公猪负担 200～300 头母猪的配种任务。如果种公猪质量不佳,不仅造成母猪不孕,而且直接影响后代品质,使整个猪群品质下降,可见,养好种公猪是提高生猪生产水平的重要环节。根据种公猪的生理特点,合理地配合与投喂日粮,保持营养、运动、配种三者的平衡,保证种公猪有良好的体况、旺盛的性欲,从而产生良好的精液,提高配种的效率。

一、种公猪的营养

随着种公猪的性成熟,精液量和精子数不断增加,对营养的要求也较高,因种公猪一次射精量一般为 250 mL,交配时间也比较长,消耗的能量多,所以要保持氨基酸、维生素和钙、磷较高的摄入量,以便保持种公猪的繁殖力和性欲。种公猪的生长发育对营养水平的高低非常敏感,直接影响其配种能力和精液品质。

(一)能量需要

合理供给能量,是保持种公猪体质健壮、性功能旺盛和精液品质良好的重要因素。一般瘦肉型成年公猪(体重 120～150 kg)在非配种期每天需要的消化能量为 25.1～31.3 MJ,配种期需要的消化能量为 32.4～38.9 MJ。在能量供给方面,未成年公猪和成年公猪应有所区别。未成年公猪由于尚未达到性成熟,身体还处于生长发育阶段,故能量需要量(消化能)要高于成年公猪 25% 左右。北方冬季,圈舍温度不到 15～20 ℃时,能量需要量应在原标准的基础上增加 10%～20%。南方夏季天气炎热,公猪食欲降低,按正常饲养标准营养浓度进行日粮配合时,公猪很难采食到全部所需营养。因此,可以通过增加各种营养物质浓度的方法使公猪尽量摄取所需营养,满足种公猪的生产需要。

在生产实践中,人为地提高或降低日粮能量浓度,会影响种公猪的体况和繁殖性能。

(二)蛋白质

种公猪一次射精液通常有 200～400 mL,其中粗蛋白含量为 3%～7%,是精液干物质中的主要成分。因此,饲料中蛋白质的含量对种公猪的精液品质、精子寿命、活力等都有重要影响。同时,种公猪饲料中蛋白质含量和质量、氨基酸的水平直接影响种公猪的性成熟、体况。种公猪的每千克日粮中应含有 14% 的粗蛋白,过高或过低均会影响其精液中精子的密度和品质。粗蛋白含量过高不仅增加饲料成本,浪费蛋白质资源,而且多余蛋白质会转化成脂肪沉积体内,使得种公猪体况偏胖而影响配种,同时加重肝、肾负担;粗蛋白含量过低则精子密度和精液品质下降。在考虑蛋白质供应的同时,要考虑某些必需氨基酸的水平,尤其是饲喂玉米、豆粕型饲料时,赖氨酸、蛋氨酸及色氨酸的供给尤为重要。因此,在配种季节,饲料中应多补加一些优质的动物蛋白,如鱼粉、骨肉粉和豆粉等,必要时可喂一定量的鸡蛋。

(三)矿物质

矿物质,尤其是钙、磷元素,对精液品质影响很大。日粮中矿物质含量不足时,种公猪性腺会发生病变,从而使精子活力下降,并出现大量畸形精子和死精子。锌、碘、钴元素对提高种公猪精液品质有一定的效果,尤其是在机械化养猪条件下,补饲上述微量元素的效果尤为显著。

(四)维生素

维生素对于种公猪也是十分重要的,在封闭饲养条件下更应注意添加维生素,否则容易导致维生素缺乏症。饲料中长期缺乏维生素 A 会导致青年公猪性成熟延迟、睾丸变小、睾丸上皮细胞变性和退化,从而降低精子密度和质量。但维生素 A 过量时,会出现被毛粗糙、鳞状皮肤、过度兴奋、触摸敏感、蹄周围裂纹处出血、血尿、血粪、腿失控不能站立及周期性震颤等中毒症状。饲料中缺乏维生素 D 会降低种公猪对钙和磷的吸收,间接影响睾丸产生精子和配种性能。种公猪日粮中若长期缺乏维生素 E 还会导致成年公猪睾丸退化,永久性丧失生育能力。其他维生素在一定程度上也会直接或间接地影响公猪的健康和种用价值,如缺乏 B 族维生素,会出现食欲下降、皮肤粗糙、被毛无光泽等不良后果。因此,应根据种公猪饲养标准酌情添加给予满足,一般维生素的添加量应是标准量的 2～5 倍。

二、种公猪的饲养

将种公猪的饲养管理分成 4 个阶段:适应生长阶段、调教阶段、早期配种阶段和成熟阶段。

(一)适应生长阶段

选种后至体重 130 kg 为适应生长阶段。此期要用高质量的饲料限制饲喂,每天限制饲喂 2～3 kg 的育成料、后备母猪料或哺乳料(不同阶段专用种公猪料),日增重为 600 g,8～10 周后,即 8 月龄时体重达 130 kg。

(二)调教阶段

体重 130～145 kg 时为调教阶段。根据体况,每天限制饲喂 2.5～3.5 kg 优质饲料,日增重 600 g,9 月龄体重达 145 kg。

(三)早期配种阶段

9～12 月龄为早期配种阶段。继续控制种公猪的生长和体重。根据体况,每天限制饲喂。每天限制饲喂 2.5～3.5 kg 的妊娠母猪料,以控制种公猪的体重和背膘厚。根据 5 分制体况评定,种公猪最理想的体况应比母猪低 1 分。如果种公猪体况过肥,不仅会生长得太快太大,缩短使用年限,而且会影响性欲和配种精力,特别是在高温季节。

(四)成熟阶段

12 月龄到配种时为成熟阶段。继续控制生长和体重。每周均衡配种 6 次,做好配种记录。根据体况饲喂专用公猪料(粗蛋白含量为15%以上),饲喂量限制在2～2.5 kg,使其体况评分比同群母猪低1分。

种公猪的使用年限一般为2～3年,应通过加强饲养管理尽可能延长种公猪的使用年限。

如果母猪哺乳期为3～4周,适宜的公、母猪比例应为1∶20,即每100头母猪需要5头种公猪。如果这5头种公猪每年需更新2～3头,那么,公猪和母猪的比例大概为1∶17。

三、种公猪的管理

(一)单圈饲养

6月龄的公猪进入性成熟,此时要将种公猪单独饲养,每头占地6～7.5 m²,室温在23 ℃为宜。猪舍和猪体要经常保持清洁、干燥。

(二)运动

运动具有促进新陈代谢、增强体质、提高精子活力、锻炼四肢等作用,因此能提高配种能力。运动方式有以下几种:可在大场地中让猪自由活动,也可以在运动跑道中进行驱赶运动。每天运动1～2次,每次约1 h,距离1.5 km左右,速度不宜太快。夏季炎热时,运动应在早上或傍晚凉爽时进行;冬天寒冷时则在午后气候较暖时进行。配种任务繁重时,要酌减运动量或暂停运动。

(三)防暑降温

种公猪的最适温区为18～20 ℃,30 ℃以上的温度会对种公猪产生热应激,种公猪遭受热应激后精液品质会降低,并导致4～6周的繁殖配种性能降低,主要表现为返情率高和产仔数少,因此,在夏季要对种公猪进行有效的防暑降温,将圈舍温度控制在30 ℃以内,避免热应激对精液品质的影响。降温措施有猪舍遮阴、通风,在运动场上设置高喷淋装置或人工定时喷淋、湿帘降温和空调降温等。

(四)合理利用

种公猪开始配种的时间不宜太早,最早也要在8月龄或体重达120 kg以上,一般在10月龄或体重达130～135 kg时初配较好。一般种公猪的自然交配频率:11月龄以内青年种公猪每日可配种1次,每周最多配5次;成年种公猪每日可配2次,间隔时间为8～10 h,每周最多配10次;老年种公猪每日配1次,连用2天,休息2天。人工采精频率:12月龄以内青年种公猪每周采1次,成年种公猪每周采2次。配种应在吃料前1 h或吃料后2 h进行。每次配种完毕后,要让其自由活动十几分钟,不要立即饮水,然后关进圈内休息或自由运动。种公猪长期不配种,会影响性欲或完全失去性欲,精液品质也会很差。因此,在非配种季节,种公猪可定期或半月左右人工采精一次,以利于其健康。在高温季节,采精频率可适度增加,避免精液在体内存留时间太长,精子活力下降。

(五)夏季要调整饲喂时间与饲料供应

(1)有条件的猪场可将密度减少10%左右,这样可以降低舍内的温度。

(2)早上提前至5∶00—6∶00喂料,下午推迟到18∶00—19∶00喂料,尽量避开在天气炎热时投料,夜间(22∶00—23∶00)加喂1次,中午不喂料。

(3)把干喂改为湿喂或采用颗粒饲料,以增加猪采食量。湿拌可以增加10%左右采食量,但天气炎热时湿拌饲料容易变酸变质,因此当餐没有吃完的饲料一定要清扫干净,不能与下一餐饲料混饲。饲养员应注意掌握投饲量,以免造成不必要浪费。同时做好饲料保管工作,防止饲料霉变。

(4)良好的光照:在种公猪管理中,光照最容易被忽视,光照时间太长和太短都会降低种公猪的繁殖配种性能,适宜的光照时间为每天10 h左右,通常将种公猪饲喂于采光良好的圈舍即可满足其对光照的需要。

(5)刷拭与修蹄:每天用刷子给种公猪全身刷拭1～2次,可促进血液循环,增加其食欲,减少皮肤病和外寄生虫病。夏季每天给种公猪洗澡1～2次。经常给种公猪刷拭和洗澡,可使种公猪性情温驯,活泼健壮,性欲旺盛。还要注意护蹄和修蹄,蹄不正常会影响种公猪配种。

(6)定期驱虫:定期对种公猪进行体内外驱虫工作,可按每33 kg体重注射1 mL伊维菌素,每年2次。

四、后备公猪的调教

(一)爬跨假台猪法

调教用的假台猪高度要适中,以45~50 cm为宜,可根据不同猪自行调节,最好使用活动式假台猪。调教前,先将其他公猪的精液、胶体,或发情母猪的尿液涂在假台猪上面,然后将后备公猪赶到调教栏,公猪一般闻到气味后,都会愿意啃、拱假台猪。此时,若调教人员再模拟发出发情母猪的叫声,可刺激公猪性欲的提高。一旦有较高的性欲,公猪就会慢慢爬上假台猪。如果公猪有爬跨的欲望,但没有爬跨,最好第二天再调教。一般1~2周可调教成功。

(二)爬跨发情母猪法

调教前,将一头发情旺期的母猪用麻袋或其他不透明物盖起来,不露肢蹄,只露母猪阴门,赶至假台猪旁边,然后将公猪赶来,让其嗅、拱母猪,刺激其性欲的提高。当公猪性欲高涨时,迅速赶走母猪,而将涂有其他公猪精液或母猪尿液的假台猪转移过来,让公猪爬跨。一旦爬跨成功,第2、第3天就可以用假台猪进行强化了,这种方法比较麻烦,但效果较好。

(三)后备公猪调教的注意事项

1. 准备留作采精用的公猪 从7~8月龄开始调教,效果比从6月龄开始调教要好得多,这样不仅易于采精,而且可以缩短调教时间并延长使用时间。

2. 后备公猪在配种妊娠舍适应饲养的45天 人要经常进栏,训练后备公猪熟悉环境。让后备公猪进出猪圈及在道路上行走,在训练过程中可抓住其尾巴。

3. 进行后备公猪调教时 要有足够的耐心,不能粗暴地对待公猪。调教人员态度应温和,方法得当,调教时发出一种类似母猪的叫声或经常抚摸公猪,使调教人员的一举一动或声音渐渐成为公猪行动的指令。

4. 应先调教性欲旺盛的公猪 公猪性欲的好坏,一般可通过分泌唾液的多少来衡量,唾液越多,性欲越旺盛。对于那些对假台猪或母猪不感兴趣的公猪,可以让它们在其他公猪采精时观望,以刺激其性欲的提高。

5. 调教时间 对于后备公猪,每次调教的时间一般不超过20 min,每天可训练1次,但1周最好不要少于3次,直至爬跨成功。调教时间太长,容易引起公猪厌烦,起不到调教效果。调教成功后,1周内隔日要采精1次,以加强其记忆。以后,每周可采精1次,至12月龄后每周采2次,一般不超过3次。

6. 人工受精

(1)准备工作:公猪1头、待配种母猪若干头、假台猪1个(图4-1)、集精杯1个、带恒温电热板的显微镜1台(图4-2)、普通天平1台、500 mL量杯2个、温度计1支、200 mL烧杯5个、滤纸1盒、50 mL储精瓶10个、输精管5根、玻璃棒2根、载玻片1盒、盖玻片1盒、染色缸和可控温保温箱1个、蒸馏水25 L、高锰酸钾1瓶、医用乳胶手套1盒、一次性塑料手套1盒、95%酒精1瓶、蓝墨水1瓶、甲紫1瓶、3%来苏尔1瓶、精制葡萄糖粉1袋、柠檬酸钠1瓶、青霉素钾(钠)1盒、链霉素1盒、面盆1个、毛巾1条。所有接触精液的器材均应高压蒸汽消毒备用。

(2)采精:把采精训练成功的公猪赶到采精室假台猪旁。采精者戴上医用乳胶手套,将公猪包皮内尿液挤出去,并将包皮及假台猪后部用0.1%高锰酸钾溶液擦洗消毒。待公猪爬跨假台猪后,根据采精者操作习惯,蹲在假台猪的左后侧或右后侧,当公猪爬跨抽动3~5次,阴茎导出后,采精者迅速用右(左)手,手心向下将阴茎握住,用拇指顶住阴茎龟头,握的松紧度以阴茎不滑脱为宜,然后用拇指轻轻拨动阴茎龟头,其余四指则一紧一松有节奏地握住阴茎前端的螺旋部分,使公猪产生快感,促进公猪射精。公猪开始射出的精液多为精清,并且常混有尿液和其他脏物,不必收集。待公猪射出较浓稠的乳白色精液时,立即用另一只手持集精杯,在距阴茎头斜下方3~5 cm处将其精液通过

图 4-1　假台猪

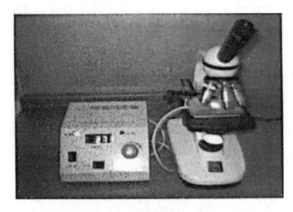

图 4-2　带恒温电热板的显微镜

纱布过滤后,收集在杯内,并随时将纱布上的胶状物弃掉,以免影响精液滤过。根据输精的需要,在一次采精过程中,可重复上述操作方法促使公猪射精 3~4 次。公猪射精完毕,采精者应顺势用手将阴茎送入包皮中,防止阴茎接触地面造成损伤或引发感染,并把公猪轻轻地从假台猪上驱赶下来,不得以粗暴态度对待公猪。采精者在采精过程中,精神必须集中,防止公猪滑下踩伤人。同时要注意保护公猪阴茎,以免损伤。采精者不得使用化妆品,谨防异味干扰采精或影响精液品质。

（3）精液处理及品质检查:将采集的精液迅速置于 32~35 ℃的保温箱内,防止温度突然下降对精子造成低温损害,并立即进行精液品质检查。

具体检查项目有以下几个方面。

①数量。把采集的精液倒入经消毒烘干的量杯中,每头公猪的射精量的正常范围为 200~400 mL。

②pH。简单的方法是用 pH 试纸比色测定。另一种比较准确的方法是使用 pH 仪测定。猪正常精液 pH 为 7.3~7.9。猪最初射出的精液为碱性,之后精液浓度高时则呈酸性。公猪患有附睾炎或睾丸萎缩时,精液呈碱性。

③气味。正常精液有腥味,但无臭味,有异味的精液不能用于输精。

④颜色。正常精液为乳白色或灰白色。如果精液颜色异常应弃掉,停止使用。精液若为微红色,说明公猪阴茎或尿道中有出血;精液若带绿色或黄色,可能精液中混有尿液或脓液。

⑤活力。将显微镜置于 37~38 ℃的保温箱内,用玻璃棒蘸取一滴精液,滴于载玻片的中央,盖上盖玻片,置于显微镜下放大 400~600 倍,检测评估,所有精子均做直线运动的评为 1 分;90% 做直线运动的为 0.9 分;80% 的为 0.8 分;以此类推,分为 10 个等级。输精用的精子活力应高于 0.5 分,否则弃掉。

⑥精子形态。用玻璃棒蘸取一滴精液,滴于载玻片一端,然后用另一张载玻片将精液均匀涂开、自然干燥;再用 95% 酒精固定 2~3 min,放入染色皿内,用蓝墨水（或甲紫）染色 1~2 min;最后用蒸馏水冲去多余的浮色,干燥后放在 400~600 倍显微镜下进行检查。正常精子由头部、颈部和尾部构成,其形态像蝌蚪一样。如果畸形精子超过 18%,该精液不能使用。畸形精子分为头部畸形、颈部畸形、中段畸形和尾部畸形 4 种。头部畸形表现为头部巨大、瘦小、圆形、轮廓不清、皱缩、缺损、双头等;颈部畸形时可在显微镜下看到颈部膨大、纤细、曲折、不全、带有原生质滴、不鲜明、双颈等;中段畸形表现为膨大、纤细、曲折、不全、带有原生质滴、弯曲、双体等;尾部畸形表现为弯曲、曲折、回旋、短小、缺损、带有原生质滴、双层等。正常情况下,头部、颈部畸形较少,而中段和尾部畸形较多见。

⑦密度。精子密度分为密、中、稀、无 4 级。实际生产中,用玻璃棒将精液轻轻搅动均匀,用玻璃棒蘸取 1 滴精液放在显微镜视野中,精子间的空隙小于 1 个精子的为密级（3 亿个/mL 以上）,空隙为 1~2 个精子的为中级（1 亿~3 亿个/mL）,空隙为 2~3 个精子的为稀级（1 亿个/mL 以下）,空隙间无精子应弃掉。

⑧精液稀释与保存。精液稀释的目的是扩大配种头数、延长精子保存时间、便于运输和储存。

稀释精液首先应配制稀释液,然后用稀释液进行稀释。现介绍一种稀释液配制方法。

a.稀释液配制方法:用天平称取精制葡萄糖粉 0.5 g,柠檬酸钠 0.5 g,量取新鲜蒸馏水 100 mL,将三者放在 200 mL 烧杯内,用玻璃棒搅拌至充分溶解,用滤纸过滤后高压蒸汽消毒 30 min。待溶液冷却至 35~37 ℃时,将青霉素钾(钠)5 万单位、链霉素 5 万单位倒入溶液内搅拌至均匀备用,也可从市场购买稀释粉进行稀释液配制。

b.精液稀释方法:根据精子密度、活力、需要输精的母猪头数、储存时间确定稀释倍数。密度密级、活力 0.8 分以上的可稀释 2 倍;密度中级,活力 0.8 分以上稀释 1 倍;密度稀级,活力 0.8~0.7 分的可稀释 0.5 倍。总之要求稀释后精液中每毫升应含有 1 亿个活精子。活力不足 0.6 分的精液不宜保存和稀释,只能随采随用。稀释倍数确定后,即可进行精液稀释,要求稀释液温度与精液温度保持一致。稀释时,将稀释液沿瓶壁慢慢倒入原精液中,并且边倒边轻轻摇匀。稀释完毕应用玻璃棒蘸取一滴精液进行精子活力检查,用以验证稀释效果。

c.精液保存方法:将稀释好的精液分装在 50 mL 的储精瓶内,要求装满不漏空气。在常温条件下可保存 48 h 左右。若原精液品质好,稀释处理得当,可保存 72 h。

7. 确定配种时间　精子在母猪生殖道内保持受精能力的时间为 10~20 h,卵子保持受精能力的时间为 8~12 h。母猪发情持续时间一般为 40~70 h,但因品种、年龄、季节不同而异。瘦肉型品种的猪发情持续时间较短,地方猪种发情持续时间较长;青年母猪比老龄母猪发情持续时间要长,春季比秋冬季发情持续时间要短。

具体的配种时间应根据发情鉴定结果来决定,一般大多在母猪发情后的第二天到第三天。老龄母猪要适当提前做发情鉴定,防止错过配种佳期。青年母猪可在发情后第三天左右做发情鉴定,母猪发情后每天至少进行 2 次发情鉴定,以便及时配种。本交配种应安排在静立反射产生时,而人工授精的第一次输精应安排在静立反射(公猪在场)产生后的 12~16 h,第二次输精安排在第一次输精后 12~14 h。

母猪发情周期配种,如果没有受胎,则过一段时间之后又进入发情前期;如已受胎,则进入妊娠阶段,但是母猪产后发情却不遵循上述规律。母猪产后有 3 次发情,第一次发情是产后 1 周左右,此次发情绝大多数母猪只有轻微的发情表现,但不排卵,所以不能配种受胎;第二次发情是产后 27~32 天,此次既发情又排卵,但只有少数母猪(带仔少或地方猪种)可以配种受胎;第三次发情是仔猪断奶后 1 周左右,工厂化养猪场绝大多数母猪在此次发情周期内完成配种。

8. 人工输精

(1) 先用消毒水擦拭母猪外阴周围、尾根,再用温清水洗去消毒水,抹干外阴。

(2) 将试情公猪赶至待配母猪栏前(注:发情鉴定后,公猪、母猪不再见面,直至输精),使母猪在输精时与公猪有口鼻接触,输完一头母猪应更换一头公猪以提高公猪、母猪的兴奋度。

(3) 从密封袋中取出无污染的一次性输精管(手不准触其前 2/3 部),在前端涂上对精子无毒的专用润滑剂,以利于输精管插入时的润滑。

用手将母猪阴门分开,将输精管斜向上插入母猪的生殖道内,当感觉到有阻力时再稍用一点力(插入 25~30 cm),同时用手将输精管逆时针旋转,稍一用力,使顶部进入子宫颈第 2~3 皱褶处,发情好的母猪便会将输精管锁定,回拉时则会感到有一定的阻力,此时便可进行输精,见图 4-3。

小心混匀精液,剪去储精瓶的瓶嘴,将储精瓶接上输精管,开始输精。

轻压储精瓶,确认精液能流出。为了便于精液的吸收,可用针头在储精瓶底扎一小孔,利用空气压力促进其吸收。用储精袋输精时,只要将输精管尾部插入储精袋入口即可。

输精时,输精人员同时要对母猪阴门、大腿内侧、乳房进行按摩或压背,以增加母猪的性欲,使子宫产生负压将精液吸入,绝不允许将精液强行挤入母猪的生殖道内。

通过调节储精瓶的高低来控制输精时间,一般 3~5 min 输完,不要少于 3 min,防止吸得快而导致倒流也快。

输完后在防止空气进入母猪生殖道的情况下,将输精管后端折起塞入储精瓶中,让其留在生殖

Note

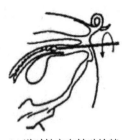
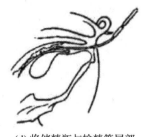

(a) 用专用润滑剂或精液润滑输精管前端　　(b) 向前上方插入输精管　　(c) 逆时针方向转动输精管，使前端的螺旋体锁定在子宫颈内　　(d) 将储精瓶与输精管尾部连接，并抬高储精瓶，驱使精液自动流入

图4-3　插入输精管方法、步骤示意图

道内，慢慢滑落，这样既可防止空气进入，又能防止精液倒流。结束后收好输精管，冲洗输精栏。输完一头母猪后，立即做好配种记录。

五、种公猪的淘汰

（一）自然淘汰

自然淘汰通常指对高龄公猪的淘汰，也包括由于生产计划变更、种群结构调整、选育种的需要，而对公猪群中的某些个体（群体）进行针对性的淘汰。

（二）衰老淘汰

生产中使用的种公猪，由于已经达到了相应的年龄或使用年限较长（3～4年），年老体衰，配种功能衰弱、生产性能低下，则应进行淘汰。

（三）计划淘汰

为了适应生产需要和种群结构的调整，对种公猪进行数量调整、品种更新、品系选留、净化疫病等，则应对原有公猪群进行有计划、有目的地选留和淘汰。

（四）异常淘汰

异常淘汰指由生产中饲养管理不当、使用不合理、疾病发生或种公猪本身未能预见的先天性生理缺陷等诸多因素造成的青壮年公猪在未被充分利用的情况下而被淘汰。种公猪异常淘汰的原因一般包括以下几种。

1. 体况过肥　日粮营养水平过高或后备公猪前期限饲不当，可能造成种公猪过肥、体重过大、爬跨笨拙，或母猪经不住种公猪爬跨，造成配种困难或不能正常配种，此时应对种公猪进行限制饲养和加强运动，改善膘情。若不能取得预期效果，应对种公猪进行淘汰。

2. 体况过瘦　由于前期日粮营养水平过低、限饲过度或疾病原因，种公猪体况过瘦、体质较差，爬跨困难或不能完成整个配种过程，不利于配种操作或配种效果较差，此时应对种公猪加强营养，减少配种频率，或有针对性地治疗疾病，使其恢复配种理想体况。通过以上操作仍难以恢复的个体，则应进行淘汰。

3. 精子活力差　已入群的后备公猪或正在使用的种公猪在连续几次检查精液品质后，死精率、畸形率过高，且后裔同胞个体数较少，通过调整营养、加强管理和治疗后，仍不能得到改善的个体，应及时淘汰。

4. 性欲缺乏　种公猪过度使用或饲料中缺乏维生素A、维生素E、矿物质等，会引起性腺退化、性欲迟钝、厌配或拒配。对这类种公猪加强饲养管理，防止过度使用，并加强饲料中维生素和矿物质的营养，注意适当运动，一般可以调整过来。但对于不能恢复的个体，应该进行淘汰。

5. 繁殖疾病　因某些疾病，如睾丸炎、附睾炎、肾炎、膀胱炎、布鲁菌病、乙型脑炎等引起的种公猪性功能衰退或丧失，或由于其他疾病造成的种公猪体质较差、繁殖机能下降或丧失，以及患有不能治愈的繁殖疾病和繁殖传染病的种公猪,应立即进行淘汰。

6. 肢蹄病 种公猪由于运动、配种或其他原因(如裂蹄、关节炎等),造成肢蹄的损伤,尤其是后肢,又没有得到及时治疗,致使种公猪不能爬跨或爬跨时不能支持本身重量,站立不定,而失去配种能力,这种种公猪应及时进行治疗,在不能治愈或确认无治疗价值时应进行淘汰。

7. 恶癖 个别种公猪由于调教和训练不当,可能会形成恶癖,如自淫、咬斗母猪、攻击操作人员等。这类种公猪在使用正确手段不能改正其恶癖时,应及早淘汰,以免引起危害。

任务二 空怀母猪的饲养管理

> **任务知识**

养猪生产中常把经产母猪从仔猪断奶到下次配种这段时间,称为空怀期,此阶段的母猪通常称为空怀母猪(包括断奶母猪、流产母猪、返情母猪、长期不发情母猪)。而广义上讲,空怀母猪还包括已达到配种年龄,尚未配上种的后备母猪。该阶段的工作主要包括空怀母猪的饲养和管理。

处于该阶段的母猪,因经过 21~35 天的哺乳,体内营养物质消耗较大,多数母猪膘情较差,如不及时复膘,发情将会推迟或发情微弱,甚至不发情。即使发情,排卵数也较少,卵子发育也不健全,因此应加强母猪营养,使母猪迅速增膘复壮,能正常发情、排卵,并能及时配种受胎。该阶段任务是通过科学的饲养管理保证母猪正常的种用体况,提高发情配种比例,缩短母猪空怀的时间,开始下一个繁殖周期。在养猪生产中合理饲养空怀母猪的目标:一是要通过科学的饲养管理使母猪断奶后早发情多排卵,减少返情,以确保年产胎数及年产仔猪数,最终使每头母猪多产仔猪以提高养猪经济效益;二是要使断奶母猪或配过种但没有受胎的母猪尽快重新配种受胎。

一、空怀母猪的饲养

(一)满足营养需要

空怀母猪日粮应根据饲养标准和母猪的具体情况进行配制,营养应全面、均衡,主要满足能量、蛋白质、矿物质、维生素和微量元素的供给。能量不宜太高,一般每千克配合饲料含 12.5 MJ 的能量即可,粗蛋白含量大于 14%,增加饲料中维生素和微量元素的含量。维生素对母猪的繁殖机能有重要作用,可适当增加青绿饲料的饲喂量,促进母猪发情。因为青绿饲料中不仅含有多种维生素,还含有一些类似雌激素的具有催情作用的物质。此外,合理补充钙、磷和其他微量元素,对母猪的发情、排卵和受胎帮助很大。一般来说,每千克配合饲料中含钙 0.7%、磷 0.5%,即可满足需要。

(二)合理饲喂

空怀母猪多采用湿拌料、定量饲喂的方法,每日喂 2~3 次。要根据膘情分别喂养,母猪过瘦或过肥都会出现不发情、排卵少、卵子活力弱等现象,易造成空怀、死胎等后果。母猪过瘦,卵泡不能正常发育,发情不正常或不发情,应增加饲料定量,使其较快地恢复膘情,并能较早地发情和接受交配。母猪过肥会造成卵巢脂肪浸润,影响卵子的成熟和正常发情。对过肥母猪要减少精料投喂或降低饲养标准,使用青绿饲料,以促使其膘体适宜。

二、空怀母猪的管理

有条件的猪场建议将刚断奶的母猪群养在运动场中,待运动功能恢复、体况恢复,陆续有发情表现后,赶入限位栏或小群饲养。

1. 单栏饲养 这是规模化养猪场为提高圈舍的利用率而采用的一种方式,将空怀母猪固定在单栏内饲养,栏内规格一般为 0.65 m×2 m,这种饲养方式便于人工授精操作和根据母猪年龄、体况进行饲粮配合和日粮定量来调整膘情。采用此种饲养方式时,因活动范围很小,不利于母猪发情,所

Note

以最好在母猪尾段饲养公猪刺激母猪发情,同时要求饲养员要认真仔细观察母猪发情情况,才能降低母猪空怀率。但是,单栏面积过小,母猪活动受限,只能站立或趴卧,导致缺少运动,致使肢蹄病和淘汰率增加。因此,母猪所居单栏规格最好为 0.75 m×2.2 m,以便于母猪活动。

2. 小群饲养 一般将 4～6 头同时或相近断奶的母猪饲养在一个圈内,活动范围大。实践证明,群饲母猪可促进发情,特别是首先发情的母猪由于爬跨和外激素的刺激,可以诱导其他空怀母猪发情,而且便于饲养管理人员观察发情母猪,也方便用试情公猪试情。如果每圈饲养头数过多,会导致母猪争食。通常每头母猪所需要面积至少为 1.6 m²,要求舍内光线良好,地面不要过于光滑,防止跌倒摔伤和损伤肢蹄。

(1)改善环境条件:环境条件对母猪发情和排卵都有很大影响。充足的阳光和新鲜的空气有利于促进母猪发情和排卵,室内清洁卫生、温度适宜对保证母猪多排卵、排壮卵有好处。因此,要驱使母猪在室外运动,并保持室内通风、干燥、洁净,做好防暑降温工作。

(2)认真观察:饲养人员要在实践中掌握好发情规律,严防漏配。每日早、晚认真观察母猪发情表现,寻查发情母猪,并做好标记,协助配种员做好配种工作。

(3)重复配种:养母猪,特别是良种母猪,有时发情症状不是很明显,为提高受胎率,宜进行重复配种,可在一个发情周期内配 2～3 次。一般在出现静立反射后初次配种,间隔 12 h 后再次配种。这样可以有效地减少因配种技术因素而导致的空怀。

任务三　妊娠母猪的饲养管理

> 任务知识

经过配种受胎成功的母猪,称为妊娠母猪,即从母猪配种成功到分娩前的这一阶段。该阶段的工作主要包括妊娠母猪的饲养和管理两个方面。

该时期的母猪,饲养上除了考虑维持自身的需要外,主要应考虑胎猪生长发育所需的营养。通过科学的饲养管理保证胎猪的正常发育,防止流产和死胎,确保生产出头数多、初生体重大、均匀一致和健康的仔猪,并使母猪保持良好的体况,为泌乳需要、哺育仔猪做准备。

一、妊娠母猪的饲养

(一)母猪妊娠期间的变化

1. 行为变化 为了便于加强饲养管理,越早确定妊娠对生产越有利。母猪妊娠后性情温驯,喜静贪睡、食量增加、容易上膘,皮毛光亮和阴门收缩。一般来说,母猪配种后,过一个发情周期没有发情表现说明已妊娠,到第二个发情周期仍不发情就能确定为妊娠。

2. 体形、体重变化 随着母猪妊娠天数的增加,腹围逐渐变大,特别是后期,腹围"极度"增大,乳房也逐渐增大,临产前会膨大下垂,出现向两侧开张等现象。母猪体重逐渐增加,前已叙及,其中后备母猪妊娠全期增重为 36～50 kg 或更多,经产母猪增重 27～35 kg。母猪体重的增加主要是子宫及其内容物(胎衣、胎水和胎猪)的增长、母猪营养物质的储存;后备母猪还有正常生长发育的增重。母猪因妊娠致使自身组织的增重量远高于胎猪、子宫及其内容物和乳腺的总增重量。成年母猪妊娠期间比空怀时体重平均增加 10%～25%。母猪体组织沉积的蛋白质是胎猪、子宫及其内容物和乳腺所沉积蛋白质的 3～4 倍,沉积的钙则为胎猪、子宫及其内容物和乳腺所沉积钙的 5 倍。母猪妊娠期内体重的增加,对于维持产后自身健康和哺乳仔猪具有重要意义。

3. 生理变化 母猪妊娠后新陈代谢旺盛,饲料利用率提高,蛋白质的合成增强,青年母猪自身的生长加快。母猪代谢率的增强表现在妊娠母猪即使喂给维持饲粮,仍然可以增重,并能正常产仔及保证乳腺增长。妊娠母猪这种特殊的沉积能量和营养物质的能力,称为妊娠合成代谢。母猪妊娠合成代谢的强度,随妊娠进程不断增强。妊娠全期物质和能量代谢率平均提高 11%～14%,妊娠最后 1/4 时期,可增加 30%～40%。妊娠前期胎猪发育缓慢,母猪增重较快。妊娠后期胎猪发育快、营养需要多,而母猪消化系统受到挤压,采食量增加不多,母猪增重减慢。妊娠期母猪营养不良,则胎猪发育不好;若营养过剩,腹腔沉积脂肪过多,容易发生死胎或产出弱仔。

(二)早期妊娠诊断

1. 外部观察法　母猪配种后经 21 天左右,如不再发情、贪睡、食欲旺、易上膘、皮毛光、性温驯、行动稳、夹尾走、阴门缩,则表明已妊娠。相反,若精神不安、阴门微肿,则是没有受胎的表现,应及时补配。个别母猪配种后 3 周会出现假发情,发情不明显,这种状况通常会持续 1～2 天,虽稍有不安,但食欲不减,对公猪反应也不明显。

2. 超声波早期诊断法　母猪早期妊娠诊断可利用超声波诊断仪(图 4-4)通过超声波感应效果测定胎猪心跳数。打开电源,在母猪腹底部后侧的腹壁上(最后乳头上 5～8 cm 处)涂些植物油,将探触器贴在测量部位,若诊断仪发出连续响声(似电话通了的声音),说明已妊娠;若发出间断响声(似电话占线声),几次调整方位均无连续响声,则说明未妊娠。

实验证明,配种后 20～29 天诊断的准确率约为 80%,40 天以后诊断的准确率为 95% 以上。

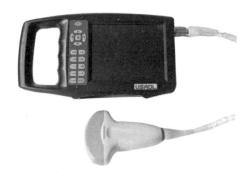

图 4-4　超声波诊断仪

3. 激素注射诊断法

(1)孕马血清促性腺激素(PMSG)法:于配种后 14～26 天的不同时期,在被检母猪颈部注射 700IU 的 PMSG 制剂,5 天内不发情为妊娠;5 天内出现正常发情,可将公猪交配者判定为未妊娠。该法不会造成母猪流产,产仔数及仔猪发育均正常,具有早期妊娠诊断和诱导发情的双重效果。

(2)雌激素法:在母猪配种后 16～17 天,耳根皮下注射 3～5 mL 人工合成的雌激素,5 天内不发情的为妊娠,发情的为未妊娠。要注意,使用此法时间必须准确,若注射时间太早,会扰乱未孕母猪的发情周期,延长黄体寿命,造成长期不发情。

(3)尿液碘化检查法:在母猪配种 10 天以后,采集被检母猪早晨第一次尿液 20 mL 放入烧杯中,再加入 5% 碘酊 2 mL,摇匀,然后将烧杯置于火上加热,煮沸后观察烧杯中尿液颜色,若呈现淡红色,说明此母猪已妊娠;若尿液呈现淡黄色或绿色,说明此母猪未妊娠,准确率达 98%。

(三)胎猪发育规律

精子和卵子通常在输卵管上 1/3 处的壶腹部结合,胎胚在输卵管内停留 2 天左右,移行至子宫角,在子宫角游离生活 5～6 天,第 9～13 天开始着床,第 18 天左右着床完成,第 4 周左右可与母体胎盘进行物质交换。

胚胎在妊娠前期(1～40 天)主要是组织器官的发育,绝对增重很小,40 日胚龄时重量不足初生体重的 10%;中期(41～80 天)增重亦不大,80 日龄胚胎重约 400g,约占初生体重的 30%;后期(81 天至出生)特别是最后 20 天,生长最快,仔猪初生体重的 60%～70% 是在此期生长的。

根据胚猪发育的这种规律性,母猪妊娠前期、中期不需要高营养水平,但营养必须全面,特别是保证各种维生素和矿物质元素的供给;同时保证饲料的品质优良,不喂发霉、变质、有毒、有害、冰冻饲料及冰水。妊娠后期必须提高营养水平,适当增加蛋白质饲料,同时要保证日粮的全价性。

(四)妊娠母猪的营养需要

妊娠母猪胚胎妊娠天数与质量变化如图 4-5 所示。

1. 能量　妊娠期能量需要包括维持和增长两部分,增长又分为母体增长和繁殖增长。很多报道认为妊娠增长为 45 kg,其中母体增长 25 kg、繁殖增长(胎猪、胎衣、胎水、子宫和乳房组织)为 20 kg。

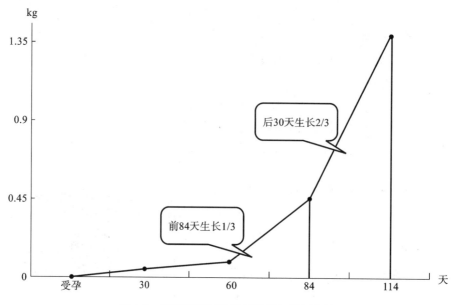

图 4-5　妊娠母猪胚胎妊娠天数与质量变化

将妊娠母猪分为前 12 周和后 4 周两个时期,按体重分为 120～<150 kg、150～<180 kg 和 180 kg 三个阶段,产仔 10～11 头,饲粮代谢能前期分别是 12.75 MJ/kg、12.35 MJ/kg 和 12.15 MJ/kg,后期分别是 12.75 MJ/kg、12.55 MJ/kg 和 12.55 MJ/kg。

(1)蛋白质:对胚胎发育和母猪增重都十分重要。妊娠前期母猪粗蛋白需要量为 176～220 g/d,妊娠后期需要量为 260～300 g/d。饲料中粗蛋白含量为 14%～16%,蛋白质的利用率取决于必需氨基酸的平衡。我国的猪饲养标准(NY/T 65—2004)要求对于两个时期、三个阶段、产仔 10～11 头的妊娠母猪,日粮粗蛋白含量前期分别为 13.5%、12.5%、12.5%,后期为 14.5%、13.5%、12.5%。

(2)钙、磷和食盐:钙和磷对妊娠母猪非常重要,是保证胎猪骨骼生长和防止母猪产后瘫痪的重要元素。妊娠前期钙需要量为 10～12 g/d、磷需要量为 8～10 g/d;妊娠后期钙需要量为 13～15 g/d、磷需要量为 10～12 g/d。碳酸钙和石粉可补充钙,磷酸盐或骨粉可补充磷。使用磷酸盐时应测定氟含量,氟含量不能超过 0.18%。饲料中食盐含量为 0.3%,可补充钠和氯,维持体液的平衡并提高适口性。其他微量元素和维生素的需要由预混料提供。

2. 妊娠母猪的饲养方式及饲喂方法　在饲养过程中,因母猪的年龄、发育、体况不同,需采用不同的饲养方式。妊娠后期胎猪生长很快。猪的妊娠期为 114 天(108～120 天),妊娠 90 天时胎猪重约 550 g,而后 24 天增重很快,体重可达 1300～1500 g。妊娠最后 1 个月胎猪增重约占初生体重的 60%。不同胎龄胎猪的化学组成不同,随胎龄的增加,胎猪的水分降低、干物质增加,粗蛋白和矿物质也应相应增加。

无论何种饲养方式都必须看膘投料,妊娠母猪应有中等膘情,经产母猪产前应达到七八成膘情,初产母猪要有八成膘情。根据母猪的膘情和生理特点来确定喂料量。

(1)抓两头顾中间:适用于断奶后身体比较瘦弱的经产母猪。由于在上一胎体力消耗大,在新的妊娠初期,就应加强营养,使体质恢复到一定水平。经产母猪断奶后膘情较差,可采用短期优饲的方式,使母猪尽快恢复到繁殖体况,当发情配种后应立即降低营养标准,保证精卵结合及着床。妊娠中期阶段,应根据母猪的体况调整营养标准。至妊娠 90 天,喂精料加强营养。所以应形成"高—中—高"的供料方法及营养计划,尤其是妊娠后期的营养水平应高于前期。经产母猪在良好体况和理想环境中的典型饲养策略如图 4-6 所示。

(2)步步高:适合初产青年母猪和哺乳期间配种及繁殖力特别高的母猪。具体做法是在整个妊娠期间,可根据胎猪体重的增加,逐步提高日粮营养水平,到分娩前 1 个月达到最高峰。因为初产母

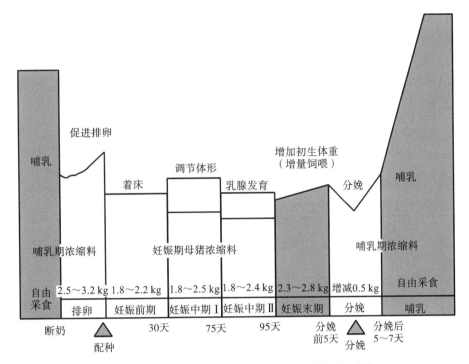

图 4-6　经产母猪在良好体况和理想环境中的典型饲养策略

猪的身体还处在生长发育阶段,所以初产母猪不仅需要维持胚胎生长发育的营养,而且还要供给其本身生长发育的营养需要。初产青年母猪在良好体况和理想环境中的典型饲养策略如图 4-7 所示。

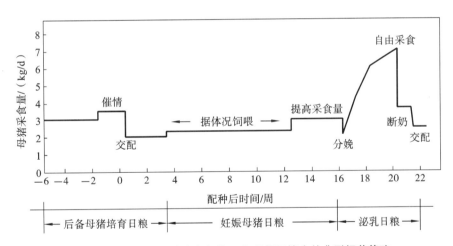

图 4-7　初产青年母猪在良好体况和理想环境中的典型饲养策略

(3) 前低后高:对于配种前体况良好的经产母猪,采取"前低后高"的营养供给方法。妊娠初期,胎猪小,母猪膘情好,按照配种前的营养供给基本可以满足胎猪生长发育。妊娠后期,胎猪生长发育快,营养物质需要多,因此要提高日粮的营养水平。妊娠前期(配种后的 1 个月以内),这个阶段胚胎几乎不需要额外营养,饲料饲喂量相对应少,质量要求高,一般每天喂给妊娠母猪料 1.5～2.0 kg,饲粮营养水平为 13 MJ/kg,粗蛋白含量为 14%～15%,青绿饲料供给量不可过高,不可喂发霉、变质和有毒的饲料。妊娠中期(妊娠的第 31～84 天)每天喂给妊娠母猪料 1.8～2.5 kg,具体喂料量以母猪体况决定,可以大量喂食青绿饲料,但一定要使母猪吃饱,防止便秘。也要严防给料过多,以免导致母猪肥胖。妊娠后期(临产前 1 个月),胎猪发育迅速,同时母猪又要为哺乳期蓄积养分,营养需要高,每天可以供给哺乳母猪料 2.5～3.0 kg,此阶段应减少青绿多汁饲料或青贮料。

在产前 5～7 天逐渐减少饲料喂量,直到产仔当天停喂饲料。

二、妊娠母猪的管理

妊娠期管理的工作中心任务:做好保胎工作,创造有利环境,促进胎猪正常发育,防止机械性流产,尤其是在妊娠后期饲养人员要加强管理。

单栏饲养的栏位规格为宽 0.6~0.7 m、长 2.1 m;保证每头母猪吃食量均匀,没有相互碰撞,一般规模化养猪场都采用此法。

1. 环境卫生 保持猪舍的清洁卫生,做好猪舍粪尿及时清理和定期消毒工作,保证地面干燥,尽量降低圈内湿度,提供安静舒适的生活环境,尽可能减少各种噪声。

2. 适当运动 对于妊娠母猪而言,适当的运动有利于增强体质,促进血液循环,加速胎猪发育,又可以避免难产。应注意的是,产前 1 周应停止运动,以防止母猪在运动场上产仔;妊娠第一个月,为了恢复体力和膘情,要少运动。

3. 保证饲料卫生 不喂发霉、变质和有毒的饲料,防止造成母猪中毒、胚胎死亡和流产。值得注意的是,若食槽不定期清洗、消毒,剩料不清除,则槽中的饲料易发霉,新料也会被污染,长期如此对猪的健康相当不利,还容易引起流产。

4. 观察记录 加强巡视,注意母猪返情情况并记录,观察母猪食欲、饮水、排粪、排尿以及精神状态是否正常。

5. 做好疾病防治工作 平时应加强卫生消毒及疾病防治工作,尤其是布鲁菌病、细小病毒病、伪狂犬病、钩端螺旋体病、弓形虫病、繁殖及呼吸综合征和其他发热性疾病等对猪的繁殖危害,一定要注意预防。平时要保持猪体清洁卫生,及时扑灭体外寄生虫,防止猪痛痒造成流产。

6. 体况评定 体况评分(表 4-1)是评定母猪体况较实用的方法,5 分制评分标准,通常被认为是确定妊娠母猪饲喂水平的依据,它不仅可单独评价背膘,而且可直观评价其他的体况,包括后腿踝关节和肩的磨损。目前,多数规模化猪场使用活体测膘仪测定 P2 点(母猪最后肋骨处距背中线往下 6.5 cm)的脂肪厚度作为判定母猪体况的基准。体况评定应在配种后、妊娠 35 天和 90 天进行。母猪在妊娠结束时达到 3.5 分的水平比较理想。

表 4-1 母猪标准体况的判定

评 分	体况	P2 点背膘厚/mm	骨骼突起的感触	臀部及背部外观	体 形
1	消瘦	<15	能明显观察到突起	骨骼明显外露	骨骼明显突出
2	瘦	15	手摸明显,可观察到突起	骨骼稍外露	狭长形
3	理想	18	用手能够摸到	手掌平压可感骨骼	长筒形
4	肥	21	用手触摸不到	手掌平压未感骨骼	近乎圆形
5	过肥	>25	用手触摸不到	皮下厚覆脂肪	圆形

实际上猪群平均评分为 3.5,85%~90% 的母猪是 3 分、3.5 分或 4 分,10%~15% 的母猪为 2.5 分和 4.5 分,大多数刚断奶的母猪膘情很差,所以允许大约 10% 的母猪在配种时的评分为 2.5 分,但对于整个猪场来说,只允许 5% 的母猪评分为 2.5 分。作为高产母猪应具备的标准体况:断奶后应为 2.5 分,妊娠中期应为 3 分,产仔时应为 3.5 分。

7. 饮水 妊娠期应随时供应充足的饮水。群养时用饮水器,栏养时用水槽,最好是定时自动充水的水槽,或在每次喂料后人工加水。下一次喂料时,可在剩下的饲料中加水,这样有利于采食。栏养母猪在阴门上或阴门下发现白色的沉淀物,表明其饮水不足。

8. 要做好防寒防暑工作 冬季要防寒保温,防止母猪感冒发烧造成胚胎死亡或流产;夏季要防暑降温,特别是在母猪妊娠初期,要防止高温造成胚胎死亡。

任务四　哺乳母猪的饲养管理

任务知识

哺乳母猪是指从母猪分娩后开始哺育仔猪到仔猪断奶这一阶段的母猪,该阶段的工作主要包括饲养和管理两个方面。

一、哺乳母猪的泌乳规律

1. 母猪的乳腺结构　母猪乳房没有乳池,不能随时挤出乳汁。每个乳头有 2～3 个乳腺,每个乳腺由小乳头管通向乳头,各乳头之间互不联系。一般猪体前部乳头的乳头管较后部多,所以,前部乳房比后部乳房泌乳量高。

2. 母猪的泌乳特点　母猪每昼夜平均泌乳 22～24 次,每次相隔约 1 h。母猪放乳时间很短,只有十几秒到几十秒。

3. 反射性排乳　猪乳的分泌在分娩后最初 2～3 天是连续的,以后属于反射性放乳,即仔猪用鼻嘴拱揉母猪乳房,母猪即产生放乳信号,再在中枢神经和内分泌激素的参与下形成排乳。

4. 泌乳量　泌乳量是指哺乳母猪在一个哺乳期的泌乳总量。在自然状态下,母猪的泌乳期为 57～77 天。在人工饲养条件下,一般为 28～60 天,我国猪种多为 45～60 天。在工厂化养猪条件下,泌乳期多为 28～35 天。泌乳量按 60 天计算,一般为 300 kg,一般在产后 4～5 天泌乳量逐渐上升,20～30 天达到高峰,然后逐渐下降。

不同乳头的泌乳量不同,前部 3 对乳头的泌乳量多,约占泌乳总量的 67%,而后部 4 对占泌乳总量的 33%。

5. 乳的成分　猪乳可分为初乳和常乳。母猪产后 3 天内所分泌的乳汁为初乳,3 天后所分泌的乳汁为常乳。

初乳中蛋白质(白蛋白、球蛋白)和灰分含量特别高,乳糖少;维生素 A、维生素 D、维生素 C、维生素 B_2 等相当丰富,并含有免疫抗体,蛋白质中含有大鼠免疫球蛋白,仔猪从初乳中可以获得抗体。初乳中还含有大量的镁盐,有利于胎粪的排出。

6. 影响哺乳母猪泌乳量的因素

(1) 品种:不同品种或品系的哺乳母猪,泌乳量不同。一般大型瘦肉型品种猪泌乳量高,小型脂肪型品种猪泌乳量低。

(2) 年龄(胎次):初产母猪的泌乳量低于经产母猪。这是因为,第一次产仔母猪的乳腺发育尚不完善,对仔猪哺乳的刺激经常处于兴奋或紧张状态,排乳较慢。从第二次产仔开始,泌乳量会上升,以后可保持在一定水平,6～7 胎后会有所下降。

(3) 带仔数:带仔数多的母猪泌乳量高。仔猪有固定吃乳的习性,通过仔猪拱揉母猪乳头可刺激母猪垂体后叶分泌生乳素,如此才能促进母猪放乳。而未被拱揉吮吸的乳头,分娩后不久便萎缩,不产生乳汁,致使泌乳总量减少。生产中可采用调整母猪产后的带仔数,使其带满全部有效乳头,这样可提高母猪泌乳潜力。将产仔少的母猪所产的仔猪寄养出去后,可以促使其乳头尽早萎缩,并促进母猪很快发情配种,进而提高母猪的利用率。

(4) 饲养管理的影响:哺乳母猪饲料的营养水平、饲喂管理、环境条件、管理措施均会影响其泌乳量。

二、哺乳母猪的饲喂

（一）分娩前饲喂

母猪进入产房后在分娩前继续按妊娠后期饲喂标准进行饲喂，每日饲喂 2 次。根据母猪膘情，对膘情及乳房发育良好的母猪，预产期前 3～5 天开始逐渐减少饲喂量，每天减少 10％～20％，直到分娩，膘情较差的可少减料或不减料。母猪产前减料主要是为了防止产后因为腹压降低而便秘、不食，造成无乳，同时也可以防止因母猪泌乳过多、乳汁过浓或仔猪过食而造成仔猪营养性下痢。

（二）分娩后饲喂

哺乳母猪一般日喂 3 次，分娩日不喂料，产仔当日应补给食盐水或电解质水，以后慢慢加料。母猪刚分娩后，处于高度的疲劳状态，消化功能弱，食欲不好，若喂料过多，因不易消化，容易发生顶食。顶食后几天内母猪不吃食，使泌乳量突然减少，引起仔猪食乳不足，严重的会造成死亡。母猪刚分娩后，开始应喂给稀粥料，以后逐渐增加给料量，1 周后使采食量增加到最高水平，随后自由采食，每日饲喂 3～4 次，尽可能提高哺乳母猪采食量。严禁供给发霉、变质的饲料。哺乳母猪的采食量取决于母猪的膘情和仔猪的数量，要求严格控制母猪的体重损失，使母猪泌乳期体重损失不超过 30％，过肥和过瘦都会影响断奶后的发情。哺乳母猪的适宜采食量可由如下公式估算：

哺乳母猪适宜采食量（kg/d）＝维持需要（2 kg/d）＋0.5 kg/d×所带的仔猪头数

带 10 头仔猪的哺乳母猪，理论上每天采食量应达到 7 kg 才能保证能分泌仔猪所需要的足量乳汁，也不至于体重损失太多而影响下一胎的繁殖性能。在哺乳阶段，要保证母猪的体况下降的最低点不至于影响下一周期的生产，母猪体况下降得过于严重，将会对其生殖性产生负面影响。

（三）哺乳母猪的营养需要

初产哺乳母猪和经产哺乳母猪最好能给予不同的饲粮。初产哺乳母猪饲粮营养标准：能量 3400 kcal/kg、粗蛋白含量 17％以上、赖氨酸含量 0.9％以上、钙含量 0.9％以上、总磷含量 0.6％以上；经产母猪营养标准：能量 3200 kcal/kg、粗蛋白含量 16％以上、赖氨酸含量 0.8％以上、钙含量 0.85％以上、总磷含量 0.6％以上；除此之外，还应含有全面、足量的维生素、微量元素。泌乳期母猪负担很重，一般都要失重，所以除产后几天或断乳前几天外，很少限量饲喂。能量水平对产后发情时间有影响。该阶段的能量需要主要包括：①维持正常生命活动所需能量；②产乳所需能量；③体温调节所需能量。蛋白质与氨基酸饲粮粗蛋白水平影响猪的泌乳量及乳汁成分，添加赖氨酸容易造成缬氨酸缺乏，进而影响母猪的产奶量和断奶仔猪的增重，色氨酸与母猪采食量有关，异亮氨酸、缬氨酸与乳的成分有关（乳脂率）。

矿物质与维生素等的添加对哺乳仔猪帮助不大，但对母猪却很重要。维生素的需要量难以确定，但添加量往往高于推荐量，以保证母猪的繁殖性能。

三、哺乳母猪的管理

（一）分娩前的准备工作

产房、接产用具及药品以及母猪的清洁消毒详见项目三中的任务四相关内容。

（二）泌乳阶段的管理

1. 保持环境清洁 详见项目三中的任务四相关内容。

2. 乳房的清洁与护理 详见项目三中的任务四相关内容。

3. 注意观察

（1）提供安静、舒适的环境。猪舍应干燥、清洁，温度适宜，阳光充足，空气新鲜，垫草要勤换、勤垫、勤晒，以防弄脏母猪乳房引起乳腺炎与仔猪下痢。

（2）合理运动和观察。母猪适量的运动，可促进食欲，增强体质，提高泌乳量。饲养员在日常管理中，应经常观察母猪采食、粪便、精神状态及仔猪的生长发育和健康表现，若有异常，应及时采取措施,妥善处理。

（3）保护好乳房及乳头。母猪乳腺的发育与仔猪的吮吸有很大关系,特别是头胎母猪,一定要使所有乳头都能均匀利用,以免未被利用的乳头萎缩。当带仔数少于乳头数时,可以训练仔猪吃两个乳头的乳。

任务五　断奶母猪的饲养管理

任务知识

断奶母猪的饲养管理主要包括母猪断奶前几天及断奶后到配种前(又称为空怀期)的饲养和管理。通过改善母猪体况,使之正常发情,排出卵子,适时配种,提高配种受胎率和胚胎数。如果母猪哺乳期饲养管理得当、无疾病,膘情也适中,大多数在断奶后1周内就可正常发情配种。但在实际生产中,常会有多种因素造成断奶母猪不能及时发情。如有的母猪因为哺乳期奶少、带仔少、食欲好、贪睡、断奶时膘情过好,有的母猪却因为带仔多、哺乳期长、采食量少和营养不良等,造成断奶时失重过大,膘情过差。为促进断奶母猪尽快发情排卵,缩短断奶至发情的时间间隔,生产中需给予短期的饲喂调整。

一、断奶母猪的饲养

从断奶至配种前继续使用营养水平高的哺乳料,断奶当天停料,或者投喂少量饲料,适当限制饮水,断奶第2天至发情投喂哺乳料的量为2.5~3 kg/d,一经配种后立即降到2 kg/d,视膘情投料。体况较瘦的母猪尽量多投一些,这样有利于母猪体况的恢复,促进卵泡的发育,并有助于雌激素、促卵泡素的分泌,最终有利于母猪的发情、排卵和受胎。断奶后体况很差的母猪,提高投料量,甚至自由采食,并推迟一个情期再配种。

二、断奶母猪的管理

（1）断奶母猪当日调入配种舍,下床或驱赶时,要正确驱赶,以免肢蹄损伤。迁回母猪舍后1~2天,群养的母猪应注意看护,防止咬架致伤致残。

（2）断奶后3天内,注意观察母猪乳房的颜色、温度和状态,发现乳腺炎应及时诊治。

（3）断奶后3~7天,母猪开始发情并可配种,流产后第一次发情母猪不予配种,生殖道有炎症的母猪应治疗后配种,配种宜在早晚进行,每个发情周期应配种2~3次,配种间隔12~18 h。注意母猪子宫颈炎的及时处理。配种后18~25天注意检查是否返情。做好配种各项记录。

任务六　后备猪的饲养管理

任务知识

后备猪主要包括后备公猪和后备母猪。后备公猪是指断奶后至初次配种前选留作为种用的小公猪。后备母猪是指被选留后尚未参加配种的母猪。仔猪育成结束至初次配种前是后备母猪的培育阶段。一个正常生产的猪群,由于性欲减退、配种能力降低或其他功能障碍等原因,每年需淘汰部分繁殖种猪,因此必须注意培育后备猪予以补充。

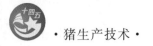

一、后备公猪的选择

（一）后备公猪品种的选择

在商品仔猪（肉猪）的生产中，后备公猪的品种应根据杂交方案进行选择。直接用以生产商品仔猪的后备公猪（二元杂交的父本或三元杂交的终端父本），应具有较快的生长速度和较优的胴体性状，用以生产三元杂交母本的后备公猪（三元杂交的第一父本），则应在繁殖性能和产肉性能上都较优异。目前在我国的商品猪生产中，可以地方品种或培育品种为母本，引入品种为父本进行杂交，生产商品仔猪，在进行二元杂交时，可考虑选用杜洛克猪、长白猪或大白猪作父本；在进行三元杂交时，应选择长白猪或大白猪两个繁殖性能、产肉性能均较优异的品种作第一父本，选择杜洛克猪作终端父本。

（二）后备公猪个体的选择

后备公猪应具备以下条件。

1. 生长发育快，胴体性状优良 生长发育速度和胴体性状可依据后备公猪自身成绩和用于育肥测定的胴体成绩进行选择。

2. 体质强健，外形良好 后备公猪体质要结实紧凑，肩胸结合良好，背腰宽平，腹大小适中，肢蹄稳健，无遗传疾病，并应经系谱审查确认其祖先或同胞亦无遗传疾患。体形应具有品种的典型特征，如毛色、耳形、头形等。

3. 生殖系统机能健全 虽然公猪的生殖系统大部分在体内，但是通过外部器官的检查，可以很好地掌握生殖系统的健康程度。要检查公猪睾丸的发育程度，要求睾丸发育良好，大小相同，整齐对称，摸起来感到结实但不坚硬，切忌隐睾、单睾。也应认真检查有无疝气和包皮积尿等疾病。一般来说，如果睾丸发育充分且外观正常，那么生殖系统的其他部分大都正常。

4. 健康状况良好 小型养猪场（户）经常从外场购入后备公猪，在选购后备公猪时应保证健康状况良好，以免带入新的疾病。如选购可配种利用的后备公猪，要求至少应在配种前 60 天购入，这样才有足够的时间进行观察，并使其适应新的环境。如果发生问题，也有足够时间补救。

（三）后备公猪的饲养管理

（1）2 月龄的小公猪作为后备公猪后，应按相应的饲养标准配制全价饲粮，保证后备公猪正常的生长发育，特别是肌肉、脂肪充分发育以后，应进行限制饲养，控制脂肪的沉积，防止公猪过肥。

（2）应控制饲养以防形成垂腹而影响公猪的配种能力。

（3）后备公猪在性成熟前可合群饲养，但应保证个体采食均匀，达到性成熟后单栏饲养，以防相互腰跨，造成肢蹄、阴茎等的损伤。

（4）后备公猪应保持适度的运动，以强健体质，提高配种能力。运动可在运动场合群进行，但合群应从小进行，并保持稳定，防止调群造成的咬架。

（5）后备公猪达到配种年龄和体重后，应开始进行配种调教或采精训练。配种宜在早晚凉爽时间空腹进行。每次用时 30 min 左右，时间不宜过长。调教时应尽量使用体重大小相近的经产母猪，调教训练应有耐心。新引进的后备公猪应在购入半个月后再进行调教，以使其适应新的环境。

（6）后备种公猪的初配年龄和体重，因品种、饲养管理条件的不同而有差异，在正常饲养管理条件下，地方猪种可在 5～6 月龄、体重达 70～80 kg 开始配种利用，培育种可在 7～8 月龄、体重 90～100 kg 开始配种利用，大型引入猪种应在 8～9 月龄、体重 120～130 kg 开始配种利用。种公猪利用过早，不但会降低繁殖成绩，而且会导致种公猪过早淘汰。

二、后备母猪的选择

要获得优良的繁殖母猪，需从后备母猪的培育开始。为使繁殖母猪群持续地保持较高的生产水平，每年都要淘汰部分年老体弱、繁殖性能低下以及有其他机能障碍的母猪，这也需要补充后备母猪,从而保证繁殖母猪群的规模并形成以青壮龄为主体的理想结构。因此,后备母猪的选择和培育是提高猪群生产水平的重要环节。

（一）后备母猪的选择标准

后备母猪不仅对后代仔猪有约一半的遗传影响,而且对后代发育期和哺乳期的生殖发育有重要影响,还影响后代仔猪的生产成本(在其他性能相同的情况下,产仔数、育成率高的母猪所产仔猪的相对生产成本低)。后备母猪的选择应考虑以下要点。

1. 生长发育快 应选择本身和胴体生长速度快、饲料利用率高的个体。

2. 体质外形好 后备母猪应体质健壮,并审查确定其无遗传疾患。体形外貌具有相应品种的典型特征,如毛色、头形、耳形、体形等,特别是应有足够的乳头,且乳头排列整齐,无少乳头和副乳头的现象。

3. 繁殖力强 繁殖力是后备母猪非常重要的性质。后备母猪宜选择产仔数多、哺育率高、断乳体重大的高产母猪的后代,同时应具有较好的外生殖器官,阴门发育较好,配种前有正常的发情周期,而且发情症状明显。

（二）后备母猪的选择时期

后备母猪的选择大多是分阶段进行的。

1. 2月龄阶段 窝选,就是在双亲性能优良、哺育率高、断乳体重大而均匀、同窝仔猪无遗传疾患的一窝仔猪中选择。2月龄选择时由于猪的体重小,容易发生选择错误,所以选择数目较多,一般为需要量的2～3倍。

2. 4月龄阶段 主要是淘汰那些生长发育不良、体质差、体形外貌有缺陷的个体。这一阶段淘汰的比例较小。

3. 6月龄阶段 根据6月龄时后备母猪自身的生长发育状况,以及同胞的生长发育速度和胴体性状的测定成绩进行选择。淘汰那些生长发育差、体形外貌差的个体以及同胞测定成绩差的个体。

4. 初配阶段 此阶段是后备母猪的最后一次选择。淘汰那些发情周期不规律、发情症状不明显以及非技术原因造成的2～3个发情周期配种不孕的个体。

（三）后备母猪的饲养管理

1. 控制后备母猪的生长发育 猪的生长发育有其固有的特点和规律,外部形态以及各种组织器官的功能都有一定的变化规律和彼此制约的关系。如果在猪的生长发育过程中进行人为的控制和干预,就可以定向改变猪的生长发育过程,满足生产中的不同需求。后备猪培育与商品肉猪生产的目的和途径皆有所不同,商品肉猪生产是利用猪出生后早期骨骼和肌肉生长发育迅速的特性,充分满足其生长发育所需的饲养管理条件,使其能够具有较快的生长速度和发达的肌肉组织,实现提高瘦肉产量、品质及生产效率的目的。后备母猪培育则是根据猪各种组织器官的生长发育规律,控制其生长发育所需的饲养管理条件,如饲粮营养水平、饲粮类型等,改变其正常的生长发育过程,保证或抑制某些组织器官的生长发育,从而实现培育出发育良好、体质健壮、繁殖力强等功能完善的后备母猪的目的。

后备母猪生长发育控制的实质是控制各组织器官的生长发育,外部表现在体重、体形上,因为体重、体形是各种组织器官生长发育的综合结果。构成猪体的骨骼、肌肉、皮肤、脂肪四种组织的生长发育是不平衡的,骨骼最先发育、最先停止,出生后有一个相对稳定的生长发育阶段;肌肉居中,出生至4月龄相对生长速度逐渐加快,以后下降;脂肪前期沉积很少,6月龄前后开始增加,8～9月龄开始大幅度增加,直至成年。不同品种有各自的特点,但总体规律是一致的。后备母猪生长发育控制的目标是使骨骼得到较充分的发育,肌肉组织生长发育良好,脂肪组织的生长发育适度,同时保证各组织器官的充分发育。

2. 后备母猪的饲养

（1）合理配制饲粮:按后备母猪不同的生长发育阶段,合理地配制饲粮。应注意饲粮中能量和蛋白质水平,特别是矿物质元素、维生素的补充。否则易导致后备母猪过瘦、过肥或骨骼发育不充分。

(2)合理的饲养:后备母猪需采取前高后低的营养水平,后期的限制饲喂极为关键,通过适当的限制饲喂,既可保证后备母猪良好的生长发育,又可控制体重的高速度增长,防止过度肥胖。引入猪种的限制饲喂一般应在体重达到90 kg后开始,但应在配种前2周结束,以提高排卵数。后期限制饲养的较好办法是增加优质的青绿饲料。

(3)后备母猪的管理。

①合理分群:后备母猪一般为群养,每栏4~6头,饲养密度适当。小群饲养有两种方式:一是小群合槽饲喂,这种方法的优点是操作方便,缺点是易造成强夺弱食,特别是后期限饲阶段;二是单槽饲喂,小群趴卧或运动,这种方法的优点是采食均匀,生长发育整齐。

②适当运动:为强健体质,促使猪体发育匀称,特别是增强四肢的灵活性和坚实性,应安排后备母猪适当运动,运动可在运动场内自由运动,也可放牧运动。

③调教:为繁殖母猪饲养管理提供方便,后备母猪培育时就应进行调教,一要严禁粗暴对待猪,建立人与猪的和谐关系,从而有利于以后的配种、接产、产后护理等管理工作;二要训练猪养成良好的生活规律,如定时饲喂、定点排泄等。

④定期称重:既可作为后备母猪选择的依据,又可根据体重适时调整饲粮营养水平和饲喂量,从而达到控制后备母猪生长发育的目的。

3.后备母猪的初配年龄和体重　后备母猪生长发育到一定年龄和体重,便有了性行为和性功能,称为性成熟。后备母猪到达性成熟后虽具备了繁殖能力,但猪体各组织器官还远未发育完善,若过早配种,不仅影响第一胎的繁殖成绩,还将影响猪体自身的生长发育,进而影响以后各胎的繁殖成绩,并且缩短使用年限。但也不宜过晚配种,配种过晚,会增加后备母猪发生肥胖的概率,同时也会增加后备母猪的培育费用。后备母猪适宜的初配年龄和体重因品种和饲养管理条件不同而异。一般来说,早熟的地方品种在5~6月龄、体重50~60 kg,有2次正常的发情表现即可配种,引入品种应在7.5~8月龄、体重120~130 kg,有2次正常的发情表现后,进行配种利用。如果月龄达到初配要求而体重较小,最好适当推迟初配年龄;如果体重达到初配体重要求,但月龄尚小,最好通过调整饲粮营养水平和饲喂量来控制体重,待月龄达到要求再进行配种。最理想的是使年龄、体重、发情表现同时达到初配要求。

课后练习

1. 结合母猪泌乳特点,提出提高母猪泌乳量的技术措施。

2. 种公猪在养猪生产中承担着猪群的品种改良任务,它直接影响着猪群整体繁殖性能的发挥及生产任务的完成,生产中如何正确利用种公猪?

3. 某养猪场,母猪平均年产2.2窝,年提供断奶仔猪18头,请问该猪场要想提高母猪的年生产力水平,在母猪的饲养和营养方面应采取哪些措施?

4. 母猪产后无乳或泌乳量不足,是中小型猪场较常见的一种现象,分析母猪产后无乳或泌乳量不足的原因有哪些?

5. 某养猪户在母猪的饲养过程中,在母猪刚分娩后,采取自由采食的方式,而母猪断奶后马上改用低营养水平的饲料,饲喂量降低,配种后提高饲喂量和营养水平,请问该做法是否正确?并说出原因。

6. 如何对种公猪进行淘汰与更新?

7. 种公猪的生理特点有哪些?

8. 高温季节如何对种公猪进行饲养管理?

项目五　仔猪的培育

学习目标

▲知识目标

1. 了解仔猪的生长发育和生理特点及营养需要。

2. 了解各阶段仔猪死亡的原因。

3. 了解僵猪产生的原因。

▲技能目标

1. 能掌握新生仔猪的护理方法。

2. 辨别真死仔猪与假死仔猪,掌握假死仔猪的抢救方法。

3. 能科学地饲养和管理哺乳仔猪和断奶仔猪。

任务一　初生仔猪的护理

▷ 任务知识

一、初生仔猪的生理特点

(一)生长发育快,物质代谢旺盛

与其他家畜比较,仔猪出生体重相对较小,不及成年体重的 1%,但仔猪出生后生长发育特别快。一般仔猪初生体重为 1 kg 左右,10 日龄时体重达初生体重的 2 倍以上,30 日龄达初生体重的 5～6 倍。

仔猪出生后的迅速生长,是以旺盛的物质代谢为基础的。出生后 20 日龄的仔猪,每千克体重沉积的蛋白质相当于成年猪的 30～35 倍,每千克体重所需代谢净能量为成年猪的 3 倍。因此,仔猪对营养物质和饲料品质要求都较高,对营养不全的饲料反应敏感。所以仔猪补饲或供给全价日粮尤为重要。

(二)消化器官不发达,消化功能不完善

初生仔猪消化器官在结构和机能方面都不完善,胃的重量和容积都小。仔猪出生时胃的重量为 5～8 g,只能容纳 25～40 mL 乳汁。60 日龄时胃的重量为 150 g,容积增大约 20 倍。由于胃的容积小,排空速度快,所以哺乳次数多。因此,仔猪易饱、易饿。所以要求仔猪料体积要小、质量要高,适当增加饲喂次数,以保证仔猪获得足够的营养。

随着日龄增加,胃的容积增大,胃的排空时间变慢。3～5 日龄仔猪胃的排空时间为 1.5 h,30 日龄时排空时间为 3～5 h,60 日龄时排空时间为 16～19 h。小肠也迅速地增长,4 周龄时重量为出生时的 10 倍左右。消化器官这种迅速的增长保持到 7～8 月龄,之后开始降低,一直到 13～15 月龄才接近成年水平。

仔猪出生时胃内仅有凝乳酶,胃蛋白酶很少,由于胃底腺不发达,缺乏游离盐酸、胃蛋白酶,不能消化蛋白质,特别是植物性蛋白质。这时只有肠腺和胰腺发育比较完全,胰蛋白酶、肠淀粉酶和乳糖酶活性较高,食物主要在小肠内消化。所以,初生仔猪只能吃奶而不能食用植物性饲料。

在胃液分泌上,由于仔猪胃和神经系统之间的联系还没有完全建立,缺乏条件反射性的胃液分泌,只有当食物进入胃内直接刺激胃壁后,才分泌少量胃液。而成年猪由于条件反射作用,即使胃内没有食物,到采食时同样能分泌大量胃液。

随着仔猪日龄的增长和食物对胃壁的刺激,盐酸的分泌不断增加,直到 2.5～3 月龄盐酸浓度才接近成年猪的水平。到 35～40 日龄,胃蛋白酶才表现出消化活性,到仔猪 3 月龄时,胃液中的胃蛋白酶含量才增加到成年猪的水平,仔猪此时可利用多种饲料,因此要给仔猪早开食、早补料,以促进消化液的分泌,进一步锻炼和完善仔猪的消化功能。

仔猪的消化主要在小肠内进行,出生时小肠前端分泌乳糖酶,专门分解乳糖。出生后第 1 周乳糖酶活性最强,随日龄增加而活性逐渐减弱,被胰淀粉酶替代。3 周龄时胰淀粉酶活性最强,对淀粉和其他糖类消化利用较好。出生时仔猪糖原酶和麦芽糖酶较少,生后 10 日龄内很难消化蔗糖。

(三)缺乏先天免疫力,易得病

由于母猪胎盘结构的特殊性,母猪和胎猪的血液循环被几个组织层隔开,限制了免疫抗体由母体转移到胎猪,因此仔猪出生时先天免疫力较弱。仔猪只有吃到初乳后,才能获得免疫力。母猪初乳中蛋白质含量很高,每 100 mL 中总蛋白质含量 15 g 以上,但维持的时间较短,三天后即降至 0.5 g。仔猪出生后 24 h 内,由于肠道上皮对蛋白质有通透性,同时乳清蛋白和血清蛋白的成分近似,因此仔猪吸食初乳后,可将其直接吸收到血液中,免疫力迅速增强。肠壁的通透性随肠道的发育而改变,36～72 h 后显著降低,因此仔猪生后应尽早吃到初乳。

仔猪 10 日龄以后才开始自产免疫抗体,到 30～35 日龄前数量还很少,直到 5～6 月龄才达成年猪水平(每 100 mL 含 γ-球蛋白约 65 mg)。因此,14～35 日龄是免疫球蛋白"青黄不接"的阶段,最易患下痢,是最关键的免疫期。同时,仔猪这时已吃食较多,胃液又缺乏游离盐酸,对随饲料、饮水进入胃内的病原体抑制作用较弱,从而成为仔猪多病的原因之一。

(四)体温调节能力差,行动不灵活,反应不灵敏

仔猪出生时大脑皮层发育不健全,不能通过神经系统调节体温。并且,仔猪只能利用乳糖、葡萄糖、乳脂、糖原氧化供热,体内可用于氧化供热的物质较少,遇到寒冷时血糖含量很快降低。仔猪的正常体温比成年猪高 1 ℃左右,单位体重维持体温所需的能量是成年猪的 3 倍;加之初生仔猪皮薄毛稀、皮下脂肪较少,其保温能力较差。在低温环境中,仔猪行动迟缓,反应不灵敏,易被压死或踩死,即使不被压死或踩死也有可能被冻昏、冻僵,甚至被冻死。1 周龄以后,仔猪体内甲状腺素、肾上腺素的分泌水平逐渐提高,物质代谢能力增强。到 3 周龄左右,仔猪调节体温的能力接近正常水平。初生仔猪的适宜温度为 32～35 ℃,当处于 13～24 ℃环境时,仔猪 1 h 内体温就会下降。特别是最初 20 min,下降更快,0.5～1 h 开始回升。

二、出生仔猪的护理

初生仔猪一般是指出生后最初几天的猪。出生是仔猪一生中遇到的第一次也是最大的一次应激,因此,仔猪在 7 日龄以内是第一个关键性时期,俗称初生关,应加强护理。初生仔猪应进行出生后的护理、称重、打耳号、剪牙、断尾等。仔猪护理是养猪生产中的一个重要技术环节,也是最费精力的一项工作。精心护理仔猪,是减少死亡、提高仔猪成活率的重要技术保证,完成该任务需要认真了解仔猪的生理特点,掌握初生仔猪的护理及相关的处理工作。提高仔猪的成活率是该阶段的重要目标。

(一)擦干黏液

仔猪产出后身上覆盖一层黏液和膜,为了防止仔猪窒息与受寒,需立即用清洁的毛巾擦净仔猪口腔和鼻腔周围的黏液,然后用毛巾擦净仔猪皮肤。这对促进血液循环、防止仔猪体温过多散失和

预防感冒非常重要。

（二）断脐带

仔猪离开母体时，一般脐带会自行扯断，但仍拖着 20～40 cm 长的一段脐带，此时应及时人工断脐带。首先将脐带内的血液往仔猪腹部挤压进去，然后在距腹部 3～5 cm，即三指宽处用手拧断脐带，再用线结扎。断脐带时最好不要用剪刀一刀剪断，否则会使仔猪体内的血液流失过多。断脐带端用 5% 的碘酒浸泡消毒，防止其出血与感染。如果脐带因自然断开而断得过短，并流血不止，则应立即用在碘酒中浸泡过的结扎线扎紧。残留的脐带一般 3 天后自行脱落。

（三）剪犬齿

仔猪初生就有 8 枚小的状似犬齿的牙齿，位于上下颌的左右各 2 枚。由于犬齿十分尖锐，吮乳或发生争斗时极易咬伤母猪乳头或同伴，故应将其剪掉。剪时要先用 75% 的酒精充分消毒剪牙钳，在牙的 1/2 处剪断，断面应平整光滑。小心操作，不要把牙齿剪得太短，不可伤及齿龈。剪牙钳用后要认真消毒，以避免交叉感染，使病原体进入仔猪体内。断齿要清出口腔，用碘酒消毒齿龈。

（四）断尾

预防仔猪断乳、生长或育肥阶段的咬尾现象，出生后应将尾断掉。可用专业电烙断尾钳在距离仔猪尾根部 2.5 cm 处剪断，并用碘酒消毒断处，断尾一次后一定要对钳子进行消毒。

（五）仔猪称重、数乳头数、打耳号，做好初生记录

仔猪断脐带后应立即进行称重，并记录乳头数，同时做好初生记录。对作为种猪选留的仔猪，可对仔猪打耳号，可打耳缺，也可打耳刺。打耳号前先对耳刺钉、耳刺钳进行消毒。打耳刺时，先用耳刺墨刷一下仔猪耳朵，再用耳刺钳打耳刺，需用力以便打得清晰，最后再用耳刺墨刷一下。打耳缺时，可利用耳号钳在猪耳朵上打缺口，编号原则为："左大右小，上一下三"，左耳尖缺口为 200，右耳100，左耳小圆洞 800，右耳 400，如图 5-1 所示。但这种做法会对初生仔猪产生很大的应激。现在一些种猪公司在不混淆仔猪血统关系的条件下，不打耳号，而是在仔猪保育期结束后，直接给猪打耳标。利用耳标进行血统认定，即用专用耳标写编号或血统信息，用专用器械耳标钳固定在一侧耳朵中间即可。

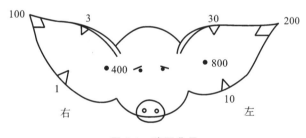

图 5-1　猪耳朵号

（六）假死仔猪的急救

有的仔猪产出后全身发软、呼吸微弱，甚至停止呼吸，但心脏仍在微弱跳动，这种现象称为仔猪假死。造成仔猪假死的原因，有的是母猪分娩时间长，子宫收缩无力，仔猪在产道内脐带过早扯断而迟迟产不出来，造成仔猪窒息；有的是黏液堵塞气管，造成仔猪呼吸障碍；有的是仔猪胎位不正，在产道内停留时间过长。如果立即对假死仔猪进行救护，一般都能救活，使仔猪迅速恢复呼吸。

急救办法以人工呼吸最为简便常用。具体操作步骤：假死仔猪出生后，立即清除口腔、鼻内和体表的黏液，然后左右手分别握住仔猪肩部与臀部，腹部朝上，而后双手向腹中心回折，并迅速复位，双手一屈一伸反复进行，一般经过几次来回，就可以听到仔猪猛烈发出声音。依照此法徐徐重做，直到仔猪呼吸正常为止。

有时假死仔猪的急救也采用药物刺激法，即用酒精、氨水等刺激性强的药液涂抹于仔猪鼻端，刺激鼻腔黏膜恢复呼吸，倒提拍打法也较常用。

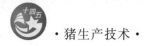

（七）仔猪保温防压

初生仔猪体温调节能力差,对寒冷的适应能力弱。母猪的子宫内温度是39 ℃,出生对仔猪而言是一个很突然的环境变化。初生仔猪大脑皮层不发达,皮下脂肪层薄,被毛稀疏,调节体温和适应环境能力差,怕冷。尽管仔猪有利用血糖储备应对寒冷的能力,但由于体内的能源储备有限,调节体温的生理机制还不完善,这种能源的储备和体温调节能力都是很有限的,体内的糖原和脂肪储备一般在24 h内就会消耗殆尽。在低温环境中,仔猪要依靠提高代谢率和增加战栗来维持体温,这更加快了糖原储备的消耗,最终导致体温降低,出现低血糖症。因此,初生仔猪的保温具有重要意义。

新生仔猪的适宜环境温度为30～34 ℃,而成年母猪的适宜温度为15～19 ℃。因此,单独给仔猪创造温暖的环境是十分必要的。仔猪适宜的环境温度:1～3日龄为30～35 ℃,4～7日龄为28～30 ℃。保温措施多采用保温箱红外线灯取暖,保温箱长、宽均为60～80 cm,高为60 cm,一侧留有长、宽均为30 cm的四方活动门,室内铺放干软垫草或铺垫电热板,内吊250 W或175 W的红外线灯,距地面40～50 cm,满足仔猪对温度的需要。

仔猪产后一周内,体质较弱,行动不灵活,对复杂的外界环境不适应,加之母猪产后疲乏、行动迟缓或母性不强,因母猪卧压而造成仔猪死亡的现象是非感染性死亡中最常见的,大约占初生仔猪死亡的20%。绝大多数发生在仔猪出生后4天内,特别是第1天最易发生,在老式未加任何限制的产栏内会更加严重。在母猪身体两侧设护栏的分娩栏,可有效防止仔猪被压伤、压死,明显减少了仔猪的死亡。

（八）及早吃足初乳

初生仔猪不具备先天性免疫能力,必须通过吃初乳获得免疫力。仔猪出生6 h后,初乳中的抗体含量下降一半,因此应让仔猪尽可能早地吃到初乳。吃足初乳是初生仔猪获得抵抗各种传染病抗体的唯一有效途径,推迟初乳的采食会影响免疫球蛋白的吸收。

初生仔猪要迅速吃到至少50 mL的初乳。饲养员要帮助将奶头塞入弱小仔猪嘴中并使其叼住。看起来太弱以致不能吮乳的小猪应用胃管喂20 mL初乳,在最初几天应每天饲喂2～3次,以提高弱小但有潜在价值仔猪的存活率。

仔猪出生后随时放到母猪身边吃初乳,这样能刺激仔猪消化器官的活动,促进胎粪排出,增加营养产热,提高仔猪对寒冷的抵抗力。初生仔猪若吃不到初乳,则很难存活。

（九）寄养

在有多头母猪同期产仔时,对于那些产仔头数过多、无奶或少奶、母猪产后生病的仔猪采取寄养,这是提高仔猪成活率的有效措施。当母猪生产头数过少需要并窝合养,或使另一头母猪尽早发情配种时,也需要进行仔猪寄养。仔猪寄养时要注意以下几个方面。

(1) 猪的产期接近。实行寄养时母猪产期尽量接近,不应超过4天,最好是将多余仔猪寄养到迟1～2天分娩的母猪处,尽可能不要寄养到早1～2天分娩的母猪处,因为此时仔猪哺乳已经基本固定了奶头,后放入的仔猪很难有较好的位置,容易造成弱仔或僵猪。

(2) 被寄养的仔猪一定要吃到初乳。被寄养之前,必须保证仔猪吸吮至少6 h的初乳。如果过早实行寄养,会使仔猪无法吸吮到初乳,导致体内缺少母源抗体,最终引起死亡。因此,一定要到出生6 h后再寄养体重超过1.5 kg的仔猪,一定要到出生12 h后再寄养体重不足1.5 kg的仔猪。如因特殊原因仔猪没吃到生母的初乳时,可吃养母的初乳。

(3) 寄养工作必须在出生后24 h内完成,如果寄养工作进行得太迟,母猪的功能乳头在本窝仔猪中形成的顺序由于寄养仔猪的进入而被打乱,从而影响本窝原来仔猪吮乳,且哺乳母猪的功能乳头因为离分娩结束的时间太长而失去泌乳能力。

(4) 寄养母猪必须具有泌乳量高、性情温顺、哺乳性能强的特点,只有这样的母猪才能哺育好寄养来的仔猪。

(5) 使寄养的仔猪与养母的仔猪有相同的气味。猪的嗅觉特别灵敏,母猪和仔猪相认主要是靠嗅觉。多数母猪追咬别窝仔猪,不给哺乳。为了使寄养顺利,可给被寄养的仔猪涂抹上寄养母猪的奶或尿,也可将被寄养仔猪和寄养母猪所生仔猪关在同一个保温箱内,经过一定时间后同时放到母猪身边,使母猪分辨不出被寄养仔猪的气味。

（6）注意看管并帮助被寄养仔猪吃奶,固定奶头。

（十）对弱仔及受冻仔猪要及时抢救

瘦弱的仔猪在气温较低的环境中,首先表现出行动迟缓,有的张不开嘴,有的含不住乳头,有的不能吮乳。此时应及时进行救助。可先将仔猪嘴巴慢慢撬开,用去掉针头的注射器吸取温热的25%葡萄糖溶液,慢慢滴入口中。然后将仔猪放入一个临时的小保温箱中,再放在温暖的地方,使仔猪慢慢恢复。等快到放奶时,将仔猪拿到母猪处,用手将乳头送入仔猪口中。待放奶时,可先挤点奶给仔猪,当奶进入仔猪口中,仔猪会有较慢的吞咽动作,有的也能慢慢吸吮。这样反复几次,精心喂养,即可使该仔猪免于冻昏、冻僵和冻死,可以提高仔猪的成活率。

（十一）矿物质的补充

仔猪生长发育需要矿物质,在哺乳期最需要补充的微量元素是铁,在缺硒的地区,硒的补充也十分必要。

1. 补铁 铁是血红蛋白的组成成分,也是许多酶的组成成分,仔猪缺铁易发生贫血。初生仔猪体内铁的储量很少,仔猪出生时平均体重1.5 kg,体内储存50 mg铁,仔猪每日需铁7 mg,每1 L猪乳中含铁1 mg,靠吃猪乳不能满足对铁的需要。仔猪出生后4～7天体内储存的铁可消耗完,不补充铁就会发生缺铁性贫血,皮肤和黏膜苍白,食欲减退,抗病能力减弱,出现腹泻、生长缓慢现象,严重时死亡,因此仔猪3日龄时就应补铁,补铁的方法有口服和肌内注射等。补铁针剂种类很多,常用的有牲血素、血多素、富来血等,一般3～4日龄注射100～150 mL。补铁后2周内若仍有贫血现象,应再补充50～100 mL。口服常用铁铜合剂补饲,铁铜合剂是将2.5 g硫酸亚铁和1 g硫酸铜溶于1000 mL水中配制而成的,每日每头仔猪10 mL,可涂于母猪乳头上,也可用奶瓶等滴喂,每日1～2次。在山区农村常有用红壤土补铁的习惯,具体做法:将红壤土放入铁锅中炒,加少量盐后,散放在仔猪补料栏内,仔猪舔食后,补充所需的铁。

2. 补硒 硒是谷胱甘肽过氧化物酶的主要成分,与维生素E共同起抗氧化作用,影响维生素E的吸收和利用。缺硒时易发生白肌病,往往使营养状况好、生长快的仔猪突然发病或死亡,表现为体温正常或偏低、叫声嘶哑、行动摇摆、后肢瘫痪等。缺硒仔猪3～5日龄肌内注射0.1%亚硒酸钠溶液0.5 mL,60日龄时再注射1 mL,即可保证仔猪的需要。近来也有给仔猪注射硒维生素E合剂的,效果也较好。因为猪对硒的需要量很小(每千克饲料中0.1 mg),以亚硒酸钠作为饲料添加剂时,必须混合均匀,过量会造成中毒,所以不宜随便添加。

（十二）初乳

初乳一般是指母猪分娩后3天内乳腺的分泌物,初乳和常乳成分的差别主要是乳蛋白的含量。有资料表明,初乳中乳蛋白含量为15.1%,常乳为5.5%,这种差异是由初乳中高含量的免疫球蛋白(IgG)决定的。初乳蛋白主要用于新生仔猪免疫和胃肠道表面保护,常乳蛋白主要用于提供新生仔猪必需的氨基酸。初乳对新生仔猪有三个方面的作用:一是提供能量和生物合成前体物类的营养性物质;二是提供特异性和非特异性免疫保护防御功能;三是传达母源神经和内分泌的调节信号。

仔猪吃初乳时,这些特殊的蛋白质穿过胃,通过肠壁被吸收直接进入血液。实际上,80%在出生后6 h被吸收。初生仔猪最初的免疫力是出生后从母猪那里获得的,称为被动免疫。被动吸收免疫球蛋白(没有被消化)的能力在36 h后消失,之后初乳在胃部被消化。在进食初乳后,仔猪的免疫力提高得很快,所以仔猪在出生后应尽早吃初乳,因为越早吃初乳,初乳内抗体浓度越高,抗体浓度在4～6 h后下降很快。

Note

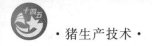

任务二　哺乳仔猪的饲养管理

任务知识

一、哺乳仔猪的生理特点

（一）生长发育快

仔猪出生后生长发育得特别快。一般仔猪初生体重为 1 kg 左右，10 日龄时体重可达初生体重的 2 倍以上，30 日龄较初生体重增长 4～5 倍，60 日龄较初生重增长 10～13 倍或更多，体重可达 15 kg 以上。如按月龄的生长速率计算，第一个月体重比初生重增长 5～6 倍，第二个月体重比第一个月的体重增长 2～3 倍。

仔猪出生后的快速生长是以旺盛的物质代谢为基础的。仔猪对营养物质和饲料品质的要求都较高，对营养不全的饲料反应敏感。因此，对仔猪补饲或供给全价日粮尤为重要。

（二）消化器官不发达，消化功能不完善

初生仔猪消化道容积相对较小，机能发育不完善。初生时胃的重量为 4～5 g，容积为 25～40 mL，之后才随年龄的增长而迅速扩大。到 20 日龄时，胃的重量增长至 35 g 左右，容积扩大 3～4 倍。小肠在哺乳期内也迅速生长，长度约增加 5 倍，容积扩大 50～60 倍。由于仔猪胃的容积小，胃内食物排空的速率快，15 日龄时约为 1.5 h，30 日龄为 3～5 h，60 日龄为 16～19 h。因此，仔猪易饱易饿，要求适当增加饲喂次数，以保证仔猪获得足够的营养。

仔猪消化器官发育得晚，导致消化酶系统较差，消化机制不完善。同时，初生仔猪胃腺不发达，不能分泌盐酸，20 日龄前胃内无盐酸，20 日龄以后盐酸浓度也很低，因此抑菌、杀菌能力弱，容易发生下痢，且不能消化蛋白质，特别是植物性蛋白质。随着日龄的增长和食物对胃壁的刺激，盐酸的分泌不断增加，到 40 日龄时，胃蛋白酶才表现出对乳汁以外的多种饲料的消化能力。此外，由于初生仔猪胃和神经系统之间的联系还没有完全建立起来，缺乏条件反射性的胃液分泌，只有食物进入胃内直接刺激胃壁后，才能分泌少量胃液。而成年猪由于条件反射的作用，即使胃内没有食物，同样能大量分泌胃液。在胃液的组成中，仔猪在 20 日龄内胃液中仅有足够的凝乳酶，而唾液和胃蛋白酶的量很少，为成年猪的 1/4～1/3，仔猪到 3 月龄时，胃液中的胃蛋白酶才达到成年猪的水平。为此，需给仔猪早开食、早补饲，以促进消化液的分泌，进一步锻炼和完善仔猪的消化功能。

（三）缺乏先天免疫力，易得病

猪的胚胎构造复杂，在母猪血管与胎儿脐血管之间被 6～7 层组织隔开，限制了母猪抗体通过血液向胎儿转移。因而，仔猪出生时先天免疫力较弱，只有吃到初乳后，靠直接吸收初乳中的抗体才可获得免疫力。初乳中蛋白质含量很高，每 100 mL 中总蛋白质含量 15 g 以上，但维持的时间较短，3 天后即降至 0.5 g。仔猪出生后 24 h 内，由于肠道上皮对蛋白质有通透性，同时乳清蛋白和血清蛋白的成分相似，因此仔猪吸食初乳后，可将其直接吸收到血液中，免疫力会迅速增强。因仔猪肠壁的通透性会随肠道的发育而改变，36～72 h 后会显著降低，因此仔猪出生后应尽早吃到初乳。

仔猪 10 日龄后才开始自己产生免疫抗体，到 30～35 日龄前抗体浓度还很低，直到 5～6 月龄才达到成年猪水平（每 100 mL 约含球蛋白 65 mg）。因此，仔猪 14～35 日龄是体内免疫球蛋白"青黄不接"的阶段，最易患下痢，为最关键的免疫期。同时，仔猪这时已吃食较多，胃液又缺乏游离盐酸，对随饲料、饮水进入胃内的病原体抑制作用较弱，因而此时的仔猪非常容易得病。

（四）体温调节能力差，行动不灵活，反应不灵敏

仔猪神经发育不健全，体温调节能力差，再加上初生仔猪皮薄毛稀，皮下脂肪少，因此特别怕冷，

容易冻昏、冻僵、冻死。特别是生后第 1 天,初生仔猪反应迟钝,行动不灵活,容易被踩死、压死。

二、哺乳仔猪的护理

哺乳仔猪一般是指出生后至断奶前的仔猪。此阶段仔猪的主要生理特点是生长发育快而生理上不成熟,生理上不成熟的主要表现:消化器官不发达,胃蛋白酶很少且基本无活性,不能很好地消化蛋白质,特别是植物性蛋白质;缺乏先天免疫力,且自身基本不产生抗体,抗病能力差;神经系统发育不完全,调节体温的能力差。哺乳仔猪阶段的饲养任务是使其达到最高的成活率和最大的断奶重。仔猪出生后 20 天内主要靠母乳生活,初生期的主要特点是怕冷易病,因此,让仔猪获得充足的乳汁是促使仔猪健壮生长的根本措施,保暖防压是护理的关键。

(一)加强补料

对哺乳仔猪除了加强护理外,在饲养上,还应抓好提早教槽环节,使仔猪尽早开食。通过教槽,促进仔猪胃肠道发育,减少仔猪断奶后肠绒毛的损伤,尽可能提高仔猪断奶前的饲料采食量,同时作为哺乳期母乳不足的营养补充手段。因为哺乳仔猪体重的迅速增加,对营养物质的需求与日俱增,母猪的泌乳量在分娩后第 3 周达到高峰后逐渐下降,不能满足仔猪对营养物质的需求。如不及时补饲,直接影响仔猪的生长发育。及早补料还可以锻炼仔猪的消化器官,促进其机能发育,又可防止下痢,并为安全断奶奠定基础。

仔猪有探查周围物质的习性,喜爱香甜味食物。仔猪出生后 5～7 天开始长牙,特别喜欢拱啃东西,这时要调教仔猪吃料。初期仔猪并不认真吃,只是咬到嘴里磨牙,可以在饲槽或补料间地面上放些香甜的饲料,如仔猪专用教槽料,引诱仔猪自由拱食,也可在饲料中加入甜味剂或香味剂(诱食剂),效果更好。开始诱食时采用强制方法,将饲料抹入仔猪口中,然后任其舔食,能促使仔猪早开食。20 日龄左右的仔猪就能建立吃料的反射和欲望,并逐渐增加采食量。仔猪学会采食后就要按照仔猪的营养需要饲喂全价配合饲料。每次投料要少,利用仔猪抢食的习性和爱吃新料的特点,每天可多次投料。个别仔猪不开食可人为掰开嘴喂给少量饲料。开食第一周仔猪采食很少,因母乳基本上可以满足需要,投料的目的是使仔猪习惯采食饲料。

一般以营养平衡、适口性好的全价饲料诱食仔猪,使仔猪的采食量显著增加,进入旺食期。补料方法应少喂勤添,保证饲料新鲜。每日喂料 4～6 次,料量由少到多。进入旺食期后,夜间可加喂一次。有的母猪泌乳量高,所带仔猪往往不易上料,则应有意识地进行"逼料",即每次喂奶后,把仔猪关进补料栏,时间为 1～1.5 h,仔猪产生饥饿感后会对补料间的饲料或青绿饲料产生一定兴趣,逼其上料。但应注意每次关栏的时间不宜过长,以免影响母猪正常泌乳。

建议补饲量:现在规模化猪场 4 周龄前均断奶,建议第 1 周即教槽,达 4 周龄前独立采食量不低于 250 g 的标准。

1. 诱食 仔猪喜食甜食,开始对 5～7 日龄仔猪诱食时,应首选仔猪专用教槽料,或香甜、清脆、适口性好的料,如将带甜味的南瓜、胡萝卜切成小块,或将炒熟的麦粒、谷粒、豌豆、玉米、黄豆、高粱等喷上糖水或糖精水,裹上一层配合饲料或拌少许青绿饲料,于上午 9 时至下午 3 时之间放在仔猪经常去的地方,任其自由采食。也可以采用以下方法进行诱食。

(1)鹅卵石法:在仔猪的补料槽中,放几块洗干净的鹅卵石,因仔猪具有探究行为,对异物感兴趣,会去拱鹅卵石,不知不觉中吃进饲料;在不易找到鹅卵石的猪场,可用洗干净的青霉素瓶代替,也有一定的效果。

(2)吊瓶法:在补料槽上方吊一个特殊颜色的塑料瓶,仔猪在拱瓶的时候会闻到饲料的气味,产生采食欲望。

(3)抹料法:给仔猪嘴里抹料是现有方法中效果最好的。抹料最简单的办法是在仔猪睡觉时,饲养人员轻轻走过去,一手将猪嘴掰开,一手用指头蘸上糊状料抹到猪嘴里。抹料时不必将所有仔猪都抹到,一窝中抹两到三头即可,而且抹料时不要惊醒仔猪。这样的操作不费很多工夫,容易被饲养员接受。

2. 补料注意事项　为了让仔猪加快建立吃料的条件反射,不要随意改变饲料配方和补料地点。仔猪料的要求如下。

(1) 仔猪料应具有营养平衡、易消化、适口性好、具有一定的抗菌抑菌作用以及仔猪采食后不易腹泻等特点。要尽量与母乳相符,体现高能量低蛋白质的特性。

(2) 乳猪料的原料组成中应包括一部分乳制品(如乳粉或乳清粉),效果较好。乳清粉中乳糖含量为70%以上,乳蛋白含量为10%～15%,具有非常好的适口性(甜味、且易消化)。其他原料可选用燕麦(去壳,压扁,最好经过膨化)、小麦、大麦、玉米等作为能量饲料。这些原料最好经过炒熟或膨化加工,效果更好。蛋白质饲料除乳粉外,还可选择优质鱼粉、经过加工的豆粕和经过炒熟或膨化的全脂大豆。

(3) 猪胃肠适宜的 pH 是发挥消化酶活性和控制有害微生物的重要保证。病原体如大肠杆菌、葡萄球菌等细菌适宜生长的 pH 是 6～8,pH 降到 4 以下失活。在仔猪料中添加有机酸,如柠檬酸、乳酸等,可降低仔猪胃肠道的 pH,减小病原体感染和患痢疾的概率,改善饲料适口性。

(4) 饲料必须清洁新鲜,不能喂霉烂变质或不卫生的饲料。食槽和补料间要经常清扫,保持干净。补料要少给勤添,次数要多,不要让仔猪饥饱不匀、吃顶食。注意仔猪粪便情况,如有腹泻要及时采取措施。

(5) 水的补充。哺乳仔猪生长迅速,代谢旺盛,母乳中和仔猪补料中蛋白质含量较高,需要较多的水使其水解,及时给仔猪补喂清洁的饮水,不仅可以满足仔猪生长发育对水的需要,还可以防止仔猪因喝脏水而导致下痢。在仔猪 3～5 日龄,给仔猪开食的同时,一定要注意补充饮水。教槽时先让仔猪学会饮水,会饮水是教槽的前提和保障,最好是在仔猪补料栏内安装仔猪专用的自动饮水器或设置适宜的水槽。

(二) 人工哺育

如果母猪产后死亡或无乳,又没有寄养的条件,可考虑人工哺育。为了保证仔猪摄入足量的初乳,可在母猪分娩的时候收集初乳,装在奶瓶里喂给弱小仔猪。初乳收集可在猪产出 1～2 头仔猪后进行,收集到广口容器里。收集过程中大部分乳头都应挤到。如果初乳当日没有用完,可放在冰箱里冷冻保存,待需要时加热至体温。小型冰块冷冻托盘很适合用来冷冻初乳。如果没有母猪初乳,也可以用初乳替代品或奶牛初乳进行饲喂,可以用注射器或胃管来完成。实践证明,奶牛初乳和人工初乳的效果非常好。此外,也可购买人工初乳商品。每头弱小仔猪每 2 h 需要 20～30 mL 人工初乳,直到其恢复活动能力为止,通常用奶瓶饲喂。如果仔猪尚未形成正常的吞咽反射,就要采用胃管进行饲喂,或腹腔内注射 20%葡萄糖溶液 10 mL。

(1) 人工初乳的配制:可预先配制,放在冰箱里冷冻保存,用之前取适量加热至体温。每次饲喂 3～5 min,在此期间让仔猪能吃多少就吃多少。作为参考,开始的时候每头仔猪每次喂 10～20 mL,以后逐渐增至 80～100 mL(每天 3～4 次)。重要的是,不要过量饲喂,否则容易发生腹泻。

(2) 具体饲喂方案:1～2 日龄每 4 h 饲喂 1 次,即每日饲喂 4～6 次;3～4 日龄每 6 h 饲喂 1 次,即每日饲喂 3～4 次;此后每 8 h 饲喂 1 次,即每日饲喂 3 次;到 10～14 日龄后可完全用固体饲料代替人工初乳。

(3) 防止腹泻:仔猪腹泻是影响仔猪成活和生长的主要因素,造成仔猪腹泻的原因有环境变化引起的应激和病毒性腹泻。仔猪腹泻多发生在出生至 7 日龄和 2～4 周期间。7 日龄前的腹泻,一般全窝发生,死亡率高,损失很大。发病后应立即治疗,但更重要的是采取预防措施。

防治仔猪腹泻可使用抗生素类药物,常用土霉素、金霉素、杆菌肽锌、泰乐菌素等,合成抑菌药物有磺胺类药物等。在仔猪管理方面,要减少应激,猪舍温度应保持稳定,不因外界天气变化而忽冷忽热,防止仔猪喝脏水和吃脏东西,母猪临产前将猪舍消毒,将母猪清洗干净。

豆粉中含有蛋白抑制因子和使仔猪肠道发生过敏反应的大豆抗原,在仔猪饲料中应使用熟豆粕或膨化豆粉。有的仔猪饲料可在满足赖氨酸需要的前提下适当降低蛋白质水平。

(4) 做好防疫注射:仔猪 30 日龄左右,用猪瘟、猪丹毒和猪肺疫三联活疫苗进行预防接种,增强仔猪免疫力,减少疾病发生,确保仔猪健康生长发育。注射疫苗在时间上要与断奶、去势适当分开,不能同时进行,以免加重刺激而影响仔猪的生长。

任务三 保育仔猪的饲养管理

任务知识

保育仔猪指仔猪断奶后到仔猪 60～70 日龄转入生长育肥之前的一个阶段,也称断奶仔猪、保育猪。这个阶段的饲养效果直接关系到以后的育肥效果。断奶仔猪的主要生理特点是消化系统由发育不完全向正常过渡,随着神经系统的逐步发育,其对环境的适应能力逐步加强。这一阶段的饲养管理要点是要解决好饲料过渡以及因环境变化带来的应激。饲养目标:体重达 20 kg 时死亡率低于 1%;保育期平均日增重 500 g;到 48 日龄时,平均体重为 18 kg。保育猪体重达 25～30 kg 时,转入生长或育肥猪舍。

一、断奶方法

断奶是仔猪生活中的一次大转折。断奶仔猪处于强烈生长发育时期,但消化功能和抗病能力较弱。仔猪断奶后由依靠母乳转为独立采食饲料,同时又失去母仔共同生活环境,因这一系列应激因素的刺激,仔猪断奶后 2 周内往往食欲不振、精神不安、增重缓慢,甚至体重下降形成僵猪,所以必须注意断奶方法和断奶后的饲养管理。

1. 一次断奶 当仔猪达到断奶日龄时,一次性将母猪与仔猪分开。由于突然改变生活环境和营养来源,常会引起仔猪消化不良、精神不安。同时,母猪突然停止哺乳,易发生乳头胀痛或乳腺炎。这一方法操作简单,使用此法断奶时,应于断奶前 3～5 天逐渐减少母猪饲喂量,让仔猪多上料,断奶后加强对母猪和仔猪的护理。一般规模化猪场多采用一次断奶。

2. 逐步断奶 为避免一次断奶的不利影响,常在预定断奶日龄前 3～5 天,逐步减少母猪的精料和青料喂量,并把母猪赶到离原圈较远的栏圈内,定时赶回让仔猪吮乳,哺乳次数逐天减少,至预定断奶日期停止哺乳。此法对母猪和仔猪均安全有利。

3. 分批断奶 按仔猪发育状况的好坏、采食量以及用途先后断奶。一般是将发育好、食欲强、作育肥用的仔猪先断奶,体格弱、食量小、留作种用的仔猪适当延长哺乳期。此法断奶时间拖得较长,对仔猪的管理也有困难,而且先断奶仔猪所吸吮的乳头成为空乳头,容易使母猪患乳腺炎。

二、营养和日粮

保育猪的营养要求根据日龄和体重而变化,体重 5～10 kg 的仔猪,日粮蛋白质含量为 20%、消化能 3500 kcal/kg、脂肪含量 6%～8%。这一阶段的日粮要注意适口性,可消化率至少要达到 92%,体重 10 kg 以上的仔猪日粮蛋白质含量为 18%、消化能 3300 kcal/kg。此阶段可利用消化率低、低成本的蛋白质和能量饲料。

在仔猪断奶后的头几周内,日粮中添加 1.5 g 甲酸钙,可使仔猪的生长速度提高 1.2% 以上,饲料转化率提高 40%,并能降低仔猪的发病率。

三、饲养与管理

(一)饲养

为减少断奶对仔猪的应激影响,仔猪断奶后保持哺乳期间所用饲料配方不变,并适量添加抗生素、维生素、有机酸和氨基酸等,以减轻应激影响。维持 7 天左右,逐步增加断奶仔猪料,减少哺乳期饲料,一般于断奶后 15 天过渡到全部饲喂断奶仔猪料。

从外场引进的断奶仔猪,最好购回原场的饲料。饲喂方法过渡:过渡期就是仔猪断奶后 3～5

天,最好限量饲喂,每天平均采食量160 g,5天后自由采食。饲养制度过渡:稳定的生活作息和适宜的饲料调制方法是提高仔猪食欲、增加采食量、促进仔猪增重的保证。仔猪断奶后15天内,应按哺乳期的饲喂方法和次数进行饲喂,夜间应坚持饲喂,但初期不宜过多,以后可适当减少饲喂次数,增加每次的饲喂量。

养好早期断奶仔猪的秘诀是供给仔猪高消化率、高吸收率的饲料,可使仔猪不腹泻、快速生长。饲料中不要添加抗生素,而需添加酶制剂、半发酵的粉状饲料。半流质状的饲料更接近母乳的状态,可以克服早期断奶仔猪尚未能区别采食和饮水的许多问题,可满足仔猪对营养和水分的需要。以半流质状饲料饲喂仔猪,其采食量多、增重快。

(二)管理

确定断奶时将母猪赶走,仔猪留在原圈,使它们在熟悉的环境中生活,固定原来喂养泌乳母猪的饲养员继续喂养断奶仔猪,饲喂习惯不变。

(1)保育舍的环境条件:由于断奶后的几天仔猪的采食量较少和体脂损失较大,保育舍的温度应该比产房温度稍高,25 ℃较为合适,待仔猪体重达8.0 kg时,温度可降到24 ℃,达8.0~12.0 kg时降至23 ℃,12.0 kg以上可以降至21 ℃。保育期日温差不应过大,断奶后第1周,日温差超过2 ℃,仔猪就可能出现腹泻、生长不良。保育舍每头猪占地面积0.3~0.4 m²,一般10头猪一个栏,每头猪的采食面积为8 cm²左右,每栏一个饮水器,饮水器高度在26 cm左右较为合适。保育舍空气要流通,但要避免贼风的进入。应保持仔猪舍清洁,地面干燥。潮湿的地面不但使动物被毛紧贴体表,而且破坏了被毛的隔热层,体温散失增加,使原本热量不足的仔猪更易体温下降和着凉。

(2)饮水:保育仔猪要供给充足、清洁的饮水,自动饮水器高度应恰当,保证不断水。若无自动饮水器,饲槽内放清洁的水,刚进栏的猪可适当在饮水中加入多种维生素。

(3)分群:断奶以后原窝仔猪不要拆散,要维持原窝仔猪不变。如果立即并窝会引起仔猪互相咬斗,影响仔猪生长。仔猪断奶后约1周可以重新组群。分群时严禁将个体大小差别较大的合群饲养,应将体重接近(相差不超过2 kg)、日龄、健康、强弱相差不大的仔猪分在一栏,密度适中,不宜过大或过小。分群原则:原圈培育,留弱不留强,拆多不拆少,夜并昼不并。合群仔猪会有打斗、争位次现象,需进行看管,防止咬伤、咬死。防止抢食,帮助仔猪建立群居秩序,分开排列均匀采食。

(4)调教管理:新断奶转群的仔猪需人为引导、调教,使仔猪养成定点采食、排粪尿、睡觉的习惯,这样既可保持栏内卫生,又便于清扫。

仔猪培育栏最好是长方形(便于训练分区),在中间走道一端设自动食槽,另一端安装自动饮水器,靠近食槽一侧为睡卧区,另一侧为排泄区。训练的方法是暂时不清扫排泄区的粪便,诱导仔猪排泄,其他区的粪便及时清除干净。当仔猪活动时,对不到指定地点排泄的仔猪用小棍轰赶。当仔猪睡卧时可定时轰赶到固定区排泄,经过1周的训练可形成定位。

(5)免疫:在断奶饲养阶段,必须完成各种传染病疫苗的注射,使仔猪对各种传染病产生免疫力,顺利生长,有一个健康的体质,也为以后的管理打下坚实的基础。

①自繁自养模式(或规范化猪场)都有规定的免疫程序,对未完成的免疫,按规定日期继续执行。

②从市场上购买的仔猪,在饲养第1周内进行猪瘟疫苗防疫,1周后再分别进行猪丹毒、猪肺疫、仔猪副伤寒活疫苗防疫,按疫苗说明书的剂量注射(口服)。为提高免疫力,也可对其他猪场购进仔猪再进行一次防疫。70日龄进行猪链球菌病活疫苗防疫1次。80日龄(每年4月、9月)进行口蹄疫苗防疫1次。

③经常观察,发现病猪及时隔离治疗。死亡猪解剖后进行深埋。

(6)驱虫:各疫苗防疫结束,待仔猪一切正常,对仔猪进行驱虫,驱除体内外寄生虫,可选用虫克星、阿维菌素、伊维菌素、左旋咪唑、敌百虫、肥猪散等。驱虫1次后过1周左右再重复驱虫1次,也可更换驱虫药。驱虫时必须及时清除粪便(或冲刷栏舍),防止排出体外的线虫和虫卵被仔猪吞食,影响驱虫效果。驱虫后再消毒1次则效果更好。

（三）早期断奶的好处

传统养猪时仔猪 60 日龄断奶,母猪年产仔不足 2 窝。为了提高母猪年生产力,实行仔猪早期断奶技术,即仔猪出生后 21～35 日龄断奶。

(1)缩短母猪产仔间隔,增加母猪年产仔数。传统养猪仔猪哺乳 60 天,母猪年产仔 1.8 窝,育成仔猪 16 头左右;仔猪哺乳 45～50 天,母猪年产仔 2 窝;仔猪哺乳 30～35 天,母猪年产仔 2.2 窝以上,育成仔猪 20 头左右。

(2)节省饲料,提高仔猪饲料利用率。仔猪断奶后可直接利用饲料,不受母乳限制,仔猪发育整齐。仔猪采食饲料时饲料利用率为 50%～60%,饲料通过母乳的转化利用率只有 20%,仔猪采食饲料比母猪吃饲料经二次转化成乳汁的利用率高 2 倍以上。早期断奶增加了母猪的年产窝数和育成仔猪数,因此可减少母猪饲养数量,并可淘汰低产母猪,从而节省饲料。早期断奶还可使母猪减少失重,减少妊娠母猪饲喂量。

(3)按照仔猪营养需要配制饲料,任其自由采食,不受母猪泌乳量的影响。

(4)提高劳动生产率,降低饲养成本。仔猪早期断奶,缩短母猪繁殖周期,可加快猪舍周转,提高猪舍利用率,减少饲养管理人员,提高劳动效率。进而降低仔猪培育成本,提高母猪经济效益。

(5)早期断奶技术将过去季节产仔变为常年产仔,使育肥猪全年均衡上市。

（四）早期断奶日龄

早期断奶是指 21～35 日龄断奶的仔猪。断奶越早,对仔猪打击越大,断奶后恢复时间越长。21 日龄断奶,仔猪恢复到断奶重需 10～14 天,28 日龄断奶需 9～10 天,35 日龄断奶需 5～8 天。

仔猪 21～35 日龄时,已过了母猪的泌乳高峰期,大约利用母猪泌乳量的 60%,从母乳中获得一定的营养物质,自身免疫能力亦逐步增强。早期补料仔猪已能采食饲料,仔猪对外界环境变化的适应能力增强,这时断奶,仔猪完全可以独立生活。

母猪产后子宫恢复大约需要 20 天,仔猪 21 日龄前断奶,母猪子宫还未完全恢复,即使断奶后母猪发情,受胎率也不高,胚胎死亡率增加,每窝产仔头数减少。因此从母猪体况分析,仔猪 21～35 日龄断奶最好。生产实践表明,我国南方地区仔猪 28 日龄、北方地区仔猪 35 日龄断奶为宜。

（五）断奶仔猪常出现的问题

断奶意味着仔猪不再通过母乳获取营养。仔猪需要一个适应过程(一般为 1 周),这就是通常所说的"断奶关"。这期间若饲养管理不当,仔猪会出现一系列的问题。

1. 体重负增长 仔猪由于断奶应激影响,断奶后的几天食欲较差,采食量不够,造成仔猪体重不仅不增加,反而下降。往往需 1 周时间,仔猪体重才会重新增加。断奶后第 1 周仔猪的生长发育状况会对其一生的生长性能产生重要影响。据报道,断奶期仔猪体重每减轻 0.5 kg,则达到上市体重标准所需天数会增加 2～3 天。

2. 腹泻 断奶仔猪通常会发生腹泻,表现为食欲减退,饮欲增加,排黄绿稀便。腹泻开始时尾部震颤,但直肠温度正常,耳部发绀,死后解剖可见全身脱水、小肠胀满。

3. 发生水肿病 仔猪水肿病多发生于断奶后的第 2 周,发病率一般为 5%～20%,死亡率可达 100%,表现为震颤、呼吸困难、运动失调,数小时或几天内死亡。尸检可见胃内容物充实,胃大弯和贲门部黏膜水肿,腹股沟淋巴结、肠系膜淋巴结肿大,眼睑和结肠系膜水肿,血管充血和脑腔积液。

4. 僵猪 僵猪又称"小老猪",指发育受阻、生长落后的猪,月龄不小但体重不大。外观表现为屈背拱腰,被毛粗乱,精神呆滞或神经质,无论怎样加强营养也达不到育肥的目的,给生产造成很大损失。

(1)僵猪产生的原因。

①妊娠母猪饲养管理不当,营养缺乏,使胎猪生长发育受阻,造成先天不足,形成"胎僵"。

②泌乳母猪饲养管理不当,母猪没奶或缺乳,影响仔猪在哺乳期的生长发育,造成"奶僵"。

③仔猪多次或反复患病,如营养性贫血、下痢、喘气病、体内外寄生虫病等,严重影响了仔猪的生

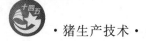
长发育,形成"病僵"。

④仔猪开食晚,补料差或质量较差,使仔猪生长发育缓慢,形成僵猪。

⑤一些近亲繁殖或乱交滥配所生仔猪,生活力弱,发育差,易形成遗传性僵猪。

(2)防止僵猪产生的措施。

①加强母猪妊娠期和哺乳期的饲养管理,提高维生素、矿物质等营养和能量的供给,使仔猪在胎儿阶段先天发育良好,出生后有充足的乳汁,使之在哺乳期生长迅速,发育良好。

②搞好仔猪的养育和护理,创造适宜的环境。早开食、适时补料,并保证仔猪料的质量,完善仔猪的饲料,满足仔猪生长发育的营养需要。

③搞好仔猪圈舍卫生和消毒工作,使圈舍干净清洁,空气新鲜。

④及时清除仔猪体内外寄生虫,有效防治仔猪下痢等疾病,对发病仔猪要早发现、早治疗。尽量避免重复感染,缩短病程。

⑤避免近亲繁殖,以保证和提高其后代的生活力和质量。

 知识链接

 课后练习

1. 结合仔猪生理特点,应怎样做好仔猪出生后第1周的养育与护理?

2. 说明僵猪发生的原因,怎样防止其发生?

3. 如何预防仔猪下痢?

4. 如何降低断奶仔猪的死亡率?

5. 结合生产实际,提出提高仔猪断奶重的技术措施。

6. 结合生产实际,提出搞好仔猪早期断奶的具体措施。

7. 某养猪场仔猪哺乳期成活率为85%,保育期成活率为90%,请问怎样提高该猪场仔猪的成活率?

项目六　生长育肥猪的饲养管理

学习目标

▲知识目标

1. 了解生长育肥猪生长发育的一般规律。
2. 熟悉影响生长育肥猪生长发育的因素。

▲技能目标

1. 掌握生长育肥猪的饲养管理技术。
2. 熟练掌握提高生长育肥猪育肥效果的方法。

　　饲养生长育肥猪的目的就是在尽可能短的时间内,使用尽可能少的饲料、人工等,获得数量多、肉质好的肉猪,提高肉猪的日增重、出栏率。生长育肥猪的饲养效果关系到整个养猪生产的效益,因此在生长育肥猪的生产中要力求提高增重速度,增加瘦肉产量,降低饲料消耗,促使生长育肥猪早日达到屠宰体重,提高出栏率,提高猪舍和设备利用率,加速资金周转,增加经济效益。

任务一　生长育肥猪的饲养

任务知识

　　生长育肥猪的饲养是通过对日粮的合理配制,选择正确的饲料、饲喂方法及适宜的饲养方式所进行的饲养和管理。本任务的根本目的在于解决生长育肥猪的饲养问题,为此,将任务分解为与之相关的四个子任务,即合理配制日粮、饲料的选择和调制、饲喂方法以及饲养方式。完成这些子任务主要是为了维持猪群良好的健康状况,达到较低的死淘率、良好的胴体品质、较佳的日增重和较低的增重成本。学习本任务应重点掌握生长育肥猪饲养中饲料的管理技术要点。

一、合理配制日粮

　　饲料费用占养猪成本的70%左右。饲料是生长育肥猪生长发育的物质基础,在其各种营养得到充分满足并保持相对平衡时,才能获得较好的日增重和产品质量。营养的不足或过量,对育肥都是不利的,因此控制营养水平,才能获得肥育生产的最佳效益。

(一)能量水平

　　能量供给水平与日增重和胴体品质有密切关系,一般来说,在日粮中蛋白质、必需氨基酸含量相同的情况下,生长育肥猪摄取能量越多,日增重越快,饲料利用率越高,背膘越厚,胴体脂肪含量也越高。实验表明,生长育肥猪在体重50 kg以下,蛋白质沉积、日增重和背膘厚度随日粮能量水平的增加而上升,每千克增重的饲料消耗则随着日粮能量水平的增加而下降。因此,在生长育肥猪体重18~50 kg这一阶段,最佳的饲喂手段是尽可能地提高日粮的能量水平,从而充分发挥肌肉的生长潜力,降低饲料的消耗。

83

针对我国具体的饲料条件,在不限量饲养条件下,兼顾生长育肥猪的增重速度、饲料利用率和胴体瘦肉率,日粮消化能在 2800～3000 kcal/kg 为宜。为获得较瘦的胴体,还可降低日粮能量水平,但日粮消化能应不低于 2600 kcal/kg。否则,虽可得到较瘦的胴体,但增重速度、日粮利用率下降太多,经济上不划算。

(二)蛋白质和必需氨基酸含量

蛋白质不仅是肌肉生长的营养要素,而且是酶、激素和抗体的主要成分,对维持机体生命活动和正常生长发育有重要作用。日粮的蛋白质含量对生长育肥猪的日增重、饲料转化率和胴体品质影响极大。蛋白质和必需氨基酸含量不足,会使生长育肥猪生长受阻,日增重降低,日粮消耗增加。一般地,日粮中粗蛋白含量每降 1%,胴体瘦肉率降 0.5%。实验表明,20～90 kg 阶段的生长育肥猪,日粮中粗蛋白含量为 11%～18% 时,日增重速度随蛋白质含量的提高而加快,日粮中粗蛋白含量超过 18% 时,对日增重无明显效果,但可以提高瘦肉率。日粮粗蛋白含量过高时,猪需要排泄多余的氨基酸,增加猪的代谢负担,或者有些蛋白质转化为能量,会增加单位耗料量。由于蛋白质饲料价格较贵,因此在生产上不采用提高蛋白质含量的方法来提高日粮中粗蛋白含量。为了提高饲料蛋白质的利用率,应根据生长育肥猪的肌肉生长潜力和肌肉的生长规律,在肌肉高速生长期适当提高蛋白质含量,特别是必需氨基酸含量,以促进肌肉生长发育。一般瘦肉型生长育肥猪日粮粗蛋白含量:前期(20～55 kg 阶段)为 16%～18%,后期(55～90 kg 阶段)14%～15% 为宜。其中,上下幅度视不同品种或不同杂交猪的肌肉生长能力而变化。

对生长育肥猪肌肉蛋白质的生长,只考虑日粮中粗蛋白含量还不够,还必须重视必需氨基酸,尤其是赖氨酸的供给水平。近年来的研究成果表明,对瘦肉型肉猪,为取得较高的增重速度和瘦肉率,赖氨酸含量宜占日粮风干物的 0.9%～1.0%。生长育肥猪对蛋白质需要的实质是对必需氨基酸的需要,必需氨基酸中赖氨酸达到或超过需要量时,可节省 1.5%～2% 的粗蛋白。

(三)矿物质和维生素含量

生长育肥猪日粮中应含有足量的矿物质和维生素。矿物质中某些微量元素不足或过量时,会导致生长育肥猪物质代谢紊乱,轻者使生长育肥猪增重速度缓慢,日粮消耗增多,重者能引发疾病或死亡。生长育肥猪必需的常量元素和微量元素有十几种,除需考虑供给微量元素外,在配制日粮时还要考虑钙、磷等元素及食盐的供给。饲养生长育肥猪时,特别是小猪阶段,应适当添加微量元素添加剂,以提高生长育肥猪的日增重和饲料转换率。

生长育肥猪对维生素的需要量随其体重的增加而增多。在现代饲养生长育肥猪中,日粮必须添加一定量的多种维生素。生长育肥猪对维生素的吸收和利用率还难以准确测定,目前饲养标准中的规定需要量实质上是供给量,而在配制日粮时一般不计算原料中各种维生素的含量,靠添加维生素添加剂满足需要,或每天给生长育肥猪饲喂 1～2.5 kg 青料,基本上可以满足其对维生素的需要。

(四)粗纤维含量

生长育肥猪对粗纤维的利用能力较低,但日粮中粗纤维含量直接影响日粮消化能水平和有机物消化率。粗纤维含量是影响日粮适口性和消化率的主要因素,日粮粗纤维含量过低,生长育肥猪会出现腹泻或便秘;日粮粗纤维含量过高,则适口性差,并严重降低日粮养分的消化率,同时由于采食的能量减少,降低生长育肥猪的增重速度,也降低了猪的背膘厚度,所以粗纤维含量也可用于调节肥瘦度。为保证日粮有较好的适口性和较高的消化率,生长育肥猪日粮的粗纤维含量应控制在 6%～8%。若将育肥分为 3 个时期,则 10～30 kg 体重阶段,粗纤维含量不宜超过 3.5%,30～60 kg 阶段不超过 4%,60～90 kg 阶段应控制在 7% 以内。在决定粗纤维含量时,还要考虑粗纤维来源,稻壳粉、玉米秸秆粉、稻草粉、稻壳酒糟等高纤维粗料,不宜喂生长育肥猪。

二、饲料的选择和调制

猪肉品质与日粮能量、蛋白质和脂肪含量密切相关,日粮要多样合理,保证营养全面。喂猪的青料、粗饲料、精饲料,只有合理搭配才能保证猪对各种营养的需要。通过调控日粮营养的手段,可在一定程度上对猪肉品质进行调控,但在实际的饲养操作过程中,尚需要进一步研究日粮营养素的科学选择以及各营养素间更合理的配合。

(一)饲料的选择

饲料的消化性、适口性、营养价值等对育肥效果有一定的影响。在配合饲料时要选择多种饲料搭配,满足生长育肥猪的需要。虽然动物蛋白如脱脂奶粉、优质鱼粉,价格较高,但生长育肥效果好;应适当选用动物脂肪,可以提高日增重,但在国内饲料中采用较少,今后应适当选用。据美国堪萨斯州立大学报道,谷物饲料中添加脂肪,可以显著提高日增重和改善饲料效率。

软脂肪由于含不饱和脂肪酸多,不耐储存,保鲜期短,有时宰后即发生氧化。软脂肪自身氧化时,形成残基化合物,有苦味和腐败味,烹调后也有异味。背膘中的不饱和脂肪酸含量高于12%时,自身氧化过程即会发生,如在胴体中存在足量的维生素E(生长育肥猪1 kg日粮加50 mg维生素E),可防止不饱和脂肪酸氧化。生长育肥猪脂肪的品质除与饲料种类有关,也与饲料中生物素等的含量有关,同时也受猪的品种、年龄及营养水平的影响。日粮能量水平比较低时,胴体脂肪不饱和程度降低,生物素也可降低胴体中不饱和脂肪酸的含量,生长育肥猪出栏前4周,1 kg日粮中加200 mg生物素,可预防软脂肪形成,同时生物素还能提高猪的生产性能(促生长和改进饲料利用率)。高酮日粮可提高脂肪酸脱饱和酶的活性,从而造成猪体内不饱和脂肪酸含量增加,使生长育肥猪形成软脂肪。猪体脂肪随日龄和体重增加,饱和程度提高;瘦肉率高的猪种,其胴体脂肪硬度低。不同饲料对胴体脂肪品质的影响见表6-1。

表6-1 不同饲料对胴体脂肪品质的影响

脂 肪 品 质	饲 料 种 类
沉积白色硬脂肪的饲料	薯类、麦类、淀粉、淀粉液、脱脂乳、棉籽饼、甜菜、以米饭为主的剩饭等
沉积微黄色软脂肪的饲料	酱油渣、米糠、豆饼、花生饼、菜籽饼、豆腐渣、玉米、大豆等
沉积中性脂肪的饲料	脱脂米糠(大豆、豆饼、玉米)等
沉积黄褐色软脂肪的饲料	鱼屑类、鱼油、动物油渣、花生等

(二)饲料的调制

饲料的形态和饲喂效果直接影响育肥效果。过去在农村饲养生长育肥猪有用稀料(料水比为1∶10左右)的习惯,但这种"稀汤灌大肚"的做法,使饲料消化率下降,增重缓慢,单位增重的饲料消耗增加。

1. 饲料粉碎 玉米、高粱、大麦、小麦、稻谷等谷实饲料,喂前粉碎或压片是十分必要的。这种做法可减少咀嚼消耗的能量,增加饲料与消化液的接触面积,有利于消化吸收。粉碎细度可分细(微粒直径在1 mm以下)、中(微粒直径在1~1.8 mm)和粗(微粒直径在1.8~2.6 mm)3种。研究与实践证明,玉米等谷实饲料粉碎的细度以中等细度为好,生长育肥猪吃起来爽口,采食量大,增重快,饲料利用率高。据实验,用直径0.3~0.5 mm配合饲料比用中等细度配合饲料饲喂的生长育肥猪,延迟15天达到相同的出栏体重。饲料配合相同,用微粒直径1.2 mm配合饲料饲喂的生长育肥猪的日增重为700~720 g,而用微粒直径1.6 mm配合饲料饲喂的生长育肥猪的日增重为758~780 g。对谷实饲料粉碎细度的要求也不是绝对的,当饲料中青料所占比例较大时,并不影响适口性,也不致造成溃疡病,用大麦、小麦喂猪时,用压片机压成片状饲喂比粉碎的效果好。干粗饲料一般都应予以粉碎,以细为好,虽然不能明显提高消化率,但缩小了体积,改善了适口性,对日粮的消化有利。

2. 生喂与熟喂 玉米、高粱、大麦、小麦、稻谷等谷实饲料及其加工副产品糠麸类,可加工后直接生喂,煮熟并不能提高其利用率。相反,饲料经加热,蛋白质变性,生物学效价降低,不仅破坏其中的维生素,还浪费能源和人工,因此,谷实饲料及其加工副产物应生喂。青绿多汁饲料只需打浆或切碎饲喂,煮熟会破坏维生素,处理不当还会造成亚硝酸盐中毒。

85

3. 饲料的掺水量　配制好的干粉料可直接用于饲喂,只要保证充足饮水就可以获得较好的饲喂效果,而且省工省时,便于应用自动饲槽进行饲喂,但干料会降低猪的采食速度,使猪呼吸道疾病增多。将料和水按一定比例混合后饲喂,既可提高饲料的适口性,又可避免产生饲料粉尘,但加水量不宜过多,一般调制成湿拌料,即在加水后手握成团、松手散开即可。如将料水比例加大到1∶1.5~1∶2.0时,即成浓粥料,虽不影响饲喂效果,但需用槽子喂,费工费时,夏季在喂湿拌料时,要特别注意饲料腐败变质问题。饲料中加水量过多,会使饲料过稀,一则影响猪的干物质采食量;二则冲淡胃液,不利于消化;三是多余的水分需排出,造成生理负担。因此,饲料中加水量过多会降低日增重和饲料利用率,应改变农家养猪喂稀料的习惯。

4. 饲喂颗粒料的效果　在现代养猪生产中,常采用颗粒料喂猪,即将干粉料制成颗粒状(直径7~16 mm)饲喂。多数实验表明,用颗粒料喂生长育肥猪优于干粉料,可提高日增重和饲料利用率,但加工颗粒料的成本高于粉状料。

三、饲喂方法

猪的饲喂方法有分次饲喂和昼夜自由采食两大类。按投料量不同,饲喂方法又可分为限量饲喂与自由采食(敞开饲喂)两种形式。

自由采食(需要有自动饲槽、自动饮水器)对生长速度有利,但对胴体瘦肉率不利。为克服这一缺点,国外有人主张饲喂6天、停食1天,可使饲料效率和胴体品质有所改善。

限量饲喂使日增重降低,料重比上升,但胴体瘦肉率增加,全程限量对肌肉增长不利,使育肥效率下降。阶段限量是根据猪的生长发育规律,控制营养水平。在肌肉高速生长期(55~60 kg以前)给予营养平衡的高能、高蛋白饲料,充分饲喂(若前期饲喂不足或者限量饲喂,则会降低日增重和瘦肉产量,对育肥效果不利);在育肥后期,肌肉生长高峰已过,生长速度下降,进入脂肪迅速增长期,此时限量饲喂是根据饲料营养水平和猪的肌肉生长能力,供给相当于自由采食量80%~90%的饲料量,以改善饲料效率,降低胴体脂肪量,提高胴体瘦肉率。

(一)限量饲喂与不限量饲喂

限量饲喂就是每天供给猪一定量的饲料。不限量饲喂,一种方法是将饲料装入自动饲槽任猪自由采食;另一种方法是每天按顿饲喂,但不限量。

不限量饲喂的生长育肥猪采食多,增重快,但饲料利用率稍差,胴体较肥。限量饲喂对生长育肥猪增重不利,但饲料利用率高,胴体较瘦。

根据我国当前的饲料条件,在生长育肥猪饲养中,为兼顾增重速度、饲料利用率和胴体瘦肉率3项指标,体重达60 kg以前应采取自由采食或不限量按顿饲喂的方法;体重达60 kg以后,适当限食,采取每顿适当控制饲料的方法,或采取适当降低饲料能量的方法,即适当加大青料等的比例,仍不限量按顿饲喂。

(二)日喂次数

生长育肥猪每天的饲喂次数,应根据生长育肥猪的年龄和饲料组成灵活掌握。小猪阶段胃肠容积小,消化能力差,而对饲料需要量相对较多,每天至少喂3次。到中猪阶段,胃肠容积大了些,消化能力增强,可适当减少饲喂次数。若饲料是精料型的,则每天不限饲喂2~3次,增重速度和饲料利用率基本无差异。如果饲料中青粗饲料较多,则每天可喂3~4次,这样能增加日采食总量,有利于增重。但更多地增加饲喂次数,不仅浪费人工,还会影响肉猪的休息和消化。

四、饲养方式

生长育肥猪的饲养方式对猪的增重速度、饲料利用率及胴体瘦肉率和养猪效益有着重要的影响。适合农家副业养猪的"吊架子育肥"方式,已不能适应商品生长育肥猪的生产要求,而应采用"直线饲养法"。兼顾增重速度、饲料利用率和胴体瘦肉率,商品生长育肥猪生产中宜采用"前高后低"的方式。

（一）"吊架子育肥"方式

"吊架子育肥"方式又称"阶段育肥"方式，是我国劳动人民在长期的养猪实践中，根据地方猪种的生长发育规律，结合青料充足而精料短缺的饲养条件，以及消费习惯等特点摸索出的一种饲养方式。其要点是将整个育肥期分为3个阶段，采取"两头精、中间粗"的饲养方式，把有限的精料集中在小猪和催肥阶段使用。小猪阶段喂给较多精料，中猪阶段喂给较多的青料，饲养期长达4～6个月。大猪阶段，通常在出栏屠宰前2～3个月集中使用精料，特别是糖类饲料，进行短期催肥。这种饲养方式是与农户自给自足的经济相适应的，也是由当时市场需求状况决定的。

（二）直线饲养法

直线饲养法，就是根据生长育肥猪的生长发育需要，给予相应的营养，全期实行全价平衡饲料自由采食的一种育肥方式。具体做法：根据生长育肥猪饲养标准，喂给全价平衡饲料，不限量饲喂，一直养到出栏。这种方法能缩短育肥期，减少维持消耗，节省饲料，提高出栏率和商品率。

（三）"前高后低"饲养法

瘦肉型猪体重为20～60 kg阶段，每天蛋白质增长量从48 g直线上升到119 g；体重达60 kg以后，每天蛋白质增长量基本上稳定在125 g。而脂肪的生长规律相反，体重60 kg前绝对增长量很少，体重20～60 kg期间，每天增长29～120 g，体重60 kg以后则直线上升，每天增长量由120 g猛增到378 g。实验证明，为提高商品肉猪胴体瘦肉率，在保持日粮中一定蛋白质和必需氨基酸含量的前提下，控制生长育肥猪饲养期的能量水平，以前高后低的方式最好。

具体做法：在体重60 kg前，采用高能量、高蛋白饲料，饲料消化能为52.50～54.25 Mkal/kg，粗蛋白含量为16%～17%，自由采食或按顿饲喂不限量，日喂3～4次；在生长育肥猪体重达到60 kg以后，限制采食量，让猪吃到自由采食量的75%～80%。这样做既不会影响生长育肥猪的增重，又能减少体脂肪的沉积量。研究结果表明，生长育肥猪每少食10%饲料，瘦肉率可提高1%～1.5%。限饲方法：一是定量饲喂，通过延长饲喂间隔时间来达到目的；二是在饲料中搭配一些优质草粉等能量较低、体积较大的粗饲料，使每千克饲料中营养浓度下降，同样可达到以限食来提高胴体瘦肉率的目的。这种方法比定量饲喂限食简便易行，更适合专业户养猪，但后期搭配掺入饲料中的青料必须是优质的，搭配量也要适可而止，以干饲料含消化能不低于45.50 Mkal/kg为宜，否则会严重影响增重，降低经济效益。在当今人们喜爱食用瘦肉的情况下，这种育肥方法正逐步得到推广普及。

任务二　生长育肥猪的管理

任务知识

生长育肥猪的管理是通过对其合理分群、注重调教、加强观察与监测、保证充足清洁的饮水、创造适宜的环境条件和做好驱虫与防疫，使其尽早达到屠宰要求的育肥管理过程。生长育肥猪的管理是猪生产中的一个关键环节，生长育肥猪的管理技术是否科学会直接影响到猪生产的经济效益。

分群技术是要根据猪的品种、性别、体重和吃食情况进行合理分群，以保证猪的生长发育均匀。供给充足清洁的饮水，因水是调节体温、饲料营养的消化吸收和剩余物排泄过程不可缺少的物质，水质不良会带入许多病原体，因此既要保证饮水充足，又要保证水质，从而既有利于减少猪病，又有利于提高猪的日增重和饲料利用率。本任务主要是使学生能正确掌握生长育肥猪的管理方法。

一、合理分群

猪是群居动物，来源不同的猪并群时，由于群内重新排序，往往出现剧烈的咬斗、相互攻击、强行争食、分群躺卧、各据一方等，这一行为严重影响了猪群生产性能的发挥，个体间增重差异明显。而原窝猪在哺乳期就已经形成的群居秩序,在生长育肥期仍保持不变,这对生长育肥猪生产极为有利。但在同窝猪整齐度稍差的情况下,难免出现些弱猪或体重轻的猪,可把来源、体重、体质、性格和吃食等方面相似的猪合群饲养,同一群猪个体间体重差异不能过大,在小猪(前期)阶段群体内体重差异不宜超过 2 kg,分群后要保持群体的相对稳定。在生长肥育期间不要变更猪群,否则每重新组群一次,由于咬斗影响体重,将使生长育肥期延长。为尽量减轻合群时的咬斗对增重的影响,一般把体质较弱的猪留在原圈,把体质强的调进弱的圈舍内。由于到新环境,猪有一定的恐惧心理,可减轻强猪的攻击性。另外,也可以把少数的留原圈,把数量多的外群猪调入少数的群中。合群应在猪未吃食的晚上合并,总体上是采取"留弱不留强""移多不移少""夜并昼不并"的原则,降低咬斗的强度。猪合群后要有专人看管,干涉咬斗行为,控制并制止强猪对弱猪的攻击。群饲分次饲喂时,由于强弱位次不同的影响,可使个体间增重的差异达 13%;自由采食时,则差异缩小,但个体间采食量和增重仍有差异。因此在管理上要照顾弱猪,使猪群发育均匀。

二、注重调教

要做好调教工作,首先要了解猪的生活习性和规律。猪喜欢睡、卧,在适宜的圈养密度下,约有 60% 的时间躺卧或睡觉。猪一般喜躺卧于高处、平地、圈角黑暗处、木板上、垫草上;热天喜睡于阴凉处,冬天喜睡于温暖处;猪排便有一定的地点,一般在洞口、门口、低处、湿处及圈角处,并在喂食前后和睡觉刚起来时排便。此外,在进入新的环境或受惊恐时也排便。只要掌握这些习性,才能做好调教工作。

1. 限制饲喂,要防止强夺弱食 在饲喂时要注意使所有猪都能均匀采食,除了要有足够长度的食槽外,对喜争食的猪要勤赶,使不敢采食的猪能采食,帮助建立群居秩序,分开排列,同时采食。

2. 固定生活地点,使采食、睡觉、排便三定位,保持猪圈干燥清洁 通常将守候、勤赶、积粪、垫草等方法单独或交错使用进行调教。例如,在调入新圈时,把圈栏打扫干净,将猪床铺上少量垫草,饲槽放入饲料,并在指定排便处堆放少量粪便,然后将猪赶入新圈,督促其在固定地点排便。一旦有猪未在指定地点排便,应将地面的粪便清扫干净,铲放到粪堆上,并坚持守候、看管和勤赶。这样,很快就会使猪养成三定位的习惯。有的猪在经积粪引诱排便无效时,可利用猪喜欢在潮湿处排便的习性,可洒水于排便处,进行调教。

做好调教工作,关键在于抓得早(当猪群进入新圈时应立即抓紧调教)、抓得勤(守候、勤赶、勤调教)。待猪进圈后马上赶到指定地点排便,连续几次使之形成习惯。另外,为保持猪舍干燥清洁,可在夜间赶猪 1~2 次,使其到指定地点排便。

三、加强观察与监测

在整个养猪生产过程中,做好猪群健康的监测工作,及时发现亚临床症状,早期控制疫情,把疾病消灭在萌芽状态非常重要。同时,通过对猪群健康的监测,还可发现营养、饲养、管理上存在的问题,使其及时得到解决。通过对猪群健康的监测,也可发现温度、湿度、圈养密度等环境条件是否适宜,以便及时采取措施。

加强观察与监测要求饲养员对所养猪随时进行观察,发现异常,及时汇报。猪场技术人员和兽医每天至少巡视猪群 2 遍,并经常与饲养员联系,互通信息,以掌握猪群动态。

观察猪群要做到平时看神态、吃食看食欲、清扫看粪便。一般健康猪的表现:反应灵敏,鼻端湿润发凉,皮毛光滑,眼睛有神;走路摇头摆尾,喂料争先恐后,食欲旺盛;睡时四肢摊开,呼吸均匀;尿清无色,粪便成条;体温 38~39.2 ℃,呼吸每分钟 10~20 次,心跳每分钟 60~80 次。如果喂料时大部分猪都争先上槽,只有个别猪不动或吃几口就离开,可能这头猪已患病,须进一步检查。如果喂料时,全栏猪都不来吃或只吃几口,可能是饲料方面的问题或猪中毒。观察猪的粪便:在天亮这段时间,猪一般要拉一次屎尿,粪便新鲜易干,再者晚上的粪便因猪活动少未被踩烂,容易观察。如果粪便稀,腥臭,混有鼻涕状的黏液,猪可能消化不良或患慢性胃肠炎。同栏猪个别生长缓慢、毛长枯乱、消瘦,很可能患有消化性疾病,如寄生虫病、消化道实质器官疾病和热性疾病。

观察中发现的不正常情况,应及时分析,查明原因,尽早采取措施加以解决。发现不正常的猪进行隔离观察,尽早确诊。如属一般疾病,应对症治疗或淘汰;如属烈性传染病,则应立即捕杀,妥善处理尸体,并采取紧急消毒、紧急免疫接种等措施,防止其蔓延扩散。

四、保证充足清洁的饮水

水是猪体的重要组成部分,对调节体温,养分的消化、吸收和运输,以及体内废物的排泄等各种新陈代谢过程,都起着重要的作用。水也是猪的重要营养物质之一。因此,必须供给充足清洁的饮水。

生长育肥猪的饮水量随体重、环境温度、日粮性质和采食量等而变化。冬季生长育肥猪饮水量一般为采食风干饲料量的 2~3 倍或体重的 10% 左右,春、秋季其正常饮水量约为采食风干饲料量的 4 倍或体重的 16% 左右,夏季约为采食风干饲料量的 5 倍或体重的 23%。饮水不足或限制给水,在采食大量饲料的情况下,会引起猪食欲减退,采食量减少,发生便秘,日增重下降和增加饲料消耗,增加背膘,严重缺水时会引发疾病。

不应用过稀的饲料来代替饮水,一方面饲喂过稀的饲料,会减弱生长育肥猪的咀嚼功能,冲淡口腔的消化液,影响口腔的消化作用;另一方面饲喂过稀的饲料会减少饲料采食量,影响日增重。

五、创造适宜的环境条件

猪舍要干燥、清洁,定期消毒,定时清扫粪便,即使是在漏缝地板或网上育肥,也要清理不能漏下去的粪便。普通地面要坚固结实,便于清扫冲洗;地面有一定坡度,排水良好,不积水、尿等污物;猪舍通风良好,空气新鲜,温度适宜,这样可促进生长,提高饲料利用率和氮沉积率。

(一)适宜的温度、湿度、气流速度

在自由采食条件下,生长育肥猪最佳的临界温度是 18~20 ℃,低于这个范围,饲料利用率就会降低。在自由采食条件下,饲料利用率的降低一般可以通过增加采食量得以补偿。因此在 18~20 ℃范围内,猪的生长速度不会降低。如温度高于 20 ℃,猪自由采食量减少,增重速度降低。温度在 20~32 ℃时,每升高 1 ℃,日采食量下降 12 g。

在限制饲养条件下,环境温度低于 20 ℃时,每下降 1 ℃,猪日增重降低 24 g。如要维持日增重不变,温度每下降 1 ℃,每天需多喂饲料 37~44 g。在 37 ℃时,猪不但不长,还失重 350 g。由此可见,防寒防暑十分重要。在适宜的温度下,猪表现得舒适自如、食欲旺盛、增重速度快、饲料利用率高。猪舍内湿度在 65%~75% 较为合适。在 21 ℃及以下温度时,气流速度不高于 0.25 m/s。

(二)控制有害气体和尘埃

猪舍内有害及恶臭的物质达 10 多种,如氨、甲硫醇、硫化氢、三甲胺、乙醛、苯乙烯、正丁酸、正戊酸、偏戊酸、一氧化碳等,其中以氨、硫化氢、一氧化碳等有害气体的不良影响最为严重。据测定,粪尿含水 80% 时,由于微生物的分解作用,可以产生大量复合臭气。粪尿产生的氨是猪舍的主要恶臭物质,对人和猪都有危害,调整日粮、补充必需氨基酸、降低蛋白质含量可降低粪中含氮量;在饲料中添加去臭添加剂,如丝兰属植物的提取物,可降低猪舍中游离氨浓度。另外,在猪舍内采用粪尿分离后加以处理,可以最大限度地减轻氨的产生。用粉状料喂猪时,适度用水拌料可降低猪舍内尘埃。

(三)合理的光照

阳光及其他可见光可影响猪的活动,促进激素分泌和蛋白质沉积,在黑暗环境下的生长育肥猪较肥。一般认为,一定的光照对瘦肉型生长育肥猪是有利的。对生长育肥猪光照的时间和强度,苏联曾经规定,在自然光照时,生长育肥期光照系数应为 0.5,人工照明强度前期应为 30~60 lx,后期为 30~50 lx。全封闭无窗猪舍人工光照时间,2~4 月龄猪 5 h(每天 3 次,一次 100 min),4 月龄至出栏,光照时间为 3 h(每天 2 次,一次 90 min)。

(四)控制圈养密度和猪群大小

圈养密度影响舍温、湿度、通风、有毒有害物质在空气中的含量,也影响猪的采食、饮水、排便、活

89

动和休息。同一圈舍猪群的大小直接影响猪的咬斗行为和猪之间的互相干扰。猪群太大,如超过 40 头时,不易建立固定的位次关系。因此,群体太大或密度高时,对生长育肥猪的健康和生产性能都是不利的,增重速度和饲料利用率随群体增大或密度升高而下降。猪群大小对日增重和消耗饲料量的影响见表 6-2。

表 6-2   猪群大小对日增重和消耗饲料量的影响

每群头数/头	平均日增重/g	消耗饲料量/kg
10	616	3.365
20	605	3.502
40	588	3.674

六、做好驱虫与防疫

(一)驱虫

生长育肥猪的寄生虫主要有蛔虫、姜片吸虫和虱子等内外寄生虫,仔猪一般在哺乳期易感染体内寄生虫,以蛔虫感染最为普遍,对幼猪危害大,患猪生长缓慢、消瘦、贫血,被毛蓬乱无光泽,甚至形成僵猪。通常在 90 日龄时进行第一次驱虫,必要时在 135 日龄左右时再进行第二次驱虫。驱除蛔虫常用驱虫净(盐酸四咪唑),每千克体重为 20 mg;阿苯达唑,每千克体重为 100 mg,拌入饲料中一次喂服,驱虫效果较好。驱除疥虫和虱子常用敌百虫,每千克体重 0.1 g,溶于温水中,再拌和少量精料空腹时喂服。服用驱虫药后,应注意观察,若出现副作用时要及时解救,驱虫后排出的虫体和粪便要及时清除,以防再度感染。每年抽样检查产仔及育成的幼猪是否有虫卵,如有发现,则按程序进行驱虫。现代化养猪生产中对内外寄生虫防治主要依靠监测手段,做到预防为主。

(二)防疫

防疫注射是预防猪传染病发生的关键措施,给猪注射疫苗,能使猪产生特异性抗体,在一定时间内猪就可以不被传染病侵袭,保证较高的免疫强度和免疫水平。必须制订科学的免疫程序和预防接种,做到头头接种。新引进的猪种在隔离舍期间,无论以前做了何种免疫注射,都应根据本猪场免疫程序接种各种传染病疫苗。同时对猪舍应经常清洁消毒,杀虫灭鼠,为猪的生长发育创造清洁的环境。在现代化养猪生产工艺流程中,仔猪在育成期(70 日龄)前对各种传染病疫苗均进行了接种,转入生长育肥猪群后到出栏前无须再进行接种,但应根据地方传染病流行情况,及时采血监测各种疫病的效价,防止发生意外传染病。防疫的目的是使生长育肥猪尽早达到屠宰要求。

→ 课后练习

1. 生长育肥猪饲料的特点是什么?
2. 生长育肥猪的育肥方式有哪几种?比较其优缺点。
3. 生长育肥猪各阶段饲养管理应注意的问题有哪些?
4. 生长育肥猪的饲养期为什么越短越好?
5. 某猪群 60 头猪从 4 月龄时平均体重 35 kg 开始,到 7 月龄时平均体重为 90.8 kg,该猪群育肥期间共消耗饲料 11610 kg。问:该猪群生长育肥期平均日增重和饲料利用率各为多少?

项目七　猪群保健防疫

扫码学课件

学习目标

▲知识目标

1. 掌握猪场生物安全体系实施的基本内容。
2. 掌握猪场消毒的制度。
3. 掌握猪场猪群的基础免疫程序。
4. 掌握猪场寄生虫病的控制与净化方案。

▲技能目标

1. 会识别各种消毒药物,并根据不同消毒对象合理使用。
2. 会免疫接种的各种方法;会制订猪场猪传染病的免疫程序。
3. 会识别寄生虫病治疗的药物,并根据不同的症状合理使用药物。

任务一　猪场生物安全体系

任务知识

一、猪场生物安全体系的建立

生物安全体系是指采取必要的措施,最大限度地减少各种物理性、化学性和生物性致病因子对动物造成危害的一种动物生产体系。其总体目标是防止有害生物以任何方式侵袭动物,保持动物处于最佳的生产状态,以获得最大的经济效益。

生物安全体系是目前最经济、最有效的传染病控制方法,同时也是所有传染病预防的前提。它将疾病的综合性防治作为一项系统工程,在空间上重视整个生产系统中各部分的联系,在时间上将最佳的饲养管理条件和传染病综合防治措施贯彻于动物养殖生产的全过程,强调了不同生产环节之间的联系及其对动物健康的影响。该体系集饲养管理和疾病预防为一体,通过阻止各种致病因子的入侵,防止动物群受到疾病的危害,不仅对疾病的综合性防治具有重要意义,而且对提高动物的生长性能,保证其处于最佳生长状态也是必不可少的。因此,它是动物传染病综合防治措施在集约化养殖条件下的发展和完善。

猪场生物安全体系的内容主要包括规模化猪场的建设、"全进全出"管理模式、卫生及消毒管理、人员管理、车辆管理、引种管理、免疫体系的建立、疫病监测及疫病净化。

二、猪场生物安全体系的实施

(一)规模化猪场的建设

猪场场址选择、合理布局是猪群生物安全体系的基础条件。

1. 场址选择　场址是考虑生物安全时非常重要的一个因素。在养猪密集的地区,高度接触性

Note

的传染病容易发生传染。在这样的地区,难以防止某些疾病传入猪场。口蹄疫、喘气病以及蓝耳病等疾病可随风传播,对于相邻近的猪场来说,构端螺旋体病、传染性胃肠炎和猪痢疾等疾病很可能成为地方性流行病。如果一个猪场感染了如猪痢疾这样的疾病,那么,邻近的其他猪场迟早也会受到同样的感染。因此,这些猪场不得不接受"共享"一些传染病的事实。

在理想情况下,猪场应坐落于隔离的区域内,远离其他猪场,与其他猪场核心场的最小距离为5 km,扩繁场的最小距离为2 km;应尽可能远离其他牲畜,如牛、山羊、绵羊,最小距离为1 km;要远离市场和屠宰场。

2. 建筑布局　一个功能齐全的养猪场的建筑分为四个独立区域,即生活区、生产管理区、生产区和隔离与污物处理区。生活区应距猪场500 m以上,生产管理区位于猪场的一端,形成独立的建筑群,与生产区之间由消毒室相连。隔离与污物处理区,在猪场下风方向50 m处。生产区按三点布局,妊娠母猪以及产仔舍放置一点,断奶以后保育期的猪单独放置一点,生长育肥猪放置一点。各点距离尽可能在500 m以上,彼此间用绿化带、水渠或围墙隔开,三点间由道路或门控制,不能随意往来。

（二）"全进全出"管理模式

在规模化养猪场,采取"全进全出"、隔离消毒的饲养管理模式,有助于控制疾病而改善生产。在传统的连续进出的养猪方式中,由于圈栏一直处于占用状态,只能带猪消毒。这一方面限制了强消毒剂的使用;另一方面,由于不能彻底搞好清洁,去除粪便和污物,消毒时粪便和污物对微生物有保护作用,而使其对消毒剂有拮抗作用,从而使消毒效果很不理想,这样就给疾病连续滞留创造了条件。以致在一些猪场中,病原体的种类和数量不断地积累,猪的患病率和死亡率较高,几乎达到无法控制的局面。有的猪场虽然用大剂量的药物控制了发病率和死亡率,但猪群长期处于亚临床症状状态,生产水平较低。

"全进全出"管理模式则保证了对圈栏的彻底清扫和消毒,不仅有效防止了病原体的积累和条件性微生物向致病性微生物的转化,而且阻止了疾病在猪场中的垂直传播(主要是大猪向小猪的传播)。全进全出并不强调场地的大规模全进全出,而强调的是一栏或一舍的全进全出。

（三）卫生及消毒管理

良好的环境卫生和消毒措施能够有效控制病原体的传入和传播,从而显著降低猪生长环境中的病原体数量,为猪群健康提供良好的环境保证。

1. 卫生管理　对猪舍中粪便、尿液、饲料残渣等应及时清理,猪舍每天打扫2次。舍内整体的环境卫生,包括屋顶灰尘、门窗、走廊等平时不易清扫的地方,结合猪场全进全出,每次彻底打扫。猪舍要保持温暖、干燥,适时通风换气,排出有害气体,保持猪舍内空气新鲜。场区必须搞好绿化,保持清洁卫生,每天打扫一次。

猪场要有专门的堆粪场,猪场粪便需及时进行无害化处理并加以合理利用。猪场应把灭蝇、灭蚊和灭鼠列入日常工作。猪场内不得饲养其他畜禽及动物。

2. 消毒实施　猪场应建立门口消毒池,猪舍内外、猪场道路要定期消毒。根据不同的要求选择不同的消毒剂,严格按照消毒剂的使用说明来配制消毒液,并现配现用。根据消毒液的浓度、环境温度以及污染程度调整消毒时间。

按照不同日龄分群,做好不同猪群间的隔离,生产人员工作顺序应从仔猪到母猪或老年猪。在产仔舍的入口处建立一个洗澡消毒池,在母猪移入产仔舍之前,用消毒液对母猪进行清洗;定期利用空舍期,通过清扫和消毒等措施打断病原体自身的循环模式,控制病原体在群体内的传播。

围栏、转猪车及猪群之间使用的设备要进行清洗和消毒,风扇、天花板、给料器、饮水器也要进行清洗和消毒,角落更不能忽视。所有的装备,特别是常与猪群接触的器具,如注射器、手术器具等,要进行严格的清洗和消毒,还要注意窗户、内部通信工具等的消毒。

（四）人员管理

(1)关于本场职工:本场职工应该严格遵守猪场采取的防范措施,工作人员进场要进行沐浴、换衣、消毒,穿已消毒过的工作服和胶靴,戴上工作帽。工作服及鞋帽应保持干净、整洁,并定期消毒。饲养员不得串舍,各舍间用具不得相互借用,进出猪舍要脚踏消毒液并用消毒液洗手。饲养员原则上不允许外出,特殊情况外出后必须在生活区宿舍彻底洗澡更衣后,隔离 2 天以上才能进入生产区。场内工作人员不要接近本场猪以外的任何猪,不要进出屠宰场和畜禽交易市场。技术员不准对外出诊,参加业内相关会议后必须彻底洗澡更衣,在生活区隔离 3 天以上,再次洗澡换衣后才能进入猪场生产区。

（2）关于来访者:来猪场办事或探亲访友的人员一律在接待室接洽,不准进入生产区。猪场应谢绝所有参观活动,禁止买猪者参观猪场。所有来访者在进入猪场前必须在门卫室登记,登记内容包括日期、姓名、来访原因、上次接触猪或污染物的时间和地点等。如来访者进入生产核心区,必须在生活区隔离 2 天。

（五）车辆管理

场内的车辆,只能在场内行驶,严禁驶出场外,每次使用完毕都要进行清洗与消毒,并放置在指定地点。场外的车辆包括装人员的车、装饲料的车和装猪粪的车,在离猪场 1 km 以外的地点设立消毒点,对进入的车辆实施全方位消毒,到达猪场的边缘再度进行消毒,并详细登记消毒记录与车辆信息。严禁场外的车辆驶入生产区内部。在办公区设立停车点,消毒后的车辆放置在指定的停车位置。

（六）引种管理

新猪的引进是至今为止最重要的危险因素,它是将新病引进猪场的重要途径。原种猪场引种频率及数量要有长远规划,减少引种次数,必须引种的,在引种之前,通过实验室检测等方法了解种源提供场的猪群基本健康状况,必须是从已检测为主要传染病阴性的猪场引进种猪。严禁从烈性传染病病原检测结果为阳性的猪场引种,严禁从健康等级低于本场的种源提供场引种。

引进的种猪由于长途运输等应激因素,其健康状况可能发生改变,并影响本场其他猪群的健康状况。因此,引进的种猪必须经过至少 45 天的隔离适应,隔离期对全部种猪进行抽血化验,确保重大传染病病原体的检测结果均为阴性,方能混群。混群后根据本场的免疫程序,接种疫苗。

（七）免疫体系的建立

免疫体系的建立在整个猪场生物安全体系构建中占据着重要的位置。猪场必须根据本场、本地区疫病流行情况,制订科学规范的免疫程序,并且严格执行,使猪获得坚强的免疫,达到常规预防免疫接种的目的。

免疫接种的方法分为预防和控制两类。对于大多数流行病来说,免疫接种的目的在于预防猪免受感染,从而将损失降低到较低水平。然而,在不存在某些疾病(如伪狂犬病)的猪场,免疫接种的目的在于当生物安全措施万一被突破时,可对猪群提供必需的保护。在这样的情况下,免疫接种被看作预防疾病暴发的一种保证。

建立免疫程序后,接着进行疫苗筛选。选择疫苗厂家,应遵循规模化、专业化生产及口碑良好的原则,针对疫苗进行动物实验,从疫苗接种的副反应,如发烧、食欲减退等,以及接种后抗体产生的时间与持续存在时间等多方面进行综合评价,从而确定最佳的疫苗供应商。

疫苗的运输与保存均需要冷链设备。针对不同类型的疫苗,其保存的最佳温度要求是不同的,因此保存疫苗要根据温度要求精准调控冷链的保存温度,同时使用温度开关监控冷链温度。每天上午、下午各记录 1 次温度,防止因冷链设备的原因导致疫苗失效。

免疫注射后的针头、注射器、疫苗空瓶需进行消毒处理,避免污染环境。

（八）疫病监测

猪群的健康状态是疫病控制的重要措施,最常用的评价方法是定期对猪群进行疫病和免疫状态的监测。通过疫病监测,有利于猪场实时掌握疫病的流行和病原体感染状况,有的放矢地制订和调整疫病控制计划,及时发现疫情,及早防治。对疫苗免疫效果进行监测,可以了解和评价疫苗的免疫

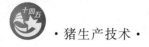

效果,同时为免疫程序的制订和调整提供依据。

猪场应定期对全场猪群开展疫病和免疫状态的监测,采用血清学抽样方法进行监测,监测时间一般为每4～6个月进行1次,每次监测结果均应做好详细的记录,并根据监测结果分析猪群的健康状态。对病原体监测为阳性的猪群,要立即进行隔离,半个月后进行复检。如果仍为阳性,实施淘汰处理。

(九)疫病净化

猪场对重点动物疫病应有计划地实施净化。疫病净化的标准:种猪群重点疫病血清学阳性率低于0.2%,一般猪群低于1%。疫病净化的方法:依据猪群疫病监测结果,对猪群进行重点净化疫病,进行全群血清学检疫,隔离并淘汰阳性猪;实施疫病净化后3～6个月,对猪群再次进行疫病监测,以确定猪群是否达到疫病净化标准。

任务二　猪场的科学消毒

任务知识

消毒是指用物理或化学的方法清除或杀灭病原体。猪场的消毒就是采用一定方法将猪舍、环境以及饲养人员或物品、动物产品等存在的病原体清除或杀灭。消毒时,应根据病原体的弱点,采用不同的消毒药物和消毒方法。

一、消毒分类

根据消毒的目的、时间和区域,消毒可分为预防消毒、紧急消毒和终末消毒。

1. 预防消毒(日常消毒) 为了预防各种传染病的发生,对猪场环境、猪舍、设备、用具、饮水等进行常规性、长期性、定期性的消毒工作,或对健康的动物群体或隐性感染的群体,在没有被发现有某种传染病或疫病的病原体感染情况下,对可能受到某些病原体或有害病原体污染的环境、物品进行严格消毒,称为预防消毒。预防消毒是猪场的常规工作之一,是预防猪的各种传染病的重要措施。另外,猪场的附属部门,如兽医站、门卫以及提供饮水、饲料和运输车等部门的消毒均为预防消毒。

(1)经常性消毒:指在未发生传染病的条件下,为了预防传染病的发生,消灭可能存在的病原体。根据日常管理的需要,随时或经常对猪场环境以及经常接触到的人以及一些器物,如工作衣、帽、靴进行消毒。消毒的主要对象是接触面广、流动性大、易受病原体污染的器物、设施和出入猪场的人员、车辆等。在场舍入口处设消毒池(槽)和紫外线杀菌灯,是最简单易行的经常性消毒方法,人员、猪群出入时,踏过消毒池(槽)内的消毒液以杀死病原体。消毒池(槽)需由兽医管理,定期清除污物,更换新配制的消毒液。另外,进场时人员经过淋浴,并且换穿场内经紫外线消毒后的衣、帽,再进入生产区,也是一种行之有效的预防措施,即使对要求极严格的种猪场,淋浴也是预防传染病发生的有效方法。

(2)定期消毒:指在未发生传染病时,为了预防传染病的发生,对有可能存在病原体的场所或设施,如圈舍、栏圈、设备用具等进行定期消毒。当猪群出售、猪舍空出后,必须对猪舍及设备、设施进行全面清洗和消毒,以彻底消灭病原体,使环境保持清洁卫生。

2. 紧急消毒 在疫情暴发和流行过程中,对猪场、猪舍、排泄物、分泌物及污染的场所及用具等及时进行的消毒为紧急消毒。其目的是在最短的时间内,隔离消灭传染源排泄在外界环境中的病原体,切断传播途径,防止传染病的扩散蔓延,把传染病控制在最小区域范围内;或当疫区内有传染源存在时,如某一传染病正在某一区域流行时,针对猪群、猪舍环境采取的消毒措施,目的是及时杀灭或消除病原体。

3. 终末消毒(大消毒) 终末消毒是指猪场发生传染病以后,待全部病猪处理完毕,即当猪群痊愈或最后一只病猪死亡后,经过 2 周再没有新的病例发生,在疫区解除封锁之前,为了消灭疫区内可能残留的病原体所进行的全面彻底的消毒,即对被发病猪所污染的环境(猪舍、物品、工具、饮食器具及周围空气等整个被传染源所污染的外环境及其分泌物或排泄物等)进行全面彻底的消毒。

二、消毒的方法

猪场常用的消毒方法包括物理消毒法、化学消毒法和生物热消毒法 3 种。

1. 物理消毒法 物理消毒法是指应用物理因素杀灭或消除病原体的方法。猪场物理消毒法主要包括机械性消毒(清扫、擦抹、刷除、高压水枪冲洗、通风换气等)、紫外线消毒、高温消毒(干热、蒸煮、煮沸、焚烧等)。这些方法是较常用的简便经济的消毒方法,多用于猪场的场地、设备和各种用具等的消毒。猪场常用的物理消毒法见表 7-1。

表 7-1　猪场常用的物理消毒法

方法	采 取 措 施	适用范围及对象	注 意 事 项
机械性消毒	用清扫、擦抹、铲刮、高压水枪冲洗、通风换气等手段达到清除病原体的目的,必要时连场地内外的表层土也一起铲除,减少场地和猪舍病原体的含量	用于其他方法消毒之前的总体清理,可除去 70% 以上的病原体,并为化学消毒效果的提高创造必要条件	机械性消毒并不能完全达到杀灭病原体的目的,而是消毒工作中一个主要的环节,在生产中不能作为唯一有效的消毒方法来使用,必须结合化学消毒法和生物热消毒法
紫外线消毒	利用紫外线对病原体(细菌、病毒、芽孢等)的辐射损伤和破坏核酸的功能,使病原体致死,从而达到消毒的目的	适用于猪舍的垫草、用具,进出的工作人员等的消毒,对被污染的土壤、牧场、场地表层的消毒	紫外线只能杀灭物体表面和空气中的微生物,当空气中微粒较多时,紫外线的杀菌效果降低。紫外线的杀菌效果还受环境温度的影响,消毒效果最好的环境温度为 20～40 ℃
高温消毒	利用高温灭活包括细菌、真菌、病毒和抵抗力最强的细菌芽孢的一切病原体	火焰灭菌,适用于用具、地面、墙壁以及不怕热的金属医疗器材;对于受到污染的易燃且无利用价值的垫草、粪便、器具及病死畜禽尸体等应焚烧,以达到彻底消毒的目的;煮沸消毒常用于体积较小且耐煮物品,如衣物、金属、玻璃等器具的消毒;高压蒸汽消毒常用于医疗器械等物品的消毒	煮沸消毒温度接近 100 ℃,10～20 min 可以杀死所有细菌的繁殖体,若在水中加入 5%～10% 的肥皂、1% 碳酸钠或 2%～5% 石炭酸,可增强杀菌力。对于寄生虫性病原体,消毒时间应延长。高压蒸汽灭菌使许多无芽孢杆菌(如伤寒杆菌、结核杆菌等)在 62～63 ℃ 下 20～30 min 死亡,多数病原体的繁殖体在 60～70 ℃ 条件下 30 min 内死亡,一般细菌的繁殖体在 100 ℃ 下数分钟死亡

2. 化学消毒法 化学消毒法是使用化学消毒剂杀死病原体或使其失去活性的方法,是猪场中常用的消毒方法之一。常用的化学消毒法有清洗法、浸泡法、喷雾法、熏蒸法和气雾法。

(1)清洗法:用一定浓度的消毒剂对消毒对象进行擦拭或清洗,以达到消毒的目的,常用于对猪舍地面、墙裙、器具进行消毒。

(2)浸泡法:如接种或打针时,对注射局部用酒精棉球、碘酒擦拭,对一些器械、用具、衣物等的浸泡。一般应洗涤干净后再进行浸泡,药液要浸过物体,浸泡时间应长些,水温应高些。猪舍入口消毒槽内可用浸泡药物的草垫或草袋对人员的靴鞋进行消毒。

(3)喷雾法:消毒药配制成一定浓度的溶液,用喷雾器对需要消毒的地方进行喷洒消毒。此法方便易行,大部分化学消毒药都用此法。消毒液的浓度按各种药物的说明书配制。

（4）熏蒸法：常用的是福尔马林（40％的甲醛水溶液）配合高锰酸钾等进行熏蒸消毒。此法的优点是熏蒸药物能分布到各个角落，消毒较全面，省工省力，但要求猪舍密闭，熏蒸时，猪舍及设备必须清洗干净，消毒后有较浓的刺激性气味，猪舍不能立即使用。

（5）气雾法：气雾是消毒液倒进气雾发生器后喷射出的雾状微粒。气雾法是消灭空气中携带的病原体的理想办法。猪舍的空气消毒和带猪消毒等常用。

3. 生物热消毒法　生物热消毒法主要用于对粪便、垫料的无害化处理，常用堆积发酵法。在粪便堆积发酵过程中，利用粪便中的嗜热菌发酵产热，可使内部温度达 60～70 ℃，经 1～3 周可杀死一般的病原体及寄生虫虫卵，达到消毒的目的。粪便发酵可产生沼气，既可消毒粪便，又能提供能源，有利于环保。

三、猪场消毒制度

在进行消毒工作时，应严格执行消毒操作规程，认真、全面完成消毒任务，保证每次消毒的实效性。

视频 7.1

1. 人员消毒　工作人员进入生产区净道或猪舍前要经过换衣、消毒池、紫外线消毒等。猪场一般谢绝参观，严格控制外来人员随意进入。必须进入生产区时需要洗澡、换鞋和更换工作服，并遵守场内防疫制度，按指定路线行走。

视频 7.2

2. 环境消毒　猪舍周围环境每 2～3 周用 2％氢氧化钠溶液消毒或撒生石灰一次；猪场周围及场内污水池、排粪坑、下水道出口，每月用漂白粉消毒一次；在大门口、猪舍入口设消毒池，使用 2％氢氧化钠溶液或 5％来苏尔溶液，注意定期更换消毒液；每隔 1～2 周，用 2％～3％氢氧化钠溶液喷洒消毒通道；用 2％～3％氢氧化钠溶液、3％～5％甲醛或 0.5％过氧乙酸溶液喷洒消毒场地。

视频 7.3

3. 猪舍消毒　根据猪场生产特点，必须对各类猪舍实行"全进全出"的消毒，即用高压水枪彻底清除猪舍内污物（包括猪栏、饲料槽、地面、墙壁、天棚、下水道等），再用 2％氢氧化钠溶液进行喷雾消毒。消毒顺序：先喷洒地面，然后喷洒墙壁，最后用清水彻底冲洗一遍，开门窗通风。对受污染特别严重的猪舍，需用高锰酸钾和甲醛进行熏蒸消毒，每立方米需 6.25 g 高锰酸钾和 40％甲醛 12.8 mL 溶液相混合，关闭门窗熏蒸 48 h，进猪前至少通风 24 h。在进行猪舍消毒时，也应将附近场院以及病畜污染的地方和物品同时进行消毒。

4. 带猪消毒

（1）一般性带猪消毒：定期进行带猪消毒，有利于减少环境中的病原体。猪体消毒常用喷雾消毒法，即将消毒液雾化后，喷到猪体表上，以杀灭和减少猪体表和猪舍内空气中的病原体。带猪喷雾消毒应选择毒性、刺激性和腐蚀性小的消毒剂，例如，0.015％二氧化氯溶液每平方米 40～60 mL；含氯制剂二氯异氰尿酸盐，带猪消毒浓度为 50～100 mg/kg，每平方米 60～80 mL；在疫情期间，产房每天消毒 1 次，保育舍可隔天消毒 1 次，成年猪舍每周消毒 2～3 次。

（2）不同类别猪的保健消毒：妊娠母猪在分娩前 5 天，最好用热毛巾对全身皮肤进行清洁，然后用 0.1％高锰酸钾溶液擦洗全身，在临产前 3 天再消毒 1 次，要重点擦洗会阴部和乳头，保证仔猪在出生后和哺乳期间免受病原体的感染。哺乳期母猪的乳房要定期进行清洗和消毒。

5. 用具消毒　定期对保温箱、补料槽、饲料车、料箱、针管等进行消毒。一般先将用具冲洗干净后，再用 0.1％新洁尔灭溶液或 0.2％～0.5％过氧乙酸溶液消毒，然后放在密闭的室内进行熏蒸。

6. 污水和粪便的消毒　猪场产生的粪便和污水中含有大量的病原体，尤以病猪粪尿更甚，更应对其进行严格消毒。对于猪的粪便，可用发酵法和堆积法消毒；对污水可用含氯 25％的漂白粉消毒，用量为每立方米中加入 6 g 漂白粉，若水质较差可加入 8 g。

7. 垫料消毒　对于猪场的垫料，可以通过阳光照射的方法进行消毒，这是一种最经济、最简单的方法。将垫料等放在烈日下暴晒 2～3 h，能杀灭多种病原体。对于少量垫料，可以直接用紫外线等照射 1～2 h，可以杀灭大部分病原体。

四、影响化学消毒法效果的因素

1. 化学消毒剂

(1) 消毒剂的特性：同其他药物一样，消毒剂对病原体具有一定的选择性，某些消毒剂只对某一部分病原体有抑制或杀灭作用，而对另一些病原体效力较差或不发生作用。也有一些消毒剂对各种病原体均有抑制或杀灭作用，称为广谱消毒剂。所以在选择消毒剂时，一定要考虑消毒剂的特异性。

(2) 消毒剂的浓度：消毒剂的消毒效果一般与其浓度成正比，也就是说，化学消毒剂的浓度越大，其对病原体的毒性作用也越强。但有些消毒剂在适宜的浓度时，才具有较强的杀菌效力，如75％乙醇。

(3) 消毒剂的作用时间：消毒剂的抗菌作用与其浓度大小和作用时间的长短成正比，浓度越大，作用时间越长，消毒效果越好；浓度太低，作用时间太短，则往往不能取得消毒效果。

(4) 消毒剂的物理状态：物理状态影响消毒剂的渗透，只有溶液才能进入病原体内，发挥应有的消毒作用，而固体和气体则不能进入病原体中，因此固体消毒剂必须溶于水中，气体消毒剂必须溶于病原体周围的液层中，才能发挥作用。所以，使用熏蒸法消毒时，增加湿度有利于增强消毒效果。

2. 病原体

(1) 病原体的种类：由于不同种类病原体的形态结构及代谢方式等生物学特性的不同，对化学消毒剂的反应也不同。即使是同一种类而不是同一类群的病原体，对消毒剂的敏感性也不完全一样。因此，在生产中要根据消毒和杀灭的对象选用消毒剂，才能达到理想效果。

(2) 病原体的数量：同样条件下，病原体的数量不同，对同一种消毒剂的作用也不同。一般来说，细菌的数量越多，要求消毒剂的浓度越大或消毒的时间也越长。

3. 环境因素

(1) 环境中的有机物：当病原体所处的环境中有如粪便、痰液、脓液、血液及其他排泄物等有机物存在时，严重影响消毒的效果。

(2) 环境温度、湿度：多数消毒剂在较高温度下的消毒效果比较低温度下的效果好。湿度作为一个环境因素也能影响消毒效果，如用过氧乙酸及甲醛熏蒸消毒时，保持温度在24 ℃以上、相对湿度60％～80％时，效果最好。如果湿度过低，则效果不佳。

(3) 环境酸碱度：多数消毒剂的消毒效果均受消毒环境 pH 的影响，如碘制剂、酸类、福尔马林等阴离子消毒剂，在酸性环境中杀菌作用增强，而阳离子消毒剂如新洁尔灭等，在碱性环境中杀菌作用增强。又如2％戊二醛溶液，在 pH 4～5 的酸性环境下杀菌作用很弱，对芽孢无效；若于溶液内加入0.3％碳酸氢钠碱性激活剂，将 pH 调到 7.5～8.5，即成为 2％的碱性戊二醛溶液，杀菌作用显著增强，能杀死芽孢。另外，pH 也影响消毒剂的电离度，一般来说，未电离的分子较易通过细菌的细胞膜，杀菌效果较好。

知识拓展

消毒剂的分类

化学消毒剂的种类及特性见表7-2。

表7-2　化学消毒剂的种类及特性

分　类	常用消毒剂举例	特性及适用范围	注意事项
含氯消毒剂	有机含氯消毒剂、无机含氯消毒剂	在水中能产生杀菌作用的活性次氯酸，可杀灭所有类型的病原体，如肠道杆菌、肠道球菌、金黄色葡萄球菌、口蹄疫病毒、猪轮状病毒、猪泡病和胃肠炎病毒，使用方便，价格适宜	对金属有腐蚀性、药效持续时间较短，储存时间过长容易失效

Note

分类	常用消毒剂举例	特性及适用范围	注意事项
醛类消毒剂	甲醛、戊二醛、聚甲醛、邻苯二甲醛	可杀灭细菌、芽孢、真菌和病毒,性质稳定,耐储存,受有机物影响小,醛类熏蒸消毒效果最佳	有一定毒性和刺激性,如对人体皮肤和黏膜有刺激和固化作用,并可使人致敏,有特殊臭味,受湿度影响大
碘类消毒剂	碘水溶液、碘甘油和碘伏类制剂(包括聚维酮碘和聚醇酰碘)	能杀死细菌、真菌、芽孢、病毒和藻类,对金属设施及用具的腐蚀性较弱,低浓度时可以进行饮水消毒和带猪消毒	碘伏类制剂又分为非离子型、阳离子型及阴离子型三大类,非离子型碘伏是使用最广泛、最安全的碘伏
氧化剂类	过氧乙酸、高锰酸钾等	在低温环境下仍有很好的杀菌效果,过氧乙酸是用于环境消毒较好的消毒剂,高锰酸钾用于畜禽运输工具和畜禽舍内的消毒	易分解,应于用前配制,避免接触金属离子
酚类	复合酚制剂(含酚41%~49%、醋酸22%~26%)	广谱、高效的消毒剂,性质稳定,通常一次用药,药效可以维持5~7天;生产简易;腐蚀性轻微,常用于空舍消毒	杀菌力有限,不能作为灭菌剂;不能带猪消毒和饮水消毒(有明显的致癌、致敏作用,频繁使用可以引起蓄积中毒,损害肝、胃功能以及神经系统),且气味滞留(宰前可影响肉质风味),长时间浸泡可破坏颜色,并能损害橡胶制品,与碱性药物或其他消毒剂混合使用效果差
表面活性剂	阳离子表面活性剂,包括新洁尔灭、洗必泰、百毒杀等	抗菌广谱,对细菌、霉菌、真菌、藻类和病毒均具有杀灭作用,具有性质稳定、安全性好、无刺激性和腐蚀性等特点,对常见猪瘟病毒、口蹄疫病毒均有良好的效果	要避免与阴离子活性剂,如肥皂等共用,也不能与碘、碘化物、过氧化物等合用,否则减弱消毒效果,不适用粪便、污水消毒及芽孢消毒
醇类	乙醇、异丙醇	可快速杀灭多种病原体,如细菌繁殖体等	不能杀灭细菌芽孢,受有机物影响,易挥发,因此应采用反复擦拭方法以保证消毒时间
强碱类	氢氧化钠、氢氧化钾、生石灰	对病毒和革兰氏阴性菌的杀灭作用强,生产中比较常用	腐蚀性强
重金属类	汞、银	因其盐类化合物能与细菌蛋白质结合,使蛋白质沉淀而发挥杀菌作用	高浓度可杀菌,低浓度时仅有抑菌作用
酸类	有机酸、无机酸	高浓度的酸类能使菌体蛋白质变性和水解,低浓度的可以改变菌体蛋白质等两性物质的解离度,抑制细胞膜的通透性,影响细菌的吸收、排泄、代谢和生长,还可以与其他阳离子在菌体表面竞争性吸附,妨碍细菌的正常活动	有机酸的抗菌作用比无机酸强

任务三　猪群免疫接种

任务知识

一、免疫接种的概念与类型

1. 免疫接种概念　根据特异性免疫的原理,采用人工方法给易感动物接种疫苗、类毒素或免疫血清等生物制品,使机体产生对相应病原体的抵抗力(即主动免疫或被动免疫),易感动物也就转化为非易感动物,从而达到保护个体以及群体、预防和控制疫病的目的。

2. 免疫接种的类型　根据免疫接种进行的时机不同,免疫接种分为以下 3 种。

(1)预防免疫接种:指为防止传染病的发生、流行,平时有计划地给健康猪群的免疫接种。

(2)紧急免疫接种:指在发生传染病时,为了迅速控制和扑灭疫病的流行,而对疫区和受威胁区尚未发病的猪进行的应急性免疫接种。

(3)临时免疫接种:指当猪引进、外调、运输或去势手术时,临时为避免感染某些传染病而进行的免疫接种。

二、猪场免疫程序

猪场免疫程序是根据猪群的免疫状态和传染病的流行季节,结合当地的具体疫情而制订的预防接种的疫病种类、疫苗种类、接种时间、次数及间隔等。只有按合理的免疫程序预防接种,才能更好地发挥疫苗的免疫作用,使猪群获得较强的免疫力。猪场主要传染病阶段性免疫程序见表 7-3。

表 7-3　猪场主要传染病阶段性免疫程序

猪的种类	疫 苗 种 类	免 疫 时 间	免 疫 方 式	剂　　量
种公猪	猪瘟疫苗	春秋两季	肌内注射	4～6 头份
	猪口蹄疫 O 型灭活疫苗	春秋两季	肌内注射	3 mL
	猪伪狂犬病基因缺失疫苗	每年 3 次	肌内注射	2 头份
	弱毒疫苗	每年 3 月底 4 月初	肌内注射	1 头份
	细小病毒疫苗	4 月上旬	肌内注射	2 头份
生产母猪	猪瘟疫苗	配种前 14 天	肌内注射	4～6 头份
	猪口蹄疫 O 型灭活疫苗	配种前或产前 45 天	肌内注射	3 mL
	猪伪狂犬病基因缺失疫苗	产前 35 天	肌内注射	2 头份
	乙型脑炎弱毒疫苗	每年三月底四月初,两周后加强免疫一次	肌内注射	1 头份
	细小病毒疫苗	产后 14 天	肌内注射	2 mL
后备种猪	猪伪狂犬病基因缺失疫苗	配种前 45 天	肌内注射	2 mL
	细小病毒疫苗	配种前 40 天	肌内注射	2 mL
	乙型脑炎弱毒疫苗	配种前 35 天	肌内注射	1 头份
	猪口蹄疫 O 型灭活疫苗	配种前 30 天	肌内注射	3 mL
	猪瘟疫苗	配种前 25 天	肌内注射	4～6 头份

续表

猪的种类	疫苗种类	免疫时间	免疫方式	剂 量
商品猪	猪伪狂犬病基因缺失疫苗	1～3 日龄	滴鼻	1 头份
	圆环病毒疫苗	14 日龄	肌内注射	1 mL 或 2 mL
	猪瘟疫苗	21 日龄	肌内注射	2～4 头份
	猪伪狂犬病基因缺失疫苗	35 日龄	肌内注射	1 头份
	猪口蹄疫 O 型灭活疫苗	45 日龄	肌内注射	2 mL
	猪瘟疫苗	60 日龄	肌内注射	4～6 头份
	猪口蹄疫 O 型灭活疫苗	70 日龄	肌内注射	3 mL

三、提高猪群免疫效果

1. 正确选择疫苗,规范操作程序

(1) 到国家认定的经营单位购买有正规企业名称、标签说明书、产品批准文号、生产批号、生产日期和有效期等质量可靠的疫苗。

(2) 按照生物制品管理有关规定,正确保存、运输和使用疫苗。疫苗的保存及整个流转过程(包括运输、入库、储存、接种等)都必须保证在低温状态下进行,按规定避光保存,使疫苗中的病毒含量在有效范围内。冻干疫苗一般需要在-5 ℃以下冷冻保存,温度越低,保存时间越长;一些进口冻干疫苗因加入了耐热保护剂,可以在 4～6 ℃保存;油乳剂疫苗的保存温度一般为 2～8 ℃。

(3) 严格按照说明书使用疫苗。使用时首先要注意疫苗包装是否完好,是否在有效期内,严格按要求选择合适的稀释液进行稀释使用,稀释液温度不能太高。刚取出的冻干疫苗要放置一段时间,待与稀释液温度相近时,再按说明书进行稀释,防止疫苗由于温差变化过大而失活。不能在稀释液中随便添加抗生素等物质。稀释后的疫苗要振荡均匀后抽取使用。

(4) 疫苗要现配现用,稀释后的疫苗要及时使用,15 ℃左右时当天用完;15～25 ℃,6 h 内用完;25 ℃以上,4 h 内用完。未用完的疫苗及空瓶要经高温灭活处理后废弃,以防余毒扩散、弱毒返强和污染环境。

(5) 选择恰当的针头,正确地进行消毒,熟练掌握接种技术。在免疫接种时,应根据不同对象,选择恰当的针头,给小猪免疫时针头可短些,但给大猪进行颈部肌内注射疫苗时,注射器针头(35 mm长)应垂直于皮肤注入猪的颈部肌肉层内,防止注入皮下脂肪层而影响疫苗的实效性。注射前应做好注射部位的消毒和脱毒处理,注射时防止空针、漏针。

2. 疫苗接种前,制订科学的免疫程序,严格按照规程执行 根据当地疫病发生和流行情况,以及省、市、区(县)动物防疫主管部门制订的免疫程序,结合猪场的综合防治条件及猪的抗体水平来确定接种疫苗的种类、时间、方法、次数和剂量等。制订免疫程序应遵循以下原则:①规模化猪场的免疫程序由传染病的特性决定,对持续时间长、危害程度大的某些传染病应制订长期的免疫防治对策;②根据疫苗的种类、接种途径、产生免疫力需要的时间、免疫力的持续时间等相关的疫苗免疫学特性制订科学的免疫程序;③各规模化猪场根据本场实际制订免疫程序,在执行过程中应有相对的稳定性;④在确定免疫程序时,最好先测定仔猪断奶时的母源抗体效价,再确定免疫的时间和剂量。

一般情况下,传染性胃肠炎、流行性腹泻等传染病应当在每年的流行季节来临时进行。一些隐性内源性传染病如伪狂犬病、细小病毒、乙型脑炎、萎缩性鼻炎、猪繁殖与呼吸综合征等在猪场内长期潜伏、不定期发生,可以通过检验、检疫判断其危害程度和发病方式,酌情选用疫苗,一般对种猪进行基础免疫即可。

控制一些急性内源性传染病,如仔猪的黄白痢、链球菌病、轮状病毒感染等,应当着重改善猪场环境条件,适当使用药物,是否接种疫苗要根据猪场实际情况决定。

3. 克服母源抗体干扰 通过母源抗体水平的检测制订合理的免疫程序,如果仔猪群存在较高水平的抗体,则会影响疫苗的免疫效果。

据报道,仔猪1日龄中和抗体滴度在1∶512以上,10日龄中和抗体滴度在1∶128以上,15日龄下降至1∶64以下,这期间保护率为100%;20日龄时中和抗体滴度下降至1∶32,保护率为75%,此时为疫苗的临界线;30日龄时中和抗体滴度下降至1∶16以下,无免疫力。如果新生仔猪有母源抗体存在,且未等抗体降到适当水平就给仔猪接种疫苗,这样就会造成母源抗体封闭,破坏仔猪机体的被动免疫,从而发生猪瘟。也有的仔猪在21～25日龄接种了疫苗,之后再也没有免疫接种,由于仔猪体内尚残留部分母源抗体,能干扰疫苗的免疫力,免疫时间较短,抵抗不住野毒的侵袭而得病,导致免疫失效。

4. 加强饲养管理,减少应激,防止免疫抑制性疾病发生　一是要注意饲料营养成分的监测,确保不含霉菌毒素和其他有毒化学物质,饲喂近期生产的优质全价饲料,夏季应注意添加维生素(许多维生素在夏季容易被还原而失效),增加机体抵抗力。二是要搞好环境卫生,消灭传染源。三是减少应激因素的产生,在免疫前后24 h内应尽量减少应激、不改变饲料品质、不安排转群、减少噪声、控制好温度、饲养密度、通风和勤换垫料,适当增加蛋氨酸、维生素 A、B 族维生素、维生素 C、维生素 D及脂肪酸等。接种疫苗时要处置得当,防止猪受到惊吓。遇到不可避免的应激时,应在接种前后3～5天,在饮水中加入抗应激制剂,如电解多维、维生素 C、维生素 E;或在饲料中加入利血平、氯丙嗪等抗应激药物,以有效缓解和降低各种应激,增强免疫效果。四是认真做好免疫抑制性疾病的防治工作,勤观察,发现疾病及时治疗,等猪健康后再进行免疫。

5. 建立健全各项制度并严格执行　一是猪场应建立卫生管理制度,实行生产区与生活区分区管理,严禁人员随意进出,加强猪群的健康管理。二是建立切实可行的消毒制度,如在进出口设消毒池,猪舍内定期消毒,"全进全出"清洗消毒,定期全场大消毒等。三是建立预防接种和驱虫制度,按时做好药物驱虫工作。四是建立检疫与疫病监测制度,尤其是做好引种的隔离防疫工作。五是建立健全病死猪无害化处理制度,及时隔离病猪,规范病死猪的无害化处理。六是猪场应针对存在的细菌性疾病种类和发生阶段,规范使用兽药,采用集体处理与个别用药相结合,注意用药方式、剂量和疗程,减少或避免用药对免疫工作的影响。

6. 树立"养重于防,防重于治"的理念　在饲养管理过程中,要始终树立"养重于防,防重于治"的饲养管理理念。不要盲目迷信和夸大免疫的作用,免疫只是防控疾病的重要手段之一。要在定期开展免疫工作的同时,切实加强养猪生产各个环节的消毒卫生工作,降低和消除猪场内的病原体,减少和杜绝猪群的外源性感染机会,加强饲养管理,提高猪自身抗病力。

总之,猪场防疫的好坏是关系到养猪的效益高低的重要环节。要加强对基层免疫人员的技术培训,提高从业人员水平。制订免疫程序一定要符合本场实际情况,在疫苗的选购、运输、存储、使用等各个环节都需要具有高度的责任心,并进行细致周到的工作,才能更好地发挥免疫效果。

知识拓展

免疫失败原因分析

1. 疫苗

(1)疫苗质量:疫苗质量达不到规定的效价,有效抗原含量不足,免疫效果差,疫苗瓶失真空,使疫苗效价逐渐下降乃至消失;若疫苗毒株(或菌株)的血清型不包括引起疾病病原体的血清型或亚型,则可引起免疫失败,或佐剂的应用不合理,或忽视黏膜免疫。

(2)疫苗储藏与运输:任何疫苗都有有效期与保存期,即使将疫苗放置在符合要求的条件下保存,它的免疫效价也会随着时间的延长而逐渐降低。疫苗保存温度不当,阳光直射或者反复冻融,均会造成疫苗的效价迅速下降。疫苗在长时间运输过程中,由于不能达到储藏的温度要求,致使疫苗中有效抗原成分减少、疫苗失效或效价降低。

(3)疫苗使用:疫苗在免疫接种前放置时间过长,稀释后疫苗在使用时未充分振荡摇匀,疫苗稀释后未在规定时间内用完,都会影响疫苗的效价。疫苗稀释方法与稀释液的选择不当也会造成免疫效价降低或免疫失败。

2. 人为因素

（1）免疫程序不合理：猪场未根据当地猪病流行情况和本场疫病发生的实际情况，制订出合理的免疫程序、最佳的免疫次数和免疫间隔，导致免疫失败。

（2）疫苗接种的方法、剂量不当：一是接种技术不熟练，注射时打空针、漏针，或反复在一点注射，造成该部位肌肉坏死；或用过短、过粗的针头注射，造成疫苗外溢。二是选择免疫方法、剂量不当，擅自减少剂量或操作不精，随意加大剂量。应用口服式饮水免疫时，疫苗混合不均，造成饮入量过大或过小。疫苗剂量过大会产生副作用或出现免疫麻痹反应；疫苗剂型过小不能产生足够的抗体，易出现免疫耐受现象。

（3）疫苗接种途径：对每一种疫苗来说都有其特定的接种途径，如将皮下注射的疫苗错误地进行了肌内注射就会导致失败。

（4）器械、用具、接种部位消毒不严：稀释疫苗的工具及器械（针头、注射器）未经消毒、消毒不严或虽经正确消毒但存放时间过长，超过消毒有效期，操作时造成疫苗被污染等，会影响免疫效果。

3. 母源抗体干扰　母源抗体是从母体中获得的抗体，具有双重性，既对初生仔猪有保护作用，又会干扰仔猪的首次免疫效果，尤其是用弱毒疫苗时。在给仔猪使用高质量的疫苗时，能否有良好的免疫效果与母源抗体滴度有关。体内未消失的母源抗体与注射疫苗中和，可影响仔猪主动免疫的产生。母源抗体有一定的消长规律，需待母源抗体水平降到一定程度时，方可进行免疫接种，否则不能产生预期的免疫效果。

4. 营养水平和健康状况　营养的缺乏将导致猪群免疫功能低下。缺乏维生素 A、B 族维生素、维生素 D、维生素 E 和多种微量元素及全价蛋白时，能影响机体对抗原的免疫应答反应，免疫反应受到明显抑制。

5. 猪体的免疫功能受到抑制

（1）自身的免疫：抑制动物机体对接种抗原有免疫应答反应，在一定程度上受遗传控制。猪的品种繁多，免疫应答反应各有差异，即使同一品种不同个体的猪，对同一疫苗的免疫反应及其强弱也不一致。另外，若猪有先天性免疫缺陷，也会导致免疫失败。

（2）毒物与毒素所引起的免疫抑制：霉菌毒素、重金属、工业化学物质和杀虫剂等可损害免疫系统，引起免疫抑制。

（3）药物所引起的免疫抑制：免疫接种期间使用了免疫抑制药物，如地塞米松（糖皮质激素）、氯霉素（抗菌药），可导致免疫抑制。

（4）环境应激所引起的免疫抑制应激因素：如环境过冷、过热、湿度过大、通风不良、拥挤、饲料突变、运输、转群、混群、限饲、噪声、疾病等，导致血浆皮质醇浓度显著升高，抑制猪群免疫功能。

（5）病原体感染所引起的免疫抑制。

（6）免疫前已感染了所免疫预防的疾病或其他疾病，降低了机体的抗病能力及对接种的疫苗免疫应答反应。

6. 强毒株流行　强毒株流行是免疫失败的重要原因，如猪瘟病毒的强毒株流行导致的猪瘟免疫失效。妊娠母猪感染猪瘟强毒株、野毒株后，通过胎盘造成仔猪在出生前即被感染，发生乳猪瘟。

7. 免疫干扰

（1）已有抗体和细胞免疫的干扰：体内已有抗体的干扰是指母源抗体的存在，可使仔猪在一定时间内被动得到保护，但又给免疫接种带来影响。在此期内接种疫苗，由于已有抗体的中和吸附作用，不能诱发机体产生免疫应答反应，导致免疫失败。在母源抗体完全消失后再接种疫苗，又增加了仔猪感染病原体的风险。

（2）病原体之间的干扰作用：同时免疫两种或多种弱毒疫苗往往会产生干扰现象，干扰的原因可能有两个方面，一是两种病毒感染的受体相似或相等，产生竞争作用；二是一种病毒感染细胞后产生干扰素,影响另一种病毒的复制。

(3) 药物的作用:在使用由细菌制成的活疫苗(如猪巴氏杆菌活疫苗、猪丹毒活疫苗)时,猪群在接种前后 10 天内使用(包括拌料)敏感的抗菌类药物(包括敏感的具有抗菌作用的中药),易造成免疫失败。将病毒疫苗与弱毒疫苗混合使用,若病毒疫苗中加有抗生素,则可杀死弱毒疫苗。若佐料中有敏感的抗菌药,应选用适宜灭活菌苗,而不能用活菌苗。

总之,导致猪群免疫失败的因素有很多。防治猪病不能期望单纯依赖疫苗提供 100% 的保护。只有结合防治措施,才能充分发挥疫苗的作用,避免免疫失败。

任务四 猪场寄生虫病的控制与净化

 任务知识

猪的寄生虫病对养猪业的危害主要表现在由寄生虫病慢性消耗所造成的经济损失。国外新近文献资料上也开始称寄生虫病为亚临床症状,当然也可以像传染病一样引起母猪的流产(如弓形虫病、附红细胞体病)、猪死亡(如疥螨病初次的严重感染、仔猪等抱球虫及鞭毛虫等的严重感染)等。在规模化猪场流行并造成危害的寄生虫,虽不至于造成猪死亡,但会出现难治愈、易多发及场内流行率很高的现象,如蛔虫、结肠小袋纤毛虫和猪毛首线虫。这些寄生虫生活史简单,不需中间宿主(土源性线虫),且虫卵抵抗力强,容易通过饮水或地面传染。此外,球虫病、附红细胞体病、弓形体病、类圆线虫病等日益成为规模化猪场的主要寄生虫病。

一、规模化猪场主要寄生虫病的类型

皮肤寄生虫病,如疥螨病、蠕形螨病、猪三色依蝇蛆病以及猪血虱和虻与蚊引起的皮肤病等;肌肉寄生虫病,如旋毛虫病、猪囊虫病;心脏及血液寄生虫病,如附红细胞体病、猪浆膜丝虫病;消化道线虫绦虫病,如蛔虫病、食道口线虫病(结节虫病)、毛首线虫病(鞭虫病)、钩虫病、类圆线虫病、膜壳绦虫病;肾虫病;弓形体病;球虫病;结肠小袋纤毛虫病等。

二、规模化养猪场常用驱虫药物的使用

猪场常用驱虫药物及使用方法见表 7-4。

表 7-4 猪场常用驱虫药物及使用方法

适用对象	药 物	使 用 方 法
驱线虫	阿维菌素类	阿维菌素内服或皮下注射,用量为 0.3 mg/kg 体重,0.2% 预混剂拌料 1500 g/t
	抗生素类	伊维菌素内服或皮下注射,用量为 0.2～0.3 mg/kg 体重;多拉菌素皮下或肌内注射,用量为 0.2～0.3 mg/kg 体重;莫西菌素内服或皮下注射,用量为 0.2 mg/kg 体重(安全性好,可用于妊娠母猪)
	咪唑并噻唑类	左旋咪唑内服或注射,用量为 7.5 mg/kg 体重
	苯并咪唑类	阿苯达唑(抗蠕敏)内服,用量为 5～10 mg/kg 体重,缓释注射液肌内注射,用量为 30 mg/kg 体重;芬苯达唑内服,一次量 5～7.5 mg/kg 体重,分次给药内服,用量 3mg/kg 体重,连用 6 天
	四氢嘧啶类	噻吩嘧啶(抗虫灵)、酒石酸噻吩嘧啶片内服,用量为 20 mg/kg 体重;双羟萘酸噻吩嘧啶片内服,用量为 15 mg/kg 体重
	有机磷农药类	敌百虫片剂内服,用量为 80～100 mg/kg 体重;药浴或喷淋,浓度为 0.5%～1%
	驱蛔灵	内服,用量为 250～300 mg/kg 体重

续表

适用对象	药　物	使　用　方　法
驱体外寄生虫	阿维菌素类	同驱线虫用法
	拟除虫菊酯类	溴氰菊酯,药浴或喷淋,治疗浓度为 50~80 μL/L,预防为 30 μL/L;氰戊菊酯(速杀丁),药浴或喷淋,浓度为 80~200 μL/L
	有机磷农药类	倍硫磷,喷淋 5~10 mg/kg 体重,重复用药应间隔 14 天以上;辛硫磷,药浴或喷淋,浓度为 0.1%的乳液;二嗪农,药浴或喷淋,治疗浓度为 250 mg/1000 mL 水
	其他类	双甲脒(特敌克),药浴或喷淋,用量为 500 μL/L;环丙氨嗪预混剂,混饲 5 μL/L,连用 4~6 周
抗原虫	贝尼尔	三氮脒(血虫净)深部肌内注射,用量为 5~8 mg/kg 体重,连续用药不超过 5 天
	氨丙啉预混剂	产前或产后 15 天的母猪饲料中按 250 mg/kg 添加
	磺胺间甲氧嘧啶	片剂内服,首次用量为 50~100 mg/kg 体重,维持量 25~50 mg/kg 体重,连用 3~5 天

三、综合防治措施

(1)保证整个猪群的营养和良好的生长环境。

(2)建立生物安全的概念,减少寄生虫发病的机会;不引进感染某种寄生虫病的猪,人员不串岗,猪舍及饲料袋、饲料车、工作服、工作鞋等要彻底消毒驱虫。严禁饲养猫、狗等宠物,定期做好灭鼠、灭蝇、灭蚊、灭蝉、灭虫等工作。

(3)坚持自繁自养的原则,确实需引进种猪时,应远离生产区隔离饲养,进行全方位检查,并进行药物驱虫,隔离期满经检查确认无寄生虫病方可转入生产区。

(4)采用"全进全出"和"早期隔制断奶"等饲养方式。有条件的猪场可在仔猪断奶后转入其他场饲养。

(5)加强环境和饮水安全。外环境包括猪舍墙面、地面、过道、栏杆等,在全群使用驱虫药后,要及时对外环境进行彻底清洗、打扫,同时对外环境进行喷雾驱虫处理,降低猪群再感染机会;注意水源和青料等的生物安全性。

(6)每年进行一次寄生虫的普查和抽查工作,发现患猪及时治疗,以驱除其体内或体表的寄生虫,同时防止治疗过程中病原体扩散。

(7)根据本场寄生虫的感染情况及寄生虫的生长发育变化规律,制订本场预防性驱虫方案。

四、规模化猪场寄生虫的控制与净化方案

1. 猪疥螨的控制与净化方案

(1)长效驱虫注射液(伊维菌素)+体外高效喷雾杀虫药(溴氰菊酯):种公猪每年注射长效驱虫注射液(伊维菌素的升级产品"通灭"或"全灭")两次;母猪产仔前 2 周注射 1 次;仔猪断奶时注射 1 次;商品猪引进当日注射 1 次;注射长效驱虫注射液后全场喷雾杀虫 2 次。该方案适用于疥螨和内寄生虫感染严重的猪场。连续使用,可以达到净化的效果。

(2)长效驱虫预混剂(芬苯达唑、伊维菌素的升级产品)+体外高效喷雾杀虫药:首先全猪群用药一次;种公猪、种母猪每 3 个月用预混剂拌料驱虫 1 次;仔猪在断奶后转群时拌料驱虫 1 次;育成猪转群时拌料驱虫 1 次;引进猪并群前拌料驱虫 1 次。用预混剂驱虫的同时全场喷雾杀虫 2 次。适用于疥螨和内寄生虫感染不严重的猪场。

2. 规模化猪场猪蛔虫病的控制与净化方案　控制和净化猪蛔虫病的关键是正确使用驱虫药物,以防止猪蛔虫病的反复感染。

(1)猪蛔虫病中、轻度感染的猪场:针对不同猪群,可采用以下用药程序:妊娠母猪在其妊娠前和产仔前 1~2 周驱虫 1 次;种公猪每年至少驱虫 2 次;断奶仔猪在转入新舍前驱虫 1 次,并且在 4~

6 周后再驱虫 1 次;后备猪在配种前驱虫 1 次,新引进的猪必须驱虫后再并群。

(2)猪蛔虫病重度感染的猪场:采用成熟前连续驱虫法进行猪蛔虫病的控制和净化。针对不同猪群可采用以下用药程序:商品仔猪出生后 30 日龄第 1 次驱虫,以后每隔 1~1.5 个月驱虫 1 次;种公猪及后备母猪每隔 1~1.5 个月驱虫 1 次,母猪配种前和妊娠母猪产前 2 周内各驱虫 1 次;新引进的猪必须驱虫后再并群。驱蛔虫药物可选用左旋咪唑、阿苯达唑、芬苯达唑及伊维菌素等。同时,应注意猪舍的清洁卫生,产房和猪舍在进猪前都需进行彻底清洗和消毒,可减少蛔虫卵对环境的污染。尽量将猪的粪便和垫草在固定地点堆积发酵。

3. 规模化猪场弓形体病的控制

(1)治疗弓形体病的药物及使用方法见表 7-5。

表 7-5 治疗弓形体病的药物及使用方法

药　　物	使 用 方 法
10%增效磺胺-5-甲氧嘧啶(或磺胺-6-甲氧嘧啶)注射液	按 0.2 mL/kg 体重剂量肌内注射,每天 2 次,连用 3~5 天
磺胺-6-甲氧嘧啶	按 60~100 mg/kg 体重,单独口服或配合甲氧苄氨嘧啶(TMP,14 mg/kg 体重)口服,每天 1 次,连用 4 次
12%复方磺胺甲氧嗪注射液	50~60 mg/kg 体重,每天 1 次肌内注射,连用 3~5 天
复方磺胺嘧啶钠注射液	按 70 mg/kg 剂量(首次剂量加倍)肌内注射,每天 2 次,连用 3~5 天
磺胺嘧啶与甲氧苄氨嘧啶联合	前者 70 mg/kg,后者 14 mg/kg,每天 2 次,连用 3~5 天
磺胺嘧啶与乙胺嘧啶联合	前者 70 mg/kg,6 mg/kg,每天 2 次,连用 3~5 天

(2)强化综合预防措施。由于本病感染源广、感染途径多,而且当前没有有效疫苗进行预防,因此必须采用综合防治措施进行预防控制。

①猪场内禁止养猫,对野猫也要捕捉扑杀,及时杀虫、灭鼠,以防滋养体、包囊或卵囊污染饲料、饮水和环境,造成感染。

②做好日常卫生消毒工作。对病死猪、流产的胎猪和分泌物进行焚烧深埋处理,场地进行严格消毒,常用来苏尔或 0.5%氨水进行猪舍及用具的消毒。

③药物预防。规模化猪场要制订有效可行的预防措施,发病猪场在每年 10—11 月,在饲料中按 200~300 mg/kg 的剂量添加磺胺-6-甲氧嘧啶,连用 3~5 天,停药 20 天后,再用 2~4 天,可有效预防本病的发生。

4. 规模化猪场附红细胞体病的控制与净化　附红细胞体病的传播途径主要有接触性、血源性、垂直性及媒介昆虫传播等,其中垂直性及媒介昆虫传播为主要的传播途径。本病的控制与净化主要从以下两方面进行。

(1)及时治疗病猪:药物治疗的关键是发病早期用药,但不管是注射给药或是口服用药,都只能够缓解临床症状,让机体与病原体处于一个相对平衡的状态而不继续发病,基本不能彻底根除病原体。治疗附红细胞体病的药物及使用方法见表 7-6。

表 7-6 治疗附红细胞体病的药物及使用方法

药　　物	使 用 方 法
贝尼尔注射液	8 mg/kg 体重,深部肌内注射,2 次/天,连用 3 天;同时在饲料中添加土霉素,按200~400 μL/L 混饲

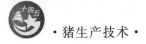

续表

药 物	使 用 方 法
新胂凡纳明(914)	15～45 mg/kg 体重,静脉注射,防止漏出血管
大蒜素	10～15 mg/kg 体重,用生理盐水稀释后静脉注射,连用 3～5 天
盐酸四环素注射液	5～10 mg/kg 体重＋5％葡萄糖注射液 200～300 mL,静脉注射,连用 3 天
多西环素注射液	1～3 mg/kg 体重,静脉或肌内注射,连用 3 天

（2）做好预防工作：预防本病的发生主要采取综合性措施,对于一个猪群而言,阻断感染的传播途径、增强机体抵抗力和减少应激反应的发生是很重要的。对于附红细胞体病感染呈阴性的猪群,应着重搞好猪舍和饲养用具的卫生,并定期进行消毒。同时加强对吸血昆虫的杀灭,严防吸血昆虫叮咬而引起本病的传播。在实施诸如去势、打耳号、注射等饲养管理程序时,应防止外科器械和注射液被血液污染而引起传播。对于呈隐性感染的猪而言,发病的频率可能会增高,此时宿主与病原体之间虽然达到某种平衡,但这种平衡被打破后,附红细胞体病会在任何时候发生。因此,应尽量减少对猪群的应激,采用增强猪群抵抗力的办法,可定期在饲料中添加一定比例的免疫增强剂,也可添加一定量的预防类药物,如土霉素（混饲 20 mg/kg 体重）、四环素（5～10 mg/kg 体重）等,以保持机体与病原体处于某种平衡状态而不致发病。

5. 规模化猪场球虫病的控制与净化　随着养猪规模化和集约化生产的发展,仔猪球虫病的发生越来越常见,并有逐年上升的趋势,需要加强对该病的预防。本病的控制与净化主要从以下两方面着手。

（1）及时治疗病猪：使用百球清治疗发病仔猪,按照 20 mg/kg 体重用药,加 2 mL 水溶解后口腔灌服,连用 5 天,可以取得较好的治疗效果。

（2）强化综合预防措施：新生仔猪应以初乳喂养,保持幼龄猪舍清洁、干燥；饲槽和饮水器应定期消毒,防止粪便污染；尽量减少因断奶、饲料突变和运输产生的应激,加强未发病猪场猪群的定期检测和驱虫工作。

6. 规模化猪场蝇类的控制与预防　每个规模化猪场都在尽可能地想办法来解决苍蝇控制问题,但大部分效果不理想。目前主要的实用可行的控制办法分以下几类。

（1）喷雾灭蝇法,此法简单实用,成本低,使用安全。

（2）用糖或信息激素做诱导,拌杀虫剂进行诱杀,此法具经济、安全、高效的特性,多点放置效果佳。

（3）使用杀蛆药,在饲料中添加环丙氨嗪（5 g/t,99％纯度）,利用其绝大部分以原型及其代谢产物的形式随粪便排出体外的特性,将粪便中的蝇蛆杀灭。

（4）控制猪舍内湿度,对粪便进行处理,保持猪舍干燥是控制苍蝇繁殖的最好方法,加速粪便干燥可抑制苍蝇繁殖。

课后练习

1. 猪场生物安全体系主要包括哪些内容？

2. 如何对猪场的猪病进行疫病净化？

3. 请为一个拥有 600 头猪的猪场制订科学的、合理的消毒制度。

4. 如何提高猪群的免疫力？

5. 规模化猪场寄生虫病的综合防治措施是什么？

项目八 猪场经营管理

扫码学课件

学习目标

▲知识目标
1. 了解猪场管理岗位的职责以及猪场岗位管理目标和操作规程。
2. 了解猪场成本项目和费用种类，掌握猪场成本控制的途径。

▲技能目标
1. 能填写猪场内的各类生产记录表。
2. 学会通过生产记录表与技术指标的对比发现问题，掌握饲养成本的管理与控制。
3. 能按猪场岗位和操作规程完成工作目标。

任务一 猪场生产数据管理

➡ 任务知识

一、猪场常用的数据

一般规模化猪场设有隔离舍、后备舍、配种舍、妊娠舍、分娩舍、保育舍、生长育肥舍等，现分述如下。

（一）隔离舍/后备舍

常用的数据如下。

1. 后备猪隔离天数 为疾病控制需要，需要足够的隔离时间，通常需要 45 天以上。

2. 后备猪死淘率 以批次为单位计算引入的后备猪死亡率、淘汰率。

3. 10 月龄利用率 后备猪达到 10 月龄已妊娠的占引入后备猪的比例，也是按批次计算，逐头统计每一头后备母猪达 10 月龄以后的状态。猪场可根据自己的标准调整为 8 月龄或 9 月龄利用率。

4. 超期未发情率 以一定日龄（比如 300 日龄）为标准判定母猪是否为超期不发情母猪，统计此类母猪占引入（或者去掉死亡、淘汰猪）后备猪的比例。

（二）配种舍

常用的数据如下。

1. 断奶 7 天发情率 同一批次断奶后 7 天内发情可配种所占的比例。

2. 配种分娩率 某一时间段内配种的母猪最后分娩所占的比例。没有分娩的称为失配，可统计失配率。

3. 空怀、返情、流产率 统计某段时间内配种的母猪出现空怀、返情、流产所占的比例。

Note

（三）妊娠舍

配种 60 天以后没有妊娠的母猪称为空怀,小于 60 天算返情,看到流产物视为流产。

1. 妊娠死亡淘汰率　以整个妊娠舍或某批次猪为基础,统计妊娠母猪死亡淘汰所占的比例。

2. 胎龄结构　以妊娠猪或基础母猪群统计各胎母猪所占的比例。本次配种完成至下次配种前为同一胎次。

3. 断奶、妊娠期料量　可统计配种前、妊娠期的平均料量或不同时间段的平均料量。

（四）分娩舍

常用的数据如下。

1. 胎均总仔　某一段时间内所产总仔数(含死胎、木乃伊胎)/对应窝数。

2. 胎均健仔　某一段时间内所产健仔数(总仔数去掉死胎、木乃伊胎、弱小仔、畸形仔)/对应窝数。

3. 胎均无效仔比例　某一段时间内所产死胎、木乃伊胎、弱小仔、畸形仔总数/总仔数。

4. 胎均断奶活仔　某一段时间内断奶仔猪成活数量/对应窝数。

5. 胎均转保正品苗　某一段时间内转保加上市正品仔猪数量/对应窝数。

6. 年分娩窝数

(1)用繁殖周期来计算:繁殖周期＝母猪平均妊娠期＋产房平均哺乳期＋母猪断奶至配种的平均天数。年分娩窝数(胎次)＝365/繁殖周期。

(2)用计算机统计计算:用计算机统计本年度总分娩窝数/生产母猪数(凡有配种、分娩记录的母猪都算)。

一般来说,用计算机统计的数值会比用繁殖周期计算的低,因为前者包含了补充的后备母猪、提前淘汰的经产母猪,而它们常常只分娩了 1 次。但对于均衡生产的猪场,用计算机统计计算更有实际意义,可以体现空怀猪的影响。单头母猪年上市正品猪苗数量＝每年上市正品猪苗数量/年基础母猪数量。

（五）保育舍

1. 上市正品苗率　同一批次上市正品猪苗/当批次断奶或转保总数。

2. 产房仔猪死亡率　某段时间内产房死亡的仔猪数/同期产房仔猪存栏数。

3. 保育仔猪死亡率　某段时间内保育舍死亡的仔猪数/同期保育仔猪存栏数。

4. 母猪日均采食量　统计产房单元母猪平均每天采食量,可统计每条线整个产房,也可统计每一个单元。

5. 仔猪采食量　统计不同日龄阶段仔猪的平均每头采食量。

（六）生长育肥舍

常用的数据如下。

1. 料肉比　饲料消耗量/增重。

2. 生长育肥舍成活率　生长育肥舍上市的猪数/转生长舍猪数。可以统计多栋猪舍,也可只统计一栋猪舍或某一批猪。

3. 上市正品率　上市正品猪数/(上市正品猪数＋上市 B 级猪数)。

4. 上市日龄　上市猪的平均日龄,可以按猪舍或按批次统计。

5. 上市均重　上市猪的平均体重,可以按猪舍或按批次统计。原种、扩繁场关键数据还有各阶段窝均选留数,原种场还有测定比例、遗传指数等。

二、数据收集

（一）数据的收集过程

猪场印制各类报表,交给各级干部、员工填写,定期上报,由专人负责录入专门的计算机系统,再由相关人员从系统获取各类汇总分析报表。

（二）常用的数据表格

1．种猪的档案

（1）公猪的档案：包括出生情况、血统记录、免疫记录、健康记录等（表 8-1）。由配种舍负责人记录。

表 8-1　公猪卡

基本信息	公猪耳号			系别		
	出生日期			进入生产群日期		
血统记录	父亲		祖父			
	母亲		外祖父			
免疫记录	疫苗名称		免疫时间		剂量	备注
健康记录						

（2）母猪的档案。

①母猪基本情况：包括出生情况、断奶重、外貌特征、耳号、配种记录、产仔记录、断奶记录等（表 8-2）。由配种舍负责人记录。

表 8-2　母猪卡

编号：　　品种：　　耳号：

性别		出生日期		同窝头数		
初生体重/kg		出生地		乳头数量	左：	右：
毛色		初配年龄		经配猪号		
断奶重		进场日期		出场日期		
外貌特征				级别		

胎次	配种记录				产仔记录					断奶记录			留种头数
	配种时间	与配公猪耳号	复配时间	预产日期	实产日期	正常头数	弱仔	死胎	成活	断奶日期	头数	窝数	
1													
2													
3													

②母猪发情鉴定表（表 8-3）。

表 8-3　母猪发情鉴定表

日期	时间		栏位		耳号	发情表现					备注
	上午	下午	舍	栏		爬跨	对公猪敏感	接受爬跨	静立反射	阴道分泌物	

（3）配种、产仔记录：包括配种时间、与配公猪耳号、母猪耳号、胎次、配种方式、母猪体况、预产

日期、分娩日期、产仔记录、出生窝重、出生活体均重等(表8-4)。每头仔猪出生后做好编号,输入档案,形成猪的系谱。由产房负责人、接产人员记录。

表8-4　母猪配种、产仔记录表

配种时间	与配公猪耳号	母猪耳号	胎次	配种方式	母猪体况	预产日期	分娩日期	产仔记录				出生窝重	出生活体均重	备注
								仔数	健仔	弱仔	死仔			

2. 疾病记录

(1)病原体的记录:记录本场存在哪些病原体,即以往猪场内曾发生过疫病,根据其特点现在是否还有可能存在于猪场内,其一般感染何种猪群、感染的时间、该病原体的抗药性、有何预防药物(表8-5)。由兽医室负责人记录。

表8-5　猪场疫病诊疗记录

时间	患猪标识编码	圈舍号	发病数/头	病　　因	诊疗人员	用药名称	用药方法	诊疗结果

(2)用药记录管理:记录好本场用了哪些药物,每种药物用药剂量及诊疗效果等(表8-5)。由兽医室负责人记录。

(3)种猪的疾病管理:建立种猪的健康档案,记录其每次发病、治疗、康复情况,并对康复后公猪的使用价值进行评估。由兽医室负责人记录。

(4)记录种猪的免疫接种情况:每年接种的疫苗种类、批号、产地、接种时间等(表8-6)及防疫检测时的抗体水平(表8-7)。由兽医室负责人记录。

表8-6　免疫记录

圈舍号	接种时间	猪种类	疫苗种类	批号	产地	使用剂量	使用方法	免疫头数	技术员

表8-7　防疫检测记录

采样日期	圈舍号	采样数量/头	检测项目	检测单位	检测结果	处理情况	备　　注

(5)记录母猪是否发生过传染病:是否有过流产、死胎、早产,是否有过子宫内膜炎,是否出现过产后不发情或屡配不孕及处理的情况记录。由配种舍负责人记录。

3. 猪群动态记录　记录各猪舍的猪群变动情况,包括出生、入栏、出栏、淘汰、出售和死亡等情况(表8-8、表8-9)。由各猪舍饲养员负责记录。

表8-8 保育、育肥猪转猪单

序号	转出猪舍				公猪/头				母猪/头				自留公猪/头			
	阶段	舍号	正品头数	次品头数	D	L	Y	F₂	D	L	Y	F₂	D	L	Y	F₂

序号	自留母猪/头				育肥猪/头	合计头数/头	重量/kg	日龄/天	转入猪舍			
	D	L	Y	F₂					阶段	舍号	正品头数	次品头数

注:D表示杜洛克,L表示长白猪,Y表示大白猪,F₂表示杂交二代。

表8-9 种猪转舍单

第( )批 　　　　　　　　　　　　　　　　　　　　　　　年 　 月 　 日

转出猪舍	变 动 明 细																合计头数	阶段	舍号
	公 猪				母 猪				自留公猪				自留母猪						
	D	L	Y	F₂	D	L	Y	F₂	D	L	Y	F₂	D	L	Y			
1																			
2																			
3																			

注:D表示杜洛克,L表示长白猪,Y表示大白猪,F₂表示杂交二代。

4. 饲料加工量记录 填写各年龄段猪饲料的加工及出库情况(表8-10)。由配料车间负责人记录。

表8-10 饲料加工量记录表

栋号	颗粒料 20 kg/包			保育料			仔猪料			种猪料			育肥猪料			公猪料			妊娠料			哺乳料			备注
	加工	出库	库存	加工	出库	库存	加工	出库	库存	加工	出库	库存	加工	出库	库存	加工	出库	库存	加工	出库	库存	加工	出库	库存	

注:D表示杜洛克,L表示长白猪,Y表示大白猪,F₂表示杂交二代。

5. 生产报表 各生产线、各猪舍的猪群变动情况,包括存栏、入栏、出栏、淘汰、出售和异常情况处理(表8-11)等情况。

母猪舍还包括配种(表8-12)、断奶(表8-13)、分娩记录(表8-14)及异常情况处理申请表(表8-15)等。由各生产线负责人统计。每周、每月、每季、每年都要进行一次全面统计。

表8-11　猪群变动情况

时间	存栏	入栏	出栏	淘汰	出售	异常情况处理	备注

表8-12　猪场月配种记录表

时间：　　　　　　　　　　　　　　　　　　　年　　月　　日—　年　　月　　日

（断奶）母猪编号	配种日期	胎次	断奶日期	发情间隔	配种1次公猪耳号	方法	配种状态	配种2次公猪耳号	方法	配种状态	第一返情鉴定（+21天）	第二返情鉴定（+21天）	妊娠诊断日期	预产日期

表8-13　猪场月断奶记录表

时间：　　　　　　　　　　　　　　　　　　　年　　月　　日—　年　　月　　日

（断奶）母猪编号	胎次	断奶日期	分娩日期	断奶天数/天	健仔数/头	死亡/头	淘汰/头	腹泻/头	寄养/头	断奶头数/头	总体重/kg	平均体重/kg	断奶母猪体型指标	断奶方法	哺乳病例特记事项
合计/平均															

表8-14　猪场月分娩记录表

时间：　　　　　　　　　　　　　　　　　　　年　　月　　日—　年　　月　　日

（断奶）母猪编号	胎次	分娩日期	配种日期	妊娠天数/天	体型指标BCS	诱导分娩	分娩状态	总产仔数/头	木乃伊/头	死胎/头	畸形/头	弱仔/头	哺乳开始头数/头	总体重/kg	平均重量/kg	断奶日期
合计/平均																

注：BCS等级为1~5；诱导分娩选填"有""无"；分娩状况选填"顺产""难产""早产"。

表8-15 猪异常处理申请表

舍号：　　　　　　　　　　　　　第（　）批　　　　　　　　　　年　　月　　日

序号	阶段	数量/头	重量/kg	淘汰/死亡	处理原因	处理方式	备　注
1							
2							
3							
合计							

情况说明	饲养员：　　　　　日期：
批示	主管：　　　　　　日期：
批示	场长：　　　　　　日期：

三、数据管理

规模化猪场的数据是十分庞大而复杂的，为了让数据发挥充分的作用，需要建立强大的数据管理体系，从而确保数据的真实性、及时性，以及分析方法的正确性，具体操作简述如下。

（一）真实性

（1）每类报表逐级层层核对，关键报表需要多联制，便于取出复写表格核对。

（2）组内现场核对，定期或不定期进行现场盘点，抽查饲养员数据填写的真实性。

（3）组间关联数据核对，历史关联数据核对，场部从另一个侧面核对数据的真实性。

（4）分公司再次核对。分公司组织人力对一些关键数据进行盘点核对。

（5）总公司职能部门不定期抽查。

（6）计算机数据录入系统利用逻辑关系对数据真实性进行判定。

（二）及时性

（1）根据各类报表的及时性需求，对不同报表的录入时间进行规定，尤其是月底（或财务月末）及时录入。

（2）对数据录入人员进行规定，确保休假时有人顶班。必要时设立专门的数据录入人员。

（三）计算方法到位

在数据录入计算机系统以后，常常需要简单加工才能形成各类报表，有的甚至需要很复杂的关联计算才能得到最终结果，这需要系统的计算方法科学合理，需要不断对系统输出数据进行核对，对计算方法进行优化，甚至建立交叉检验方法验证数据处理结果的有效性。

当一个公司有多个猪场时，情况也就有多种，技术人员应不断优化数据的计算与处理方法，做到客观公平地反映各单位的生产情况。好的计算方法更易于发现隐藏的问题。

四、数据分析方法

通过计算机的帮助与处理，输出各类表格供从业者分析问题。而直接的数据常常只代表了一个

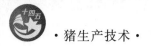

时间点,并不能对数据的优劣做出判定。为了便于发现问题,需要建立一套数据分析对比的方法。常用的生产数据分析方法有很多,下面列举几个常用的方法供参考。

(一)与生产标准比较

将输出数据与生产标准比较,从而发现生产的优缺点,这是实际生产中最常用的方式,如胎均总仔、胎均断奶活仔、产房死淘率、保育死淘率等,建立标准预警范围,超出则视为异常。

(二)同比、环比

所谓同比,即与往年同月进行比较,所谓环比,即与本年度上一期进行比较(常常比较上个月情况)。与往年同月比较,是考虑每年的气候相对恒定,理论上生产成绩受气候的影响是一致的,从而看出今年的生产水平优劣;与前几个月比较,是考虑生产的延续性,生产成绩通常有一个梯度变化的规律,分析这种规律,可以衡量气候的影响,也可以大致判断生产的走势,从而判定生产的状况,如分析本月配种分娩率,可以与去年同期进行比较,也可与上月进行比较。

(三)横向对比

横向对比即与兄弟单位对比。大家处于同样的气候条件下,利用同样的生产模式,生产成绩是否也一致,如果不同,查找原因。通过横向比较,常常容易发现本单位的不足,也能快速找到生产操作中存在的问题,明确未来努力的方向,并学习优秀单位的做法,快速提高本单位的生产成绩。

(四)分析数据变化趋势

比如逐周、逐月分析数据走势,预测未来生产可能的变化规律。常常可以借用往年同期或前几个月的数据变化规律,预测当前的生产状况,如分析胎均总仔的变化趋势,根据往年逐月的变化规律,大致是 6—9 月最低,其中 7 月为最低谷,然后逐步上升,至 3—4 月为最高峰。从这些情况可以判定今年的生产水平,进而分析出工作的主要矛盾。

任务二　猪场生产成本及其控制

【任务知识】

从企业的角度看,经营猪场的最终目的是盈利。所以在猪场的经营管理过程中,不但要通过先进技术、先进装备和先进的管理使猪的生产性能得到充分发挥,而且要高度重视成本管理,通过尽可能控制和降低成本,从而获得更多的利润。

一、成本核算

养猪生产中的各项消耗,有的直接与产品生产有关,这种开支称为直接生产成本,如饲养人员的工资和福利费、饲料、猪舍的折旧费等。另外,还有一些间接费用,即管理费用(如管理人员的工资和各项管理费等)、销售费用(销售人员费用、广告宣传等)、财务费用(利息等)。

(一)成本项目与费用

(1)劳务费:指直接从事养猪生产的饲养人员的工资和福利费。

(2)饲料费:指饲养各类猪群直接消耗的各种精饲料、粗饲料、动物性饲料、矿物质饲料及多种维生素、微量元素和药物添加剂等的费用。

(3)燃料和电费。

(4)医药费:猪群直接消耗的药品和疫苗费用。

(5)固定资产折旧费。

(6)固定资产维修费。

（7）低值易耗品费：指当年报销的低值工具和劳保用品的价值。

（8）其他直接费：不能直接列入以上各项的直接费用，如接待费等。

（9）管理费：非直接生产费，即共同生产费，如管理人员的工资及其他管理费。

（10）财务费用：主要指贷款产生的利息费用。

（二）成本的计算

根据成本项目核算出各类猪群生产的成本后，并计算出各猪群头数、活重、增重、主副产品产量等数据，便可以计算出各猪群的饲养成本和产品成本。在养猪生产中，一般要计算猪群饲养日成本、商品猪单位增重成本、断奶仔猪活重单位成本和主产品单位成本等，其计算公式如下。

$$猪群饲养日成本＝猪群饲养费用/猪群饲养天数$$

$$断奶仔猪活重单位成本＝断奶仔猪饲养费用/断奶仔猪总活重$$

$$商品猪单位增重成本＝（猪群饲养费用－副产品价值）/猪群总增重$$

$$主产品单位成本＝（各群猪的饲养费－副产品价值）/群猪主产品总产量$$

养猪生产中断奶仔猪和肉猪为主产品，副产品一般为粪肥、自产饲料等。

（三）盈亏核算

$$总利润（或亏损）＝销售收入－生产成本－销售费用－税金＋营业外收支净额$$

二、生产成本支出与控制

（一）生产成本支出

规模化猪场的费用按其经济用途不同，可分为生产成本（制造成本）和期间费用两类。

（1）生产成本：主要指与养猪生产直接有关的费用。

这类费用有的直接用于养猪生产，有的则用于管理与组织养猪生产。其划分的若干成本项目大致有生产区内工作人员的工资、奖金及津贴，分别按工资总额提取国家规定的福利费、工会费、教育费；各猪群耗用饲料费、兽药费、种猪费；生产区内能直接计入各猪群的猪舍和专用机械设备设施的固定资产折旧费；生产区内能直接计入各猪群的低值工具、器具和生产区人员劳保用品的摊销等低值易耗品费；猪场耗用的全部燃料费、全部水电费；零配件购置及修理费；办公费；生产用运费；差旅费等。

（2）期间费用：指猪场在生产经营过程中发生的、与养猪生产活动没有直接联系，属于某一时期耗用的费用。这些费用容易确定其发生时间和归属，但不容易确定它们应归属的成本计算对象。所以期间费用不计入养猪生产成本，不参与成本计算，而是按照一定期间（月份、季度或年度）进行汇总，直接计入当期损益。规模化猪场的期间费用包括管理费用、财务费用、销售费用。

将生产成本和费用合理划分为若干明细项目进行核算，能够反映猪场在一个时期内发生了哪些费用，数额各是多少，可用于分析猪场各个时期各种费用的支出水平，相比同期升降的程度和因素，从而为猪场制订增收节支及成本与费用控制目标提供可靠的依据。据了解，某万头猪场通过财务预算方案的控制，仅饲料费用一项开支，每年就可降低生产成本 20 万元，这是一个可观的数字。

（二）成本控制

1. 制订成本与费用控制目标，是提高猪场经济效益的有效手段 要对规模化猪场的成本及费用开支做到合理控制，年初就应根据本单位本年度的出栏商品猪头数和预期实现的销售收入，编制出详细的年度成本与费用开支的预算方案，该方案应该包括生产成本和期间费用的所有可列支的明细项目，制订的依据应该是猪场在正常生产的情况下，本单位近两年来有关成本和费用支出的平均数值。在本年度的工作中，应根据月度成本与费用支出报表与预算方案进行对比分析，并通过对比分析，及时发现成本费用控制计划的执行过程中，哪些指标已经达到或超过以及存在什么问题等。这样，就可在有效使用现有资金、降低行息的同时，有利于抓好内部挖潜、堵塞各种漏洞和不合理的费用支出，从而达到增收节支的目的。

Note

2. 制订生产监督与计划完成情况分析表,进一步降低生产成本

(1)各环节的原始记录,是实行计划生产的参数和依据。这些参数应包括哺乳成活率、保育成活率、发情期受胎率、产活仔数、每年每头母猪断奶胎数、母猪淘汰率、饲料转化率、日增重、平均出栏天数等。这些参数应是近几年内正常生产的平均数字。在制订生产计划时,各环节的参数一定要齐全,否则所定的计划与实际生产情况差异较大,造成生产过程的堵塞和猪舍的浪费,不利于降低每头出栏猪所分摊的折旧费用。

(2)生产组要定饲料、定药品、定工具、定能源消耗计划,不同环节、不同阶段的猪对饲料、药品、工具、能源等的需要量也各有不同。把长期以来各环节的实际使用量平均分配到各头猪的数值作为参数,然后以这些参数为依据,计算出各环节的需要量,作为监督生产过程的控制指标。

(3)跟踪生产,适时检查,及时调整。全年生产计划制订以后,整个猪场都围绕这一目标按照生产周程序开展工作,但计划并不代表实际生产成绩,计划与实施往往存在着一定的差距。例如,受胎率可随母猪的年龄、胎次、环境条件等的变化而变动较大,原计划每周配种的头数,则往往会出现不同程度的偏差,致使原定每周所产的窝数不一定能按时完成。因此,对猪场生产计划的执行与完成情况应有严格的监督和准确的统计分析,以从中找出未完成任务的原因,提出解决问题的办法,以便在下周和以后的工作中弥补,确保年度生产计划的按时完成,进而降低养猪成本。

(4)注意捕捉市场信息,努力做到适时出栏,以降低饲料成本。日增重是影响养猪经济的主要因素之一。猪的日增重不是随时间的推移而呈直线上升的,随着体重的增加,猪体维持自身生命活动的基本营养需要也相应增加。因此,为了取得养猪效益的最大化,猪场的经营者应以育肥猪的料重比为参考(因为在育肥后期投入的成本主要是饲料成本),与市场售价做比较,确定适宜的出栏体重。若育肥后期猪的料重比按 3.8 计算,在前段时间出栏猪卖价每千克 13 元、全价饲料每千克 2.79 元的形势下,育肥猪每增重 1 kg 需投入的饲料成本为 10.6 元,与每千克 13 元的卖价相比,仍有每千克 2.4 元的盈利空间。这样,将体重 95 kg 的育肥猪延长至 100 kg 出栏,就能多增加 12 元收益,一个万头猪场就能多收益 12 万元。相反,在市场售价降低的情况下,上述操作就有可能不赚钱甚至亏本。因此,低价位下养大猪不合算时,就要适当降低育肥猪的出栏体重,这也是降低饲养成本的有效途径。

3. 选择使用优良种猪,降低养猪生产成本 使用优良种猪,确定理想的杂交组合模式,是控制养猪生产成本的有效措施之一。好的品种和杂交组合与地方猪相比,具有生长快、耗料少、瘦肉率高、适应性强的特点,在相同饲养条件下,即使生产成本相同,所得经济效果也明显不同。

在种猪的管理方面,要及时淘汰生产成绩不佳的母猪,提高生产成绩。这些母猪包括胎次在 8 胎以上的、经常发病的(如乳腺炎、子宫炎、无乳综合征、呼吸道综合征等)、产仔数少的(10 头/胎以下)、母乳不足的、连续 3 个发情期配不上种的、母性差的、习惯性流产的等。

4. 管好用好饲料,促进增收节支 根据本单位各生产猪群的存栏量,参照各类猪的营养标准,计算出全价饲料的定额日喂量后,就可以计算出每天、每周和全年的饲料用量。在考虑到饲料运输、储藏、加工过程中的正常损耗量后,应制订出月度(或季度)饲料供应和储存计划,这样就能在筹资方面做到有的放矢,有利于降低饲料因管理方面的原因导致的损耗。

(1)把好收购关:对无质量保证以及水分含量较高的饲料,坚决不购,对于所购麸皮,为保证其质量,要与大型面粉厂建立长久的业务关系;在购买高蛋白质饲料,特别是鱼粉时,一定要先抽检、验质合格后再收购。

(2)把好储运关:饲料入库前,仓库要保证通风干燥,应有防雀设施;全场要定期灭鼠除虫,以减少不必要的饲料损失。在运输过程中,对包装和装卸的设施,力求严密,以免散失饲料。饲料入库时,保管员要先行入库核实,对饲料的含水量进行测定,超过规定的限度时必须晒干并等散热后,方能储存,以防霉烂变质。

(3)重视购销环节的管理工作,减少不必要的经济损失。

(4)把好饲料的配制和加工混合关,制订全价的饲料配方,这是促使猪健康生长的可靠保证。

同时,要严格按照所定的配方认真对原料过磅称重,这是保证饲料营养水平的关键。为此,猪场应选择工作责任心强的人员承担全场饲料的配制和加工混合工作,不提倡把料精分给饲养员,让其自行加工配制混合。

对种猪饲料的配制,应在考虑钙、磷平衡的前提下,尽可能少使用或不使用棉籽、菜籽饼等饲料,以防脱毒不力造成猪群繁殖障碍。

根据猪群的营养需要及气候特点制订饲料配方。饲料成本占养猪总成本的75%左右,是最具挖掘潜力的部分。为此,必须根据猪不同生长阶段的营养需要,科学地配制饲料,如专用哺乳仔猪料、断奶应激料、生长育肥料、哺乳母猪料等。另外,还要随季节变化调整饲料配方。一年四季的气温不同,猪对营养的需要也不同。不论是饲料厂推荐的配方,还是专家设计的配方,都不可能一年四季都适用。如冬季用高蛋白配方,会造成蛋白质的浪费,夏季用高能配方又会造成能量的浪费等。

5. 做好环境控制,是降低养猪成本的重要条件 育肥猪的适宜温度为15~23 ℃。天气寒冷时猪的采食量加大,同时需要消耗更多的能量维持体温,饲料用于生产的效率不高。猪皮下脂肪厚,体内热能散发较慢,并且汗腺退化,不能以大量排汗方式散发体内热量,对热应激比较敏感。因此在天气炎热的条件下,猪采食量少,消化功能减弱,饲料利用率不高。努力做好猪舍的合理环境控制,确保猪健康、快速生长,也是降低养猪成本的必要措施。

6. 采取有力措施,降低疾(疫)病损失

(1)采取措施,防止外疫传入,包括谢绝外人参观、严格进场消毒、消灭老鼠和蚊蝇、对引进种猪实行严格隔离等。

(2)应在认真做好抗体检测的基础上,制订出本场科学的免疫程序,要求免疫注射率达到100%,以增强猪的抗病力。

(3)要根据各类猪的具体情况,认真做好驱虫保健工作,以确保猪体质健康。

(4)认真做好消毒灭源工作。要求每转进一批猪前,均要对设备及地面进行严格的高压冲洗和常规消毒,认真执行转出—清洗—消毒—干燥—再转进制度。消毒后的干燥时间不少于7天。

(5)应根据本场近年来(尤其是近两年来)疾(疫)病流行特点,做好猪群的药物预防工作,以防止疫病发生。

(6)确保生产区外环境的清洁卫生。猪舍周围的杂草、脏污要及时清除,以防躲藏鼠类和滋生蚊蝇;舍外的粪尿沟要定期进行消毒,职工食堂每周应用3%~4%氢氧化钠溶液消毒一次,场区每半个月应大消毒一次,消毒的重点区域是人、猪经常通行的道路。对病猪走、卧、排粪尿的地方,要反复进行消毒。

(7)及时处理饲养无价值的猪。无价值的猪主要是一些病弱僵猪。南京农业大学吴增坚教授曾提出"五不治",即无法治愈的猪,治愈后经济价值不大的猪,治疗费工费时的猪,传染性强、危害性大的猪,治疗费用过高的猪。

任务三 制订猪场管理技术岗位工作规范

▶ **任务知识**

一、猪场岗位设置与职责

岗位设置包括健全劳动组织和劳动制度,贯彻生产岗位责任制,制订合理的劳动定额和劳动报酬,使每个人责任明确、工作有序,坚决杜绝互相推诿、生产窝工等现象。其最终目的是调动每个人的积极性,提高劳动生产率和养猪经济效益。

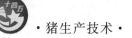

（一）健全劳动组织和劳动制度

猪场的劳动组织根据猪场的各项工作性质进行分工,使干部、员工进行最佳组合,明确每个人的责任,使之相互独立又相互协作,达到提高劳动生产率的目的。各部门的基本职责如下。

1. 管理方面　包括场长、副场长等。职责是负责全场发展计划的制订,对生产经营活动具有决策权和指挥权,合理调配人力,做到人尽其才。对职工有按条例奖罚权,安排生产,指挥生产,检查猪群繁殖、饲养、疾病防治、生产销售、饲料供应等关键性大事,掌握财务收支的审批及对外经济往来,负责全场职工的思想、文化、专业技术教育及生活管理。

2. 技术方面　包括畜牧、兽医技术人员等,他们在场长的统一领导下负责全场的技术工作,职责是制订各种生产计划,掌握猪群变化、周转情况,检查饲养员工作情况以及各种防疫、保健、治疗工作,疫苗注射部位和操作规程必须准确熟练。同时,还要负责新技术推广、生产技术问题分析、生产技术资料统计等,及时向场长汇报。

3. 饲养方面　主要是饲养员。这类人员要实行责任制,按所饲养猪群制订生产指标、饲料消耗和奖罚制度。他们的职责是按技术要求养好猪,积极完成规定的生产指标,做好本猪群的日常管理、卫生清理工作,注意观察猪群,发现意外或异常情况及时报告。另外,要积极学习养猪技术知识,不断提高操作技能。

4. 后勤管理方面　主要包括财务管理、饲料加工供应及其他服务工作,如供销、水电供应、房屋设备维修等。财务管理工作包括日常报账、记账、结账,资金管理与核算、成本管理与核算、生产成果的管理与核算等,并通过报表发现存在的财务薄弱环节,提供给场长,以便及时做出决策,避免造成不可挽回的损失。物资的供应及产品的销售,应本着降低成本、提高效益的原则进行。

猪场的劳动制度是合理组织生产力的重要手段。劳动制度的制订,要符合猪场劳动特点和生产实际,内容要具体化,用词准确,简明扼要,质和量的概念必须明确,经过群众认真讨论,领导批准后公布。一经公布,全场工作人员必须认真执行。

（二）确定合理的劳动定额

定额就是集约化猪场在进行生产活动时,对人力、物力、财力的配备、占用、消耗以及生产成果等方面遵循或达到的标准。定额包括以下几个方面的内容。

1. 劳动手段配备定额　即完成一定任务所规定的机械设备或其他劳动手段应配备的数量标准,如运输工具、饲料加工机具、饲喂工具和猪栏等。

2. 劳动力配备定额　即按照生产的实际需要和管理工作的需要所规定的人员配备标准,如每个饲养员应承担的各类猪头数定额、机务人员的配备定额、管理人员的编制定额等。

3. 劳动定额　即在一定质量要求条件下,单位工作时间内应完成的工作量或产量,如机械工作组定额、人力日作业定额等。

4. 物资消耗定额　即为生产一定产品或完成某项工作所规定的原材料、燃料、工具、电力等的消耗标准,如饲料消耗定额、药品使用定额等。

5. 工作质量和产品质量定额　如母猪的受胎率、产仔率、成活率、商品肉猪出栏率、出勤率、机械的完好率等。

6. 财务收支定额　即在一定的生产经营条件下,允许占用或消耗财力的标准,以及应达到的财力成果标准,如资金占用定额、成本定额、各项费用定额以及产值、收入、支出、利润定额等。

二、目标责任制的制订

目标责任制是进行有秩序的生产、养好各类猪和提高饲养人员积极性的重要措施。

（一）目标责任制

全面落实目标责任制,是搞好猪场的成功经验之一。猪场的生产责任制形式多种多样,可用"定、包、奖"来描述。"定"就是定目标、任务,如饲养人员就是定饲养任务、繁殖任务或上交生猪数量等;"包"就是包饲养费用,可以按照上年或前几年各类猪每头的物资消耗、定额平均数和平均价格,计算出各类猪全年的饲料、医药、水电、房舍折旧等费用,再加上管理费用一并包给承包者,实行超支不补、节约归己的原则,促使承包者不断降低生产成本;"奖"即奖罚制度,超额完成目标任务者奖,反之则罚。这有利于调动承包者的生产积极性,发挥因地制宜的灵活性,最大限度地提高生产水平和经济效益。

目前,一般采用联产承包责任制(产量责任制)或利润承包责任制,即定出全年上缴利润总额,其他一切费用和经营活动由承包者自己安排。上述承包办法基于几年或更长期限的承包,对后勤或科室干部职工,应明确规定出不同岗位和人员在整个经营活动中的任务、责任以及利益和奖励办法,把各项工作都落实在每一个劳动者身上,并实行量化考核,以确保预期目标的实现。

下面列举一种常用的承包模式。

1. 种公猪饲养组

岗位责任:按要求饲喂、供水、清粪、调教、驱赶、刷拭公猪,与母猪饲养员协作进行试情、配种,做好各项记录。

考核项目:公猪体质、精液品质、母猪发情期受胎率。

奖惩办法:根据具体情况确定。

2. 空怀、妊娠母猪饲养组

岗位责任:按要求饲喂、供水、清粪。协作配种,母猪保胎,做好各项记录,协助其他人员工作。

考核项目:发情期受胎率、产仔窝数、窝产活仔数、母猪体况。

奖惩办法:根据具体情况确定。

3. 哺乳母猪饲养组

岗位责任:按要求饲喂、供水、清粪、接产、消毒、护理母猪及仔猪,操作有关设备,做好各项记录。协助有关人员进行防疫、治疗、称重、转群等工作。

考核项目:仔猪断奶成活头数、成活率、个体重、医药费开支等。

奖惩办法:根据具体情况确定。

4. 仔幼猪培育组

岗位责任:按要求饲喂、供水、清粪、消毒,操作有关设备,做好各项记录,协助有关人员进行防疫、治疗、称重、转群等工作。

考核项目:日增重、成活率、饲料转化率、医药费开支等。

奖惩办法:根据具体情况确定。

5. 生长育肥猪饲养组

岗位责任:按要求饲喂、供水、清粪、消毒,操作有关设备,做好各项记录,协助有关人员进行防疫、治疗、称重、转群与出栏称重等工作。

考核项目:日增重、成活率、饲料转化率、医药费开支等。

奖惩办法:根据具体情况确定。

6. 技术室

岗位责任:协助场长制订生产计划、各项生产技术措施,组织安排好猪群周转,每月统计生产水平变化。对猪场存在的问题进行必要的调查、实验与研究,并提出改进技术管理的意见,制订并落实各项防疫计划与保健措施。治疗病猪、节省医药费开支。

考核项目:产活仔总数及各阶段成活率、增重速度、饲料转化率,出栏周期、医药费开支等。

奖惩办法:根据具体情况确定。

7. 财务室

岗位责任:账目日清月结,每月做出成本核算,管理好各项资金,对生产成本及资金周转、使用情况每季度做出书面报告,并提出降低成本、提高资金利用率的措施,及时向场长汇报。

考核项目:账目清楚、准确、及时,成本核算准确,能提出成本与资金运用状况的评价,提出增加效益的具体措施。

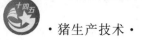

奖惩办法:根据具体情况确定。

8. 场长

岗位责任:在上级部门监督下,负责猪场的全面经营管理活动的决策,组织、实施工作。主持制订各种制度、计划,保证各种生产经营活动的基本条件,组织技术培训,提高职工素质,组织考核、讲评,调动职工积极性。

考核项目:出栏数、出栏率、全群饲料转化率、盈利额、总投资利润率、职工工作条件及生活条件的改善、群众评议等。

奖惩办法:根据具体情况确定。

(二)合理地兑现劳动报酬

依照按劳分配为主、效益优先、兼顾公平的原则,结合猪场生产特点及时兑现劳动报酬,这是调动工作人员生产积极性和进一步落实目标责任制的重要手段和有效措施。目前,一些养猪企业采用结构工资,工资总额包括基础工资、职务工资、奖励工资三部分,每一部分所占工资总额的比例可根据具体情况而定。在猪场经营管理中,要充分利用和发挥劳动报酬的优势,把生产和效益搞上去,制订合理的计酬办法和标准,按劳动数量和质量给予报酬。

三、猪场饲养管理岗位操作规程

(一)隔离舍(后备猪)饲养管理技术操作规程

1. 工作目标　保证后备母猪使用前合格率在90%以上,后备公猪使用前合格率在80%以上。

2. 操作规程

(1)按进猪日龄,分批次做好免疫计划、限饲优饲计划、驱虫计划,并予以实施。后备母猪配种前驱除体内外寄生虫一次,进行乙型脑炎、细小病毒等疫苗的注射。

(2)日喂料2次。母猪6月龄以前自由采食,7月龄适当限制,配种前一个月或半个月优饲。限饲时喂料量控制在2 kg以下,优饲时喂料量为2.5 kg以上或自由采食。

(3)做好后备猪发情记录,并将该记录移交配种舍人员。母猪发情记录从6月龄时开始。仔细观察初次发情期,以便在第2~3次发情时及时配种,并做好记录。

(4)后备公猪单栏饲养,圈舍不够时可2~3头一栏。后备母猪小群饲养,5~8头一栏。

(5)引入后备猪前一周,饲料中适当添加一些抗应激药物,如维生素C、矿物质添加剂等。同时在饲料中适当添加一些抗生素药物,如多西环素、利高毒素、土霉素、卡那霉素等。

(6)外引猪的有效隔离期约为6周(40天),即引入后备猪至少在隔离舍饲养40天。若能周转开,最好饲养到配种前一个月,即母猪7月龄、公猪8月龄时。转入生产线前最好与本场老母猪或老公猪混养2周以上。

后备猪每天每头喂饲料2.0~2.5 kg,根据不同体况、配种计划增减喂料量。后备母猪自第一个发情期开始,要安排喂催情料,一般比常规喂料量多1/3,配种后料量减到1.8~2.2 kg。

(7)进入配种区的后备母猪每天用公猪试情检查。以下方法可以刺激母猪发情:调圈、和不同的公猪接触、尽量让即将发情的母猪进行适当的运动、限饲与优饲、应用激素。

(8)进入配种区后超过60天不发情的后备母猪应淘汰;对患有喘气病、胃肠炎、肢蹄病的后备猪,应隔离单独饲养在一栏内。此栏应位于猪舍的最后,观察治疗一个疗程仍未见有好转的,应及时淘汰。

(9)后备猪每天分批次赶到运动场运动1~2 h。后备母猪在6~7月龄转入配种舍,小群饲养(每栏5~6头)。后备母猪的配种月龄须达到8月龄,体重要达到110 kg以上。公猪单栏饲养,配种月龄须达到9月龄,体重要达到130 kg以上。

(二)配种、妊娠舍饲养管理技术操作规程

1. 工作目标　按计划完成每周配种任务,保证全年均衡生产;保证配种分娩率在85%以上;保证窝平均产活仔数在10头以上;保证后备母猪合格率在90%以上(转入基础群为准)。

2. 操作规程

（1）发情鉴定：发情鉴定的最佳方法是当母猪喂料后半小时表现平静时进行，每天进行两次发情鉴定，上午、下午各一次，采用人工查情与公猪试情相结合的方法。配种员所有工作时间的 1/3 应放在母猪发情鉴定上。

母猪的发情表现：阴门红肿、阴道内有黏液性分泌物、在圈内来回走动，频频排尿、神经质、食欲差、压背静立不动、互相爬跨，接受公猪爬跨。也有发情不明显的，发情检查最有效的方法是每天用试情公猪对待配母猪进行试情。

（2）配种。

①配种程序：先配断奶母猪和返情母猪，然后根据满负荷配种计划有选择地配后备母猪，后备母猪和返情母猪需配够 3 次。目前采用"1＋2"配种方式，即第一次本交，第二、三次人工授精，条件成熟时推广"全人工授精"的配种方式。

②配种间隔：不同阶段母猪的配种间隔如下所述。

a. 经产母猪：上午发情，下午配第一次，次日上午、下午配第二、三次；下午发情，次日早配第一次，第三日上午、下午配第二、三次，经产母猪两日内配完。断奶后发情较迟（7 天以上）的母猪及复发情的母猪，要早配（发情即配）。

b. 初产母猪：当日发情，次日起配第一次，随后每间隔 8～12 h 配第二、三次，一般来说，两日内配完；个别母猪三日内配完（第一、二次配种情况不稳定时，其后配种间隔时间拉长）。超期发情（8.5 月龄以上）的后备母猪，要早配（发情即配）。

（3）人工授精技术操作规程（按照前面所述的方法进行）。

（三）分娩舍饲养管理技术操作规程

1. 工作目标 按计划完成母猪分娩产仔任务；哺乳期成活率在 95％以上；仔猪 3 周龄断奶平均体重不少于 6.0 kg，4 周龄断奶平均体重不少于 7 kg。

2. 操作规程

（1）产前准备。

①空栏彻底清洗，检修产房设备，之后用消毒剂连续消毒 2 次，晾干后备用。第二次消毒最好采用火焰消毒或点蒸消毒。

②产房温度最好控制在 25 ℃左右，湿度为 65％～75％。产栏安装滴水装置，夏季头颈部滴水降温。

③检验清楚预产期，母猪的妊娠期平均为 114 天。

④产前、产后 3 天母猪减料，以后自由采食，产前 3 天开始投喂小苏打或芒硝，连喂 1 周，分娩前检查乳房是否有乳汁流出，以便做好接产准备。

⑤准备好 5％碘酊、0.1％高锰酸钾消毒水、抗生素、催产素、保温灯等药品和工具。

⑥分娩前用 0.1％高锰酸钾消毒水清洗母猪的外阴和乳房。

⑦临产母猪提前一周上产床，上产床前清洗消毒，驱体内外寄生虫一次。

（2）判断分娩。

①阴道红肿，频频排尿。

②乳房有光泽、两侧乳房外涨，用手挤压有乳汁排出，初乳出现后 12～24 h 分娩。

（3）接产。

①要求有专人看管，接产时每次离开时间不得超过半小时。

②仔猪出生后，应立即将其口鼻黏液清除、擦净，用抹布将猪体擦干，发现假死猪及时抢救，产后检查胎衣是否全部排出，如胎衣不下或胎衣不全可肌内注射催产素。

③断脐用 5％碘酊消毒。

④把初生仔猪放入保温箱，保持箱内温度在 30 ℃以上。

⑤帮助仔猪吃上初乳，固定乳头，初生体重小的放在前面，大的放在后面。仔猪吃初乳前，每个

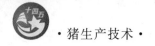

乳头的最初几滴奶要挤掉。

有羊水排出、强烈努责后 1 h 仍无仔猪排出或产仔间隔超过 1 h,即视为难产,需要人工助产。

（四）保育舍饲养管理技术操作规程

1. 工作目标 保育期成活率在 95％以上;60 日龄转出体重在 20 kg 以上。

2. 操作规程

（1）转入猪前,空栏要彻底冲洗消毒,空栏时间不少于 3 天。

（2）每周有一批次的猪群转入、转出,猪栏的猪群批次清楚明了。

（3）刚转入小猪的猪栏里,要用木屑或棉花将饮水器乳头撑开,使其有少量流水,诱导仔猪饮水和吃料,并经常检查饮水器。

（4）前两天注意限料,以防消化不良,引起下痢。以后自由采食,勤添少添,每天添料 3～4 次。

（5）及时调整猪群,强弱、大小分群,保持合理的密度,病猪、僵猪及时隔离饲养。注意链球菌病的防治。

（6）保持圈舍卫生,加强猪群调教,训练猪群吃料、睡觉、排便"三定位"。尽可能不用水冲洗有猪的猪栏(炎热季节除外),注意舍内湿度。

（7）前一周,饲料中适当添加抗应激药物,如维生素 C、矿物质添加剂等。同时饲料中适当添加抗生素药物,如土霉素、卡那霉素等。一周后驱体内外寄生虫一次。

（8）清理卫生时注意观察猪群排粪情况,喂料时观察食欲情况,休息时检查呼吸情况,发现病猪,对症治疗。严重病猪隔离饲养,统一用药。

（9）按季节温度的变化,做好通风换气、防暑降温及防寒保温工作。注意舍内有害气体浓度。

（10）分群、合群时,为了减少相互咬架而产生应激,应遵守"留弱不留强""拆多不拆少""夜并昼不并"的原则,可对并圈的猪喷洒药液(如来苏尔),清除气味差异,并圈后饲养人员要多加观察(此条也适合其他猪群)。

（11）每周消毒两次,每周消毒剂更换一次。

（五）生长育肥舍饲养管理技术操作规程

1. 工作目标 育成期成活率≥99％;饲料转化率(15～90 kg 阶段)≤2.7;日增重(15～90 kg 阶段)≥650 g;生长育肥期(15～95 kg)饲养日龄≤119 天。

2. 操作规程

（1）转入猪前,空栏要彻底冲洗消毒,空栏时间不少于 3 天。

（2）转入、转出猪群每周一批次,猪栏的猪群批次清楚明了。

（3）及时调整猪群,强弱、大小、公母分群,保持合理的密度,病猪及时隔离饲养。

（4）仔猪 49～77 日龄喂仔猪料,78～119 日龄喂中猪料,120～168 日龄喂大猪料,自由采食,喂料时参考喂料标准,以每餐不剩料或少剩料为原则。

（5）保持圈舍卫生,加强猪群调教,训练猪群吃料、睡觉、排便"三定位"。

（6）干粪便要用车拉到化粪池,然后用水冲洗栏舍,冬季每隔一天冲洗一次,夏季每天冲洗一次。

（7）清理卫生时注意观察猪群排粪情况,喂料时观察食欲情况,休息时检查呼吸情况,发现病猪,对症治疗。严重病猪隔离饲养,统一用药。

（8）按季节温度的变化,调整好通风降温设备,经常检查饮水器,做好防暑降温等工作。

（9）分群、合群时,为了减少相互咬斗而产生应激,应遵守"留弱不留强""拆多不拆少""夜并昼不并"的原则,可对并圈的猪喷洒药液(如来苏尔),清除气味差异,并圈后饲养人员要多加观察(此条也适用于其他猪群)。

（10）每周消毒一次,每周消毒剂更换一次。

（11）出栏猪要事先鉴定合格后才能出场,残次猪特殊处理出售。

四、卫生消毒制度

（1）消毒剂的选择要考虑人畜安全，应选择对设备没有破坏性，效果好，毒性小的消毒剂，所选用的消毒剂必须符合《无公害食品　畜禽饲养兽药使用准则》(NY 5030—2006)的规定。

（2）本场工作人员进入生产区必须更衣、换鞋，用紫外线消毒等，严格控制外来人员进入生产区，必须进入的要更衣、换鞋，并经过严格的消毒程序。

（3）定期带猪消毒，定期对猪舍、保温箱、补料槽、饲料车、料箱及其他用具进行消毒。

（4）猪转群或销售后的栏舍要进行彻底消毒，猪转群时猪体要进行冲洗消毒。

（5）产房内的母猪产前要进行一次全身消毒和栏内消毒；产后要及时清理产栏，并进行消毒。

（6）定期对场、舍周围及场内污水池、排粪坑、下水道口等进行消毒；在大门口、猪舍入口设消毒池，定期更换消毒药，出入车辆、人员必须进行消毒。

五、猪场引种制度

（1）坚持自繁自养的原则。

（2）需要引种时，应从具有种猪经营许可证的种猪场引进。

（3）引进的种猪，隔离观察15～30天，经兽医检疫确定为健康合格后，方可供繁殖使用。

（4）引种前应调查产地是否为非疫区，不得从疫区引进种猪。

（5）猪在装运及运输过程中严禁接触其他偶蹄动物，运输车辆要进行装前、卸后彻底清洗消毒。

六、猪场免疫制度

（1）使用的疫苗必须符合《兽用生物制品质量标准》，到有资格经营生物制品的供应点选购，禁止从非法渠道购买疫苗。

（2）疫苗必须按有关规定保存、运输和使用。

（3）根据本场实际情况，制订科学的免疫程序，并在生产过程中严格执行。

（4）免疫用具在免疫前后应彻底消毒。

（5）剩余或废弃的疫苗以及使用过的疫苗瓶要集中进行无害化处理，不得乱扔。

七、猪场疫病防治制度

（1）坚持"预防为主"，按时做好计划免疫接种。

（2）猪场环境布局合理，设施符合防疫要求。场内生产区和生活区分开，并建有消毒室、兽医室、隔离室、病死畜无害化处理间。出入生产区要更衣、换鞋，进行消毒或淋浴。场内定期灭蚊、灭鼠等。

（3）猪场内严禁饲养与本场防疫要求相关的家禽和犬、猫等其他动物，猪场职工及食堂不得外购生鲜肉品及副产品。本场兽医、配种人员不准对外诊疗动物疾病和对外开展配种工作。

（4）开展疫病监测工作。猪场应定期对口蹄疫、猪传染性水疱病、猪瘟、猪繁殖与呼吸综合征、伪狂犬、乙型脑炎、猪囊虫病和弓形虫病等进行监测。

（5）疫病控制和扑灭。当发生猪口蹄疫、炭疽、猪水疱病时，必须立即报告当地畜牧兽医行政管理部门，并立即采取封锁和扑灭措施，扑杀和销毁病畜。发生猪瘟、伪狂犬病、猪繁殖与呼吸综合征时应采取清群和净化措施，全场进行彻底消毒，病死或淘汰的猪尸体按《病害动物和病害动物产品生物安全处理规程》(GB 16548—2006)进行无害化处理，消毒按《畜禽产品消毒规范》(GB/T 16569—1996)进行。

（6）饲养员必须注意观察、检查猪群，发现病猪及时报告，并协助兽医员做好日常治疗工作。

（7）兽医员要经常深入猪舍，发现疾病及早治疗，疑难病例要及时组织会诊，采取相应的防治措施，做好诊断、治疗等记录。

八、猪场饲料、添加剂使用管理制度

（1）饲料原料和饲料添加剂符合《无公害食品　畜禽饲料和饲料添加剂使用准则》(NY 5032—

2006)的规定要求。

(2)使用的饲料、添加剂必须来自具有生产许可证和产品批准文号的生产企业。

(3)禁止使用国家停用、禁用或者淘汰的饲料、添加剂以及未经审定公布的饲料、添加剂。

(4)禁止使用未经国家批准的进口饲料、添加剂。

(5)禁止使用失效、霉变或超过保质期的饲料、添加剂。

(6)禁止在饲料、饮用水中添加激素药物及国家规定的其他禁用药品。

(7)禁止在饲料中添加"瘦肉精"等国家禁用的药品。

(8)使用的添加剂必须严格遵守国家制定的安全使用规范。

(9)在猪的不同生长期和生理阶段,根据营养需求,配制不同的配合饲料,不同阶段的饲料,包装、标识要有所区别。

(10)禁止用制药工业副产品作为饲料原料,不给育肥猪使用高铜、高锌日粮。

(11)使用含有抗生素的添加剂时,在商品猪出栏前,按准则严格执行休药期。

九、兽药使用管理制度

(1)保持良好的饲养管理,尽量减少疾病的发生,减少药物的使用量。

(2)仔猪、生长育肥猪必须治疗时,药物的使用应符合 NY 5030—2006 的规定要求。

(3)所用兽药必须来自具有"兽药生产许可证"和产品批准文号的生产企业,或者具有"进口兽药许可证"的供应商。所用兽药的标签符合《兽药管理条例》的规定。

(4)优先使用疫苗预防动物疫病,使用的疫苗应符合《兽用生物制品质量标准》。

(5)禁止使用人用药。

(6)禁止使用麻醉药、镇痛药、镇静剂、中枢兴奋药、化学保定药及骨骼松弛药。禁止使用未经国家畜牧兽医行政管理部门批准的用基因工程生产的兽药。禁止使用未经农业部批准或已淘汰的兽药。

(7)药物购回后,保管员应对其进行验收(包括厂家,批准文号、有效期、是否是禁用药等),合格者登记入库,不合格者上报有关负责人进行处理,禁止入库。

(8)凭处方领取药物,处方由兽医开具,所领取的药物按领取部门及药物名称分类进行严格登记。按疗程用药,杜绝药物的滥用和浪费。

(9)育肥后期的商品猪,尽量不使用药物,必须治疗时,根据所用药执行停药期(未规定停药期的品种,停药期不应少于 28 天)。

(10)建立并保存全部用药记录。用药记录包括患猪编号、发病时间及症状,治疗用药名称(商品名及有效成分),给药途径、给药剂量、疗程、康复情况等。

十、病死猪、废弃物的处理制度

(1)淘汰、处死的可疑病猪,应采取无血液和浸出物散播的方法进行扑杀,传染病猪尸体按 GB 16548—2016进行处理。

(2)不得出售病猪、死猪。

(3)有治疗价值的病猪应隔离饲养,由兽医进行诊治。

(4)猪场废弃物处理实行减量化、无害化、资源化原则。

(5)粪便经堆积发酵后作为农业用肥。

(6)猪场污水应经发酵、沉淀后才能作为液体肥使用。

十一、资料记录制度

(1)认真做好日常生产记录,记录内容包括引种、配种、产仔、哺乳、断奶、转群、饲料消耗等。

(2)种猪要有来源、特征、主要生产性能记录。

(3)做好饲料来源、配方及各种添加剂使用情况记录。

(4)兽医做好免疫、用药、发病和治疗情况记录。

（5）每批猪出场应有销售的记录,以备查询。

（6）资料应尽可能长期保存,至少保留两年。

十二、猪场工作人员管理制度

（1）必须定期体检,取得健康合格证后方可上岗。

（2）生产人员进入生产区时应更换衣鞋、按程序消毒。工作服保持清洁、定期消毒。

（3）猪场兽医人员不准对外诊疗动物疾病,猪场配种人员不准对外开展猪的配种工作。

（4）非生产人员一般不允许进入生产区,特殊情况下,需更换衣鞋、按程序消毒后方可入场,并遵守场内的一切防疫制度。

十三、场主管领导岗位责任制

（1）全面负责猪场生产、示范、培训工作,制订计划、管理制度,组织实施,督促检查。

（2）严格按养殖业无公害产品标准组织猪场生产、科技示范工作,确保上市的猪肉符合无公害猪肉标准。

（3）审查、批准猪场科研、生产示范的技术方案,督促、检查实施情况。

（4）对猪场经营状况承担责任,做到财务收支平衡,努力开发市场,增加收入,严格控制支出,降低成本。

（5）严格监督、检查各部门工作,发现问题须及时组织有关人员解决。

十四、猪场技术员岗位责任制

（1）严格按养殖业无公害产品标准开展猪场的生产示范工作。

（2）禁止在生产过程中使用违禁药物,控制兽药的使用范围及使用量,严格执行休药期制度。

（3）须对饲料、兽药等投入品的使用情况进行登记,建立生产管理档案。

（4）制订生产计划,报技术负责人审核后,组织实施并对生产中出现的各种情况及时向技术负责人汇报。

（5）根据技术负责人的安排,协助完成猪场对外接待及技术培训工作。

课后练习

一、名词解释

1. 配种分娩率

2. 料肉比

3. 环比

4. 总利润

二、论述题

假如你是某大型猪场的老板,你该怎样调动员工的积极性,提高猪场的效益?

项目九 猪生产实验实习指导

实验一 猪的屠宰与屠宰测定

一、实验目的
了解猪的屠宰过程、方法、技术要求以及测定的项目和具体方法。

二、实验材料与用具

1. 实验材料 猪、食盐、燃料、细麻绳、擦布、毛巾、肥皂、胶鞋、橡胶手套等。

2. 实验用具 电麻器、肉钩、肉锯、盛血盆、盐水盘、案板、宽木凳、放血刀、劈骨刀、刮刨、刮毛刀、地秤、小秤、大铁锅、竹筛、大铝盆、吊悬猪尸架、100 ℃酒精温度计、钢卷尺、水桶、量杯、水勺、磨刀石等。

三、实验内容与方法

（一）屠宰

1. 宰前准备工作 猪在屠宰之前应进行体格检查,以防止将患有传染病的猪屠宰出售。供宰猪达规定体重后,早晨空腹称重,称重后加喂 1 次,然后停食 24 h,翌日早晨称重后即可屠宰。

2. 冲淋 在候宰间的一角装置淋浴设备,将猪赶至候宰间的淋浴室内,冲淋猪体 2～3 min,以清除体表的污物,保证屠宰时清洁卫生。

3. 致昏 应用物理方法(如电麻法)或化学方法(如吸入 CO_2 法),使猪在宰杀前短时间内处于昏迷状态。电麻法是用输出电压为 70～90 V 的电麻器,在猪的额与耳根通电 4～6 s,使猪晕倒,然后颈部刺杀放血。操作者要穿胶鞋、戴橡胶手套防护,电麻器两极海绵的部位要分别浸上食盐水。化学方法是使猪通过含有 65%～75% CO_2 的密闭室或隧道,经 15 s CO_2 麻醉,使猪在安静状态下不知不觉地进入昏迷,达到维持 2～3 min 麻醉的目的,然后颈部刺杀放血。

4. 刺杀放血 进刀部位是在颈部第 1 对肋骨水平线下方,稍偏离颈中线右侧,把刀由上前方向下方刺入,割断颈动脉放血,放血时间为 5～8 min,血必须放干净,否则会影响猪肉的品质与储藏。称重记录血量。

5. 烫毛与剥皮 目前国内屠宰有烫毛与剥皮两种方法。猪先经热水浸烫,然后人工刮毛或送至刮毛机中机械刮毛完成猪的烫毛;猪放血后拔去鬃毛,用水冲洗猪体污泥后进行剥皮。烫毛操作过程如下。

（1）用尖刀从猪上门齿外侧向鼻孔内扎 1 个小孔,挂 1 个肉钩,向铁锅内加入开水 4～6 桶,然后兑入冷水,在搅拌中检查水温,至所需温度(水温因气候、品种、年龄和个体不同而异,冬季室外操作,水温 70～75 ℃,夏季 62～64 ℃)。

（2）用水量为猪重的 1.5～2 倍,水温调好后,立即把猪尸移入水中浸烫 3～8 min,以水不溢出为宜。使猪在水中不停地活动,浸烫均匀,注意头、四肢、肘后和膝前等不易烫到的部位。

（3）用手拔耳、四肢、尾及腹部被毛检查,若能顺利拔掉时,则表示已烫好。随即在水中除去上述部位被毛,然后将猪尸置于操作台上,用刮刨(或刮毛刀)顺毛方向,按头→颈→体侧→臀→四肢→背的顺序刮除被毛和污垢,刀刃和体表应成 90°角。

（4）刮毛时应不时浇热水于体表，刮除大毛后，系好后肢吊脚钩，倒置猪尸于架上，浇热水，再刮1次。然后浇1次冷水，用刮刀以 $30°\sim35°$ 角刮去残毛，最后用清水洗净，刮干体表。

6. 开膛剖腹取内脏　将猪体倒悬，用刀从肛门前沿腹中线至喉左右平分割开体腔，取出内脏，分别测量各脏器的容积、重量和长度。首先应称胃、肠和膀胱含有内容物时的重量，然后倒掉胃、肠和膀胱内容物后再称1次。

7. 去头、蹄、尾

（1）去头：从耳根后及下颌上第1条自然皱纹经寰枕关节切下猪头。

（2）去蹄：前蹄从腕关节、后蹄从跗关节环割皮肤及腱膜，折断割下，去掉蹄壳后称蹄重。

（3）去尾：由尾皱纹处割下尾巴，称重。

8. 劈半　先从耳根至颈，沿背中线左右平分，切开皮肤及皮下脂肪，卸掉一侧后肢挂钩，从腹侧用劈刀自尾椎准确平分脊椎骨至第1颈椎，将胴体均匀地劈成两半。

9. 修整与冲洗　去蹄壳，割输精管，刮净残毛，冲洗污物，修净甲状腺、肾上腺以及病变的淋巴腺，方可成为食用胴体。生猪屠宰加工流程见图9-1。

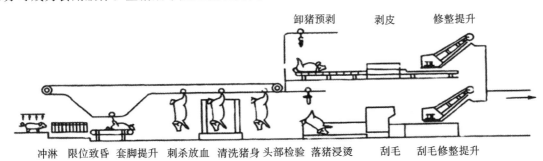

图 9-1　生猪屠宰加工流程图

（二）记录与计算

记录各项称重的所有数据，并进行相关计算。

1. 胴体重　猪活体放血，刮毛，去头、蹄、尾和内脏，保留板油及肾的左右两侧的重量称胴体重。称完胴体重后，取板油和肾分别称重。

2. 宰前活重　宰前禁食24 h后的活体重量。

3. 空体重　宰前活重减去宰后胃、肠和膀胱内容物后的重量。

4. 花油、板油比例　指花油、板油分别占胴体重的百分比。

5. 肠道长度与体长的比例　用肠道长度占体长的百分数来表示。

6. 作业损耗　指屠宰前的活体重减去血、毛、内脏器官（不包括肾与板油）、头、蹄、尾和胴体的重量。

四、实验注意事项

（1）实验人员应遵守秩序，分工负责，注意用刀安全。

（2）抓猪要机警、稳健，不能慌乱，防止事故。

（3）使用电麻器时,注意食盐水不能浸至木把。电麻猪时,其他人不能触碰猪体。

五、作业

（1）猪的屠宰包括哪些步骤？烫毛的水温以多少摄氏度为宜？

（2）将屠宰测定结果按表 9-1 计算填写。

表 9-1　屠宰测定结果

项 目＼猪 号		1		2		3		4	
品种									
性别									
年龄									
活重/kg									
体长/cm									
胴体重/kg									
屠宰率									
各部分									
板油									
测量项目		绝对值	百分比/（%）	绝对值	百分比/（%）	绝对值	百分比/（%）	绝对值	百分比/（%）
大肠	重/kg								
	长/cm								
小肠	重/kg								
	长/cm								
胃重/kg									
后腿重/kg									
心重/kg									
肺重/kg									
脾重/kg									
膀胱重/kg									
肾重/kg									
头重/kg									
蹄、尾重/kg									
血液重/kg									
鬃毛重/kg									
胰重/kg									
作业耗损/kg									

实验二　猪的胴体品质测定

一、实验目的

掌握猪胴体品质测定的项目和方法。

二、实验材料与用具

1. 实验材料 猪胴体、硫酸纸、坐标纸等。

2. 实验用具 屠宰刀具、肉墩、案板、钢卷尺、游标卡尺、秤、肉钩、肉架等。

三、实验内容与方法

（一）胴体品质的测定

胴体品质测定的内容包括胴体长、胴体宽、膘厚、皮厚、眼肌面积、后腿比例和板油比例等，胴体品质测定示意图见图 9-2。

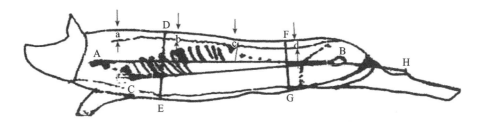

图 9-2　胴体品质测定示意图

AB.胴体直长　BC.胴体斜长　DE.前宽　GF.后宽　BH.大腿长

a.鬐甲上部背膘厚　b.肋间背膘厚　c.胸腰结合处背膘厚　d.腰荐结合处背膘厚

1. 胴体长 半片胴体倒挂起来，用钢卷尺测量。

(1) 胴体直长：从耻骨联合前缘中线点至第 1 对肋骨与胸骨结合处中心点的长度。

(2) 胴体斜长：从耻骨联合前缘中线点至第 1 颈椎底部前缘的长度。

2. 胴体宽 半片胴体倒挂起来，用钢卷尺测量。

(1) 胴体前宽：由胴体内面沿第 6~7 肋骨的水平线，从背部脂肪的上缘起量至胸下部的皮内缘或脂肪外缘为止。

(2) 胴体后宽：沿腰角直线，由臀部的脂肪上缘向下量至腹下脂肪外缘为止。

3. 膘厚

(1) 一点测定：测量第 6、7 胸椎结合处垂直于背部的皮下脂肪层厚度，不包括皮厚。

(2) 多点测定：测量背中线肩部最厚处、胸腰椎结合处和腰荐椎结合处 3 点的膘厚，用平均值表示，同时说明其为平均膘厚。

4. 皮厚 皮厚应在胴体剖开后立即测量，测量部位与膘厚一致，用平均值表示平均皮厚。

5. 眼肌面积 最后 1 对肋骨处背最长肌横截面的面积（图 9-3）。

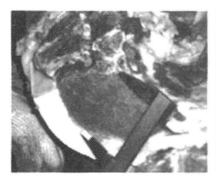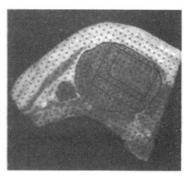

图 9-3　眼肌面积计算方法

(1) 公式法：利用游标卡尺测量横截面的长和宽，然后利用以下公式估算眼肌面积。

$$眼肌面积（cm^2）＝眼肌高度（cm）×眼肌宽度（cm）×0.7$$

(2) 求积仪法：将硫酸纸轻轻贴在横截面上，用铅笔描下断面的轮廓，然后利用求积仪法计算眼肌面积。

（3）方格计算法：把半透明纸上的眼肌图形固定在坐标纸上（精度为 1 mm²），先数图形内占满的小方格数，再数图形边缘未占满的小方格数，然后计算眼肌面积。

$$眼肌面积（cm^2）＝（占满方格数＋1/2 未占满方格数）/100$$

6. 后腿比例　沿倒数第 1、2 腰椎间的垂直线切下的后腿重占整个胴体重的比例。

7. 板油比例　称量板油重，计算其占胴体重的比例。

8. 胴体分割　胴体主要由肌肉、脂肪、皮、骨 4 部分组成，各部分的使用价值不同。因此，研究各部分所占的比例是评定胴体品质的重要依据。取一侧剥离板油和肾的新鲜胴体代表整个胴体，首先按下述方法分割成 5 个部分。

（1）颈部：后缘沿肩端与背线垂直切开。

（2）前躯：后缘沿肩胛骨与背线垂直切开。

（3）胸部：后缘从胸腰椎结合处与背线垂直切下。

（4）腰部：后缘从倒数 1～2 腰椎间与背线垂直切下。

（5）腿臀：腰部以后部分。

尽快对各部分进行剥皮、剔骨，分离出瘦肉块和脂肪，肌肉脂肪和肋间脂肪随同瘦肉一起，不易剔出。分离要求：骨上不能留有明显的瘦肉块，如有瘦肉块，其体积不超过 1 cm³，皮上不能带脂肪层，瘦肉块外表脂肪尽可能剔净，尽量减少作业损耗，控制在 2％ 以下。分别称重，计算其百分数。

$$胴体瘦肉率＝\frac{肌肉重}{肌肉重＋脂肪重＋皮重＋骨重}×100％$$

$$净肉率＝\frac{肌肉重＋脂肪重}{胴体重}×100％$$

（二）胴体等级评定

猪胴体由于各部分组织结构和功能不同，其品质有所差异。因此，按照各部位的营养价值，一般分为 3 个不同质量的等级：一等肉——前肩肉、后臀肉、里脊肉；二等肉——软硬肋、猪后软硬五花肉、肘子肉；三等肉——腱子肉、脖子肉。猪胴体的分割见图 9-4。

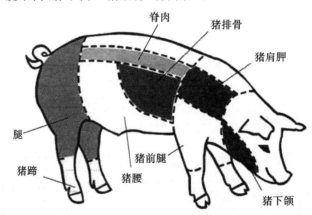

图 9-4　猪胴体分割

四、作业

（1）胴体等级评定包括哪些主要项目？它们各有什么意义？

（2）把实验测得的数据分别填入胴体品质测定记录表（表 9-2）和胴体分离记录表（表 9-3），并计算所需指标。

表 9-2　胴体品质测定记录表

胴体重/kg	左：		右：	
板油重/kg		比例		肾重/kg
胴体直长/cm			胴体斜长/cm	

续表

胴体前宽/cm			胴体后宽/cm		
背膘厚度	第6、7胸椎结合处/cm		皮厚	第6、7胸椎结合处/cm	
	肩部最厚处/cm			肩部最厚处/cm	
	胸腰椎结合处/cm			胸腰椎结合处/cm	
	腰荐椎结合处/cm			腰荐椎结合处/cm	
	平均/cm			平均/cm	
眼肌面积	公式法:高_____×宽_____×0.7=　　　　（cm²）				
	求积仪法:				
	方格计算法:				

肋骨对数:　　　　　　肉脂颜色:　　　　　　寄生虫:

备注:

表 9-3　胴体分离记录表

品　种		耳号		品　种		耳号	
分　　割		重量/kg	百分比/（%）	分　　割		重量/kg	百分比/（%）
颈　部	全重			腰　部	全重		
	骨				骨		
	皮				皮		
	肌肉				肌肉		
	脂　肪				脂肪		
肩　部	全重			腿臀部	全重		
	骨				骨		
	皮				皮		
	肌肉				肌肉		
	脂肪				脂肪		
胸　部	全重			合　计	全重		100%
	骨				骨		
	皮				皮		
	肌肉				肌肉		
	脂肪				脂肪		

净肉率:　　　　　　　瘦肉率:　　　　　　　　作业损耗:

注:左侧胴体重（去板油和肾）。

实验三　精液品质检查

一、实验目的

掌握公猪精液品质的检查方法。

二、基本原理

公猪精液的评定指标主要包括精液体积、精液感光、精子活力、精子畸形率、精子密度五个方面。

1. 精液体积　通过量筒测量公猪精液的体积，可能会因量筒不卫生或温度低等而损伤精子细胞，不利于保存。因此，生产实践中，可通过称量精液的重量间接测定体积，一般 1 g 精液相当于 1 mL 精液。

2. 精液感光　正常精液的色泽为淡灰色或乳白色，稍有腥味，若带有特殊臭味，则混有尿液或其他异物，不宜留用。精液呈乳白色，表明精子密度高，呈水样乳色表明精子密度低，呈粉红色表明精液带血，呈黄色表明精液里有包皮分泌物、尿液或脓汁。

3. 精子活力　精子活力又称活率，采精之后或精液稀释后都要进行活力检查。精子的运动有 3 种类型，即直线前进运动、旋转运动和振摆运动。评价精子活力是根据直线前进运动的精子数占全部精子数的百分比而定的，即计算一个视野中呈直线前进运动的精子数目。

$$精子活力＝直线前进运动的精子数/总精子数×100％$$

在我国，公猪精子活力评定一般采用"十级制"，100％者为 1.0 级，90％者为 0.9 级，依此类推，精子活力一般不低于 0.7，若精子活力低于 0.5 则不能使用。检查精子活力时，使载玻片加热至 35～38 ℃，用无菌玻璃棒蘸取 1 滴混合均匀的精液至载玻片上，用片法立即在显微镜野下观察并进行精子计数。

4. 精子畸形率　可通过染色法对精子的畸形率进行检查，染色液可用美蓝或红蓝墨水。制作染片时，在距载玻片一端约 1 cm 处滴原精液 1 滴，用滴管在精液旁滴染色液 1 滴，把精液和染色液混匀，然后使其在载玻片上完全分散开，染色 3 min，干燥载玻片后进行观察。完整的精子包括头部、尾部两个部分，头部长约 175 μm，宽约 8.5 μm，前端为帽样的顶体；尾部长约 40 μm。当公猪异常精子数量超过 20％时，该公猪的精液将无法使用。

5. 精子密度　1 mL 精液中含有的精子数量以亿为单位表示。正常公猪的精子密度为每毫升 2 亿～3 亿个精子，有的高达每毫升 5 亿个精子。精子密度的测定方法有目测法、比色法和计数法 3 种。

（1）目测法：按显微镜视野中精子相互之间空隙的大小进行估计，分为"密""中""稀"和"无"四级。这种方法虽然简便，但主观性强、误差大。

（2）比色法：精子透光性差，精清透光性好，波长 550 nm 的可见光透过 10 倍稀释的精液时，吸光度和精子密度成正比。根据测得的数据，对照标准曲线即可得到精子密度。该法具有简便快捷的特点，重复性较好，但也存在一定的误差（约 10％），是猪场常用的精子密度测定方法。

（3）计数法：最精密的测定方法是红细胞计数法，即在高倍显微镜下直接计数精子数量。一般稀释 $5×10^4$ 倍以后进行计数，先在 10× 下找计数，然后 45× 下进行计数，计算 5 个对角线方格中 80 小格内的精子数，下右线上的不计。该方法准确，可用来校正精子密度，但检测时间长，在猪场中很少采用。

三、实习材料与用具

1. 实习材料　精液。

2. 实习用具　滴管、3％氯化钠溶液、pH 试纸稀释管器、玻璃棒、拭镜纸、显微镜、载玻片、盖玻片、恒温板（37～38 ℃）、龙胆紫、75％酒精、保温瓶、分光光度仪、温度计、烧杯等。

四、实习内容与方法

（一）精液感官检查

（1）观察集精杯中原精液的颜色，并记录。

(2) 嗅闻集精杯中原精液的气味,并记录。

(二) 精子密度检查及活力评分

(1) 取 1 滴原精液滴在载玻片上,盖上盖玻片,使精液分散成均匀一层,不要留有气泡。

(2) 置于显微镜下,在 400× 下观察精子密度,按"密""中""稀"和"无"四级记录。

(3) 1 mL 精液用预热后的 3% 氯化钠溶液 9 mL 稀释,将稀释后的精液置于保温箱中。

(4) 取稀释后的精液 1 滴置于计数板的槽中,盖上盖玻片。将计数板置于 600× 显微镜下,计数 5 个中方格内的精子总数,并记录(T)。

(5) 稀释后的精液置于比色杯中,将分光光度计调至波长 550 nm 测精液吸光度(OD)。

(6) 取稀释后的精液 1 滴,置于载玻片上,盖上盖玻片,使精液分散成均匀一层,不要留有气泡。将载玻片置于 100× 显微镜下,观察精子的活力并记录。

五、实习注意事项

接触精液的器具需要事先预热,包括盖玻片、载玻片、烧杯、玻璃棒等。

六、数据处理和实验结果分析

1. 比色法测定精液密度

$$D = OD \cdot E$$

式中: D ——样品精子密度,亿个/mL;

$\quad$ OD ——样品精液的吸光度;

$\quad$ E ——精子密度标准曲线中精子密度对吸光度的比值(斜率)。

2. 红细胞计数法测定精子密度

$$D = 0.005 \cdot T$$

式中: D ——精子密度,亿个/mL;

$\quad$ T ——5 个方格内精子的数量,个。

七、作业

(1) 讨论目测法、比色法和计数法的优缺点。

(2) 将本次实习所观测到的结果填入公猪精液品质检查登记表(表 9-4)内,依据所测指标,讨论该公猪的精子质量。

表 9-4 公猪精液品质检查登记表

耳号	品种	采精日期	采精量/mL	色泽	气味	密度			精子活力	畸形率
						目测法	比色法	计数法		

实验四 猪肉肌纤维细度的测定

一、实验目的

掌握猪肉肌纤维细度测定的方法和意义。

二、实验材料与用具

1. 实验材料 猪胴体、甘油、10% 甲醛等。

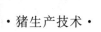

2. 实验用具　显微镜、目镜测微尺、物镜测微尺、镊子、表面皿、刀片、大头针、载玻片、盖玻片等。

三、实验内容与方法

（一）样本采集与固定

在猪的热胴体自然冷却 24 h 后,采集第 1、2 腰椎间的眼肌(背最长肌)芯和股二头肌中部的肌肉样品,用利刃切取规定部位,距肌纤维附着点较远的肌肉芯部,顺着肌纤维走向,切成 1 cm×1 cm×(3～5) cm 的肉条 3～5 根,将肉条浸泡在装有 10％甲醛的 100～150 mL 广口瓶中固定,加贴标签,写明品种、年龄、性别、部位和日期等。

（二）制片

用镊子和外科刀取固定肉样,选肌束中段,切取 2～3 mm 长小束,置于表面皿中,滴上数滴甘油淹没肉样,在黑色衬底上用大头针和眼科镊子仔细剥离肌纤维,至肉眼观察到单根丝状物为止。用镊子夹取丝状物放在载玻片上,滴上一滴甘油并摊开丝状物,进一步剥离出分开的肌小束,加上盖玻片,以作镜测之用。一个样品同时做两个盖玻片,为了保存,可于盖玻片上编号。

（三）镜测

用显微镜,配换具有 100 个刻度的 8× 或 10× 目镜微尺镜头,放大 400× 左右观测。

1. 接目镜测微尺　用已知精度 0.01 mm 的物镜测微尺于视野中确定目尺中 1 个小刻度的长度,以 u 为单位。调节焦距,使物、目二尺重叠,在物、目二尺刻线最清晰时,于目尺 25～75 小格之间找出物、目二尺完全重叠的两对重叠线,记取这两对重叠线之间物、目二尺的最小刻度线(注意使用物镜测微尺时必须小心,防止碰打)。由于物尺每 1 mm 精确分为 100 小格(即每小格 $10u$),则由以下公式计算。

$$a=(A×10u)/B$$

式中:A——重叠线间物尺刻段数;

　　　B——重叠线间目尺刻段数。

2. 测取肌纤维直径的小格数　镜台上换置备测的肌纤维样品载玻片,从载玻片周边按一定顺序,不重复地测取视野中单根完整的肌纤维,至所需测取的根数(本次确定测定 100 根),记录每根肌纤维直径的小格数。视野中出现明暗相间的横纹圆柱状物即为肌纤维,找出单根肌纤维的未受损段,置于视野中央,转动目镜,使测微尺垂直于肌纤维,调节微调旋钮,至肌纤维两侧边缘清晰时,用目尺 25～75 小格之间刻度量取其直径的小格数。未撕开的肌小束、重叠和撕裂的肌纤维不能测取。

3. 计算测取的每根肌纤维直径　由以下公式计算。

$$肌纤维直径＝小格数×a$$

样本含量的确定见以下公式。

$$n=(Z^2S^2)/L^2$$

式中:n——样本数量;

　　　L——总体平均数 95％ 的置信区间的允许误差;

　　　S——样本标准差,当 $S≥50$ 时,可用其代替总体标准差;

　　　Z——相应自由度,$t=0.05$ 时的 P 值(自由度趋向正无限,$t=0.05$ 时的临界 Z 值为 1.960,均等于 2)。

据 24 头肉猪 4200 个变数的测定调查,个体间标准差多在 $25u$ 左右,故以样本标准差 $25u$ 代替总体标准差。要求估计的误差不超过 $5u$,具有 95％ 的可靠性,代入上式,样本含量(即每个样品需要测定的肌纤维根数):

$$n=(2^2×25^2)/5^2=100$$

四、作业

(1) 列出 100 根样品的测定数据,并求出该样品肌纤维直径的平均数和标准差。

（2）每组测定一头猪眼肌和股二头肌的肌纤维直径。

实验五　猪场记录图表的认识与使用

一、实习目的
学会应用猪场的几种表格,熟悉种猪场必备的记录表格和登记项目。

二、实习材料
猪场的各种记录表格,部分种猪记录档案等。

三、实习方法
采用演示、讲解等方法介绍种猪档案记录的方法和作用,同时让学生亲自对猪场现有猪群的各项生产数据进行登记。

四、实习内容
（1）认识猪场的记录表格,猪场的记录表格主要有如下几种。

①配种记录,记录配种公猪、配种母猪的耳号、品种、交配日期,以便查找血统、考查选配效果、推算预产期等。

②记录母猪的耳号、品种、胎次、分娩日期、产仔数,仔猪初生体重、20日龄重、断奶重及断奶成活数等。

③猪生长发育记录,记录种猪体重、体长、胸围、体高等。

④饲料消耗记录,记录猪的类群、头数、饲料消耗量或领料量等。

⑤种猪系谱卡片,包括种公猪系谱卡片与种母猪系谱卡片。记录种猪的系谱及祖先的综合成绩、本身的生长发育成绩以及种公猪的配种成绩、种母猪的产仔哺乳成绩等。

为了了解猪群死亡、转群、出售等变动情况,另有各种报表,如日报表、周报表和月报表,根据猪场的具体要求,主要记录各类猪群的头数、增减原因等。

（2）分析猪场已有的记录档案,学习和了解各种表格的填写方法。

（3）练习填写表格。

五、作业
现有某猪场的母猪生产记录表（表9-5）,请用你所学的知识,对这些数据进行分析,并给出结论。

表 9-5　某猪场的母猪生产记录

胎次	品种	产仔数/头	产仔活数/头	出生窝重/kg	20日龄头重/kg	20日龄窝重/kg	60日龄头重/kg	60日龄窝重/kg	育成率/（%）
3～6	长白猪	10.59	9.88	14.3	9.71	48.64	9.07	164.94	91.80
	大约克猪	11.77	11.03	14.8	10.27	49.43	9.50	166.40	86.13
	杜洛克猪	10.49	10.01	14.37	9.05	41.86	8.51	115.20	85.01
1～6	长白猪	10.19	9.6	13.72	9.48	48.58	9.02	155.02	93.96
	大约克猪	10.79	10.28	13.44	9.68	44.90	9.12	148.12	88.72
	杜长猪	11.17	10.67	16.10	9.71	48.72	9.22	190.79	86.41
	杜大猪	11.88	10.25	14	9.89	51.31	9.67	203.80	89.95
	长大猪	10.92	10.54	14.33	9.72	49.73	9.37	187.56	88.90

Note

实验六 种猪的生长发育与繁殖性能测定

一、实习目的

掌握种猪生长发育和繁殖性能测定的项目和方法。

二、实习材料与用具

1. 实习材料 猪场种猪若干头、生长发育登记表、母猪产仔哺乳登记表等。

2. 实习用具 地磅、卷尺、计算器等。

三、实习内容与方法

(一) 生长发育测定

1. 体重 种猪应有初生体重、20日龄重、28~35日龄断奶重、60日龄重、4月龄重、6月龄重、8月龄重、10月龄重、12月龄重、24月龄重和成年体重等记录。体重测定方法有以下几种。

(1) 实际测量法:体重测定,无论大猪、小猪都应直接称重,而且为了获得准确的体重,还必须在同一时间、同一条件下进行。根据猪的大小和现场条件,分别采用弹簧秤、手提秤、台秤或地磅称重。称重应在早晨饲喂前空腹进行,母猪称重可在妊娠50~60天或产后15~20天进行,重量以kg为单位。

(2) 估量法:因条件限制不能实际测量体重时,可用下列公式估计猪的活重。

公式一: 体重(kg)＝胸围(cm)^2×体长(cm)×0.000131

公式二: 体重(kg)＝胸围(cm)×体长(cm)/系数

系数的取值标准:营养良好的取值142,营养中等的取值156,营养不良的取值162。

公式一、公式二适宜于65~180 kg体重范围,在体重65 kg以下最好加3 kg,在体重180 kg以上最好减去5 kg,通过校正以减少误差。

公式三: 体重(kg)＝胸围(cm)^2×体长(cm)/7600

在应用公式三时,应参照当地猪实际体重结果与计算体重的误差进行校正。

公式四: 种猪成年体重(kg)＝－259.34＋1.0543X_1＋2.174X_2

式中:X_1——体长,cm;

X_2——胸围,cm。

2. 达100 kg体重日龄 以电子秤对体重在85~115 kg范围内的后备种猪称重,并记录其日龄。再利用如下公式将其校正为达100 kg体重日龄(d)。

校正日龄＝测定日龄－(实测体重(kg)－100)/CF

式中:CF——校正因子,计算过程需要考虑后备猪的性别。

需要特别注意的是,目前我国采用的校正因子是借鉴加拿大国家数据库中体重在75~115 kg范围的后备母猪和公猪计算得到的,不能应用上述体重范围以外的个体。

CF＝实测体重/测定日龄×1.826040(公猪)

CF＝测定日龄实测体重×1.714615(母猪)

要求待测猪的体重达85~115 kg范围内,一般空腹24 h后测定,待测猪在单体电子秤上称重,记录个体号、性别、测定日期、测定体重、测定人员、测定设备等信息。

3. 30~100 kg日增重 待测猪30~100 kg体重范围内平均日增重,表示猪在一定时期内体重的平均日增重,单位为g/d,保留一位小数。实际测定中,入试体重选择在27~33 kg范围内开始,体重达90~105 kg结束测定,计算日增重时,将入试体重校正到30 kg,结束体重校正到100 kg,然后计算其校正日增重。同样,对达30 kg体重日龄和达100 kg体重日龄也进行同步校正,计算公式如下:

平均日增重(g)＝(结束体重(kg)－入试体重(kg))/测定期天数×1000

日增重校正公式如下：

校正日增重(g)＝(70 kg×1000 g/kg)/达100 kg体重日龄－达30 kg体重日龄

式中,达30 kg体重日龄的校正公式如下：

达30 kg体重日龄＝实测入试日龄＋(30 kg－实测入试体重(kg))×b

式中,b值:杜洛克猪＝1.536,长白猪＝1.565,大白猪＝1.550。

达100 kg体重日龄的校正公式如下：

达100 kg体重日龄＝测定日龄－(实测体重(kg)－100)/CF

例如,某杜洛克公猪入试体重为29.5 kg,入试日龄为70天,结束体重为107.5 kg,结束日龄为170天,根据日增重计算公式,该公猪测定期日增重为780.0 g/d,计算达100 kg体重日龄为163.5天,校正日增重为754.8 g/d。

4. 体尺 一般于6月龄、12月龄和36月龄进行测量。测量体尺时,要注意在平坦的地面上进行,同时要求种猪的站立姿势正常。猪体尺测量示意图见图9-5。

图9-5 猪体尺测量示意图
1—鬐甲高;2—体长;3—胸围;4—胸宽;5—胸深

(1)体长:在头顶两耳根连线中点起,沿颈上线,经鬐甲、背腰、臀至尾根处的长度。测量时,要求猪的站立姿势正常,即下颌、颈线、腹线在1条直线上。

(2)胸围:用皮尺测量猪肩后绕胸一周的长度,在测定的部位上,皮尺必须垂直,皮尺的松紧度以勉强能插入两手指为宜。

(3)体高:从鬐甲最高点到地面的垂直距离。测量人员立于猪的左侧,把测杖立于猪旁地面,使游动探刚能碰到鬐甲,然后取回测杖,记录高度。

(4)胸深:从鬐甲到胸骨的垂直距离。测量人员把测杖固定一端,靠近胸部(放在测胸围的部位),而游动标尺放在背部上面,记录胸深。

(5)胸宽:胸部左右两侧的直线距离,用测杖测量。

(6)半臀围:从膝关节到尾根腹面中点的长度,用卷尺在猪的左侧测量。

(7)腿臀围:从左侧膝关节经肛门至右侧膝关节的距离,用卷尺测量。

(二)判定生长发育评分标准

对猪的生长发育好坏作出正确的评价,必须有一个衡量标准。制定标准时,必须要有一定数量的生长发育测量记录,加以整理分析,根据平均数和标准差定出最高分和最低分的范围,并参考平均数定出合格标准。例如,6月龄体重可反映种猪的增重能力,在很大程度上也可以代表育肥性能,故常将6月龄体重作为重要的选种指数。有人建议,将6月龄体重的平均数作为二等猪的评价标准,平均数加一个标准差为一等猪的标准,加两个标准差作为特等猪的标准,减去一个标准差作为三等猪的标准。

(三)繁殖性能的测定

1. 母猪繁殖性能的测定 主要是对分娩的母猪进行数据登记,包括分娩时间、胎次、总产仔数、产活仔数、死胎、木乃伊胎、初生体重等,同时要登记初生仔猪的个体号。

（1）总产仔数（TNB）：指出生时同窝仔猪的总数，包括死胎、木乃伊胎、畸形胎等，单位为头/窝，同时记录母猪胎次。场内大群总产仔数的计算，一般分头胎、二胎、三胎及三胎以上，用平均数表示，一般保留一位小数，如10.3头/窝。

（2）产活仔数（NBA）：指出生时同窝成活的仔猪数，包括弱仔、产后即死仔等，单位为头/窝。场内大群产活仔数的计算，一般分头胎、二胎、三胎及三胎以上，用平均数表示，一般保留一位小数，如9.8头/窝。

（3）仔猪成活率：仔猪出生时活产仔数占总产仔数的百分比，保留一位小数，计算公式：

$$仔猪成活率＝产活仔数/总产仔数×100\%$$

（4）初生体重：出生时产活仔数的个体重或整窝产活仔数个体重之和。于出生后12 h内进行称重，一般只称量出生时成活仔猪的个体体重。其表述方式有初生个体重和初生窝重两种，单位为kg/头或kg/窝，保留一位小数，如1.5 kg/头或16.2 kg/窝。全窝成活仔体重之和为初生窝重。

（5）21日龄窝重：哺乳至21日龄时的全窝仔猪的体重之和，包括寄养进来的仔猪，但不包括寄养出去的仔猪，是评价母猪泌乳力的一个重要指标，单位为kg/窝。寄养应在3天内完成，并注明寄养情况。称重在清晨补料前进行，如果日龄21天，可以根据实际窝和称重日龄计算出21天校正窝重。场内大群窝重情况可用平均数表示，一般保留一位小数，如63.6 kg/窝。校正公式如下：

$$21日龄窝重（kg）＝实际窝重（kg）×校正因子$$

（6）产仔间隔：计算母猪前、后两胎之间的产仔间隔天数，单位为天，要注明胎次。计算某头母猪的平均产仔间隔，可用多个产仔间隔的平均值表示，一般保留一位小数，如120.6天。

（7）初产日龄：计算母猪头胎产仔时的日龄，单位为天，注明品种。群体初产日龄可用平均值表示，一般保留一位小数，如354.7天。

（8）泌乳力：以20日龄时全窝仔猪的重量来表示，包括寄养仔猪，但寄出仔猪的体重不应计入，同时必须注明寄养仔猪头数。

（9）哺育率：断奶时育成仔猪数占产活仔猪数的百分比。如有寄养情况，应在产活仔数中扣除寄出仔猪数或加上寄养仔猪数，其计算公式：

$$哺乳率＝断奶时育成仔猪数/（产仔活数＋寄养仔猪数－寄出仔猪数）×100\%$$

2．公猪繁殖性能的测定

（1）未成年公猪可根据其祖先的系谱资料进行等级评定。

（2）已经配种产生后代的公猪，可根据与配母猪所产仔猪的平均成绩评定等级。如果公猪的女儿已分娩生产，可用女儿分娩的平均成绩评定等级。

（3）公猪的繁殖性能用情期受胎率和3头以上与配经产母猪的平均值表示。如有3头以上后裔（或同胞姊妹），则用其平均繁殖性能表示。

由于小公猪断奶的时间不一致，所称断奶重有差别，为了方便比较，按21日龄窝重的校正因子进行校正。

四、作业

测定5～10头猪的体尺，实测和估测其体重，并对体重结果进行比较。

实验七　应用记录资料选择种猪

一、实习目的

掌握应用记录资料和统计参数选择种猪的方法。

二、实习内容与方法

以母猪为例，依据繁殖性能记录资料选择种母猪。10头母猪各项资料记录见表9-6。

表 9-6　母猪各项资料记录

母猪号	产活仔数/头	30 日龄仔猪数/头	30 日龄窝重/kg	60 日龄仔猪数/头	60 日龄窝重/kg
41	12	11	60.50	11	190.4
72	11	10	65.50	10	171.0
10	8	7	40.50	6	89.4
21	12	11	64.00	10	147.5
45	9	9	63.00	9	168.9
55	9	6	39.00	6	106.5
58	13	12	72.00	12	194.0
40	7	6	52.50	6	141.2
3	9	9	55.00	9	166.9
87	4	4	39.75	4	96.6

（一）根据单项指标选留母猪

按母猪每窝仔猪平均断奶重的大小选留母猪。

$$平均断奶重＝断奶窝重/断奶头数$$

表 9-7 为仔猪 60 日龄断奶,按上述公式依次计算 10 头母猪的每窝仔猪平均断奶重。按单项指标平均断奶重来选择母猪,显然 87 号母猪最好,21 号母猪最差,但 87 号母猪产仔数相当少,若根据几个性状综合选择,可能是最差的,而 21 号母猪也许是最好的。

表 9-7　按仔猪平均断奶重选种法

母猪号	41	72	10	21	45	55	58	40	3	87
平均断奶重/kg	17.31	17.10	14.90	14.75	18.77	17.75	16.17	23.53	18.54	24.15
选择顺序	6	7	9	10	3	5	8	2	4	1

（二）按母猪生产力高低选留母猪

$$母猪生产力＝n_0＋n_{30}＋n_{60}＋0.1 窝重_{30}＋0.03 窝重_{60}$$

式中:n_0——产活仔数;

n_{30}——30 日龄仔猪数;

n_{60}——60 日龄仔猪数;

窝重$_{30}$——30 日龄窝重;

窝重$_{60}$——60 日龄窝重。

根据表 9-6,计算 10 头母猪的生产力,例如 41 号母猪的生产力＝12＋11＋11＋0.1×60.5＋0.03×190.4＝45.8。

按照公式计算出表 9-6 母猪生力,填入表 9-8。从表 9-8 可以看出,58 号母猪最好,而 87 号母猪最差。

表 9-8　按母猪生产力选种法

母猪号	41	72	10	21	45	55	58	40	3	87
生产力	45.8	42.7	27.7	43.8	38.4	28.1	50.0	28.5	37.5	18.9
选择顺序	2	4	9	3	5	8	1	7	6	10

（三）按母猪生产性能的选择指数选留母猪

$$选择指数(I)=n_0+n_{60}+0.07 窝重_{60}$$

式中：n_0——产仔活数；

n_{60}——60 日龄仔猪数；

窝重$_{60}$——60 日龄窝重。

按照公式计算表 9-6 中 10 头母猪的选择指数，填入表 9-9。从表 9-9 可以看出，58 号母猪最好，87 号母猪最差。

表 9-9　按母猪生产性能选择指数选种法

母猪号	41	72	10	21	45	55	58	40	3	87
选择指数(I)	36.3	33.0	20.3	32.3	29.8	22.5	38.6	22.9	29.7	14.8
选择顺序	2	3	9	4	5	8	1	7	6	10

（四）3 种选留母猪方法的比较

将 3 种方法列表 9-10，并进行比较，可以得出以下结论。

（1）根据单项指标选种法选留母猪不够全面。

（2）根据生产力选种法和选择指数选种法选留母猪的结果都比较全面可靠，两种方法差异不大。

（3）应用选择指数选种法选留母猪比较方便。

表 9-10　3 种选种方法的比较

母猪号	单项指标选种法		生产力选种法		选择指数选种法	
	平均断奶重/kg	选择顺序	生产力	选择顺序	选择指数(I)	选择顺序
41	17.31	6	45.8	2	36.3	2
72	17.10	7	42.7	4	33.0	3
10	14.90	9	27.7	9	20.3	9
21	14.75	10	43.8	3	32.3	4
45	18.77	3	38.4	5	29.8	5
55	17.75	5	28.1	8	22.5	8
58	16.17	8	50.0	1	38.6	1
40	23.53	2	28.5	7	22.9	7
3	18.54	4	37.5	6	29.7	6
87	24.15	1	18.9	10	14.8	10

三、作业

使用实习猪场某一品种二世代母猪的繁殖材料（表 9-11），在该品种猪初产断奶后，计算 20 头初产母猪的指数值，应用单项指标选种法、生产力选种法以及选择指数选种法分别选出 15 头优良母猪。使用下列指数公式计算：

$$IF=X_1+1.6X_2+1.4X_6$$

式中：IF——个体指数初值；

X_1——总产仔数；

X_2——断奶育成头数；

X_6——断奶窝重, kg。

表 9-11 母猪繁殖性能记录

猪号	产仔数/头	初生窝重 /kg	20 日龄		45 日龄	
			仔猪数/头	窝重/kg	仔猪数/头	窝重/kg
114	9	9.35	8	27.00	6	36.00
98	6	5.35	3	10.50	3	23.50
274	12	9.27	8	17.00	6	41.25
110	8	5.55	6	20.00	6	64.00
188	6	4.95	4	9.15	3	26.00
170	9	7.00	9	30.50	9	107.25
208	10	10.00	10	49.50	9	70.50
244	11	8.25	9	29.70	8	47.50
116	8	8.70	8	36.00	8	73.14

项目十　猪生产实践技能训练

技能一　猪的品种识别及外貌鉴定

一、实习目的
掌握猪的主要外貌特征及生产性能特点,学习种猪外貌鉴定的程序与方法。

二、实习材料与用具
1. 实习材料　猪场(或教学基地)的种猪,不同种猪的图片、挂图、照片、幻灯片和模型等。

2. 实习用具　多媒体投影仪。

三、实习方法
(1)观看我国饲养的主要地方品种、培育品种和引入品种猪的幻灯片,并通过实践教师的讲解,了解和掌握各主要品种猪的外貌特征和生产性能。

(2)到猪场或教学基地实地观察猪的外貌特征,并根据种猪的外貌特征,对不同品种猪外貌进行识别。

四、实习内容

(一)猪体外部名称的认识

利用挂图、模型和活猪,认识猪体外部名称(图 10-1)。

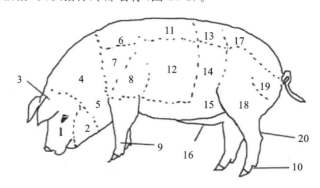

图 10-1　猪体外部名称

1—头部;2—下颌;3—头顶;4,5—颈;6—鬐甲;7—肩胛;8—肩;9—管;10—系;11—背;12—胸侧
13—腰;14—肷;15—腹;16—下腹;17—臀;18—大腿;19—坐骨;20—飞节

(二)对外形及部位的要求

外形就是外表形态,研究外形对于选择优良的种猪具有一定的意义。猪的外形是适应于当地的生产条件和生态条件的,亦随品种的不同而有所差异,特别是不同经济类型的猪,其外形上的差别更为明显。若属于已育成的品种,必须了解该品种的外形特征;若属于新培育的品种,则应了解其培育目标,掌握其应具有的外形特征。猪的经济价值是随人类的需要改变而不断变化的,因此我们对猪的外形要求也会不断变化。

猪的皮、毛要柔软,不宜过薄或过厚,有弹性而坚韧,无皱纹,被毛稀密适中。

为了便于认识和识别,可将猪体分为头颈、前躯、中躯、后躯四部分(图 10-2)。

1. 头颈 头形与大小是品种的特征与个体品质指标之一,是早熟遗传的性状。我国劳动人民很重视猪的头形,并以头部命名猪的品种或作为选择的依据,如把短而宽的头形称为"狮子头",窄而长的称为"黄瓜嘴",面部多皱纹且深,额上有倒"八"字横纹的称为"八眉",头小而嘴尖的称为"小伙猪"。人们比较喜欢的是头短、额宽,面侧微凹,鼻嘴宽大,眼大明亮,耳薄而大,耳朵向前挺伸且不挡眼睛的猪。头的大小、长短与躯体相称,头过长、过大是发育受阻和粗糙的表现。

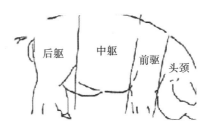

图 10-2 猪体划分

(1) 头:猪的头部骨多肉少,肉质差,故不宜过大,一般为体长的 $1/6 \sim 1/5$ 为宜,民间有"头大脖子细,越看越生气"的说法。猪的头部是最能表现品种特征的部位,要求合乎品种标准,从而佐证其遗传性的可靠程度。一般来说,头粗长的猪,屠宰率往往较低。

(2) 鼻嘴:鼻嘴的长短与开口可以表现猪的早熟性及品种特征。鼻嘴过短、面侧过凹是猪早熟的特征,不便于采食;鼻嘴过长、面侧平直有利于猪的采食。理想的鼻嘴应稍长而微凹,嘴筒肌肉发达,环状皱纹明显,表明采食行动灵活;鼻孔应大,表明具有强大的呼吸机能;上下唇结合整齐,表明咀嚼有力。

(3) 面部:猪的面部是体征的缩影,额的宽窄与体躯的宽窄及早熟性呈正相关。额部宽的猪,一般是体躯宽圆、早熟,而黄瓜嘴和像狗头一样的楔形头猪,一般嘴窄、晚熟。

(4) 耳:耳的大小和方向可以说明不同品种猪的特征,耳的形状很多,须符合品种特征。

(5) 眼:眼要圆、大而明亮、有神,不内凹也不凸出,眼皮平滑,同时应注意眼的健康表现。

(6) 颌:颌发育正常,上、下颌吻合良好。

(7) 颈:猪的颈部应长短适中,与体躯结合处无凹陷,注意颈的长度和厚度。从侧面观察颈的长度是否与体躯相称,观察头颈和颈肩的结合处,若此处有深凹,则表示颈瘠薄。

2. 前躯 由猪的肩端和肩胛骨后端各做一条与地面垂直的线所构成的中间部分即为前躯。前躯包括胸、肩、前肢等,是心脏和呼吸器官所在部位以及重要的产肉部位,要求前躯宽、深、结实,肌肉丰满,与颈肩结合良好,且无凹陷。

(1) 胸:猪的胸部宽深而开阔、拱圆,表明心脏、呼吸器官发育良好。胸宽可以从前肢间的距离来判断,距离大,表示胸部发达,机能旺盛,食欲良好。公猪的胸部对其机能更为重要,因此对公猪的胸部要求较严格。从侧面观察猪的胸部,若胸下线低于关节则表示胸深,若胸下线在肘关节以上则表示胸浅。发育良好的胸部,胸深为体高的 $60\% \sim 65\%$。

(2) 肩:胸宽肩也宽。猪的肩过宽或两肩胛中间凹陷的,表明结合不良,是缺陷。理想的肩要宽,且紧贴躯体,并有适当的倾斜,但以不超过臀宽为宜。

(3) 前肢:猪的前肢应正直,左右距离宜宽,无 X 形或其他不正姿势。猪行走时,两侧前后肢在同一直线上,不宜左右摆动。系宜短而坚强,与水平面略有倾斜,系过长或倾斜过大、软系等均属缺陷。蹄大小适中,形状端正,蹄壁角质坚硬光滑,无裂纹。

3. 中躯 从猪的肩胛骨后端和腰角各做一条与地面垂直的线所构成的中间部位,即为中躯。

(1) 背:猪的背应宽、平、直而长,前与肩、后与腰的衔接要良好,没有凹凸。在发育良好的情况下,弓背是允许的。如背部很窄、过分凸起(鲤脊)或者凹陷都是不好的。凹背是由于脊椎相连的韧带松弛,是一个重大的缺陷。但年龄较大的猪尤其是母猪,背部允许稍凹。

(2) 腰:猪的腰应平、宽、直、肌肉结实,与臀结合自然且无凹陷者为好。

(3) 腹:猪的腹部容纳着消化器官和母猪的主要生殖器官,要求其有一定的容积,腹部下垂且不卷缩,与胸部结合自然且无凹陷,腹线最好与地平线平行。我国地方猪种由于饲喂大量的青粗饲料,需庞大的消化器官和相对较大的腹部,这与以精饲料为主而育成的国外猪种有所不同。我国地方猪种腹线应为弧形,既要求中间部分深广,前后连接好,保证腹部的最大容积,又要注意腹部结实而富有弹性,与其他部位结合良好,而不应片面强调容积导致过分松弛,造成腹部下垂拖地的不良损征。

(4)乳头和乳房:猪的乳头应分布均匀,排列整齐,最后一对乳头应分开,左右两侧的乳头应平行,中间间隔不宜过窄或过宽,过窄不利于后期仔猪哺乳,过宽则导致一部分乳房随母猪躺卧时而被压在身下,影响泌乳。排列良好的乳头,每个乳头左右间隔均匀,后面的乳头间隔较前面的略宽。乳头数应不少于6对,我国华北型、华中型和江海型猪种应有8对以上乳头。乳头凹陷和没有泌乳孔的乳头都属缺陷,应特别注意。

猪的乳房应发育良好,在乳头的基部宜有明显的膨大部分,形成"莲蓬乳"或"葫芦乳"最佳。发育良好的乳房,泌乳时乳房涨大,每个乳头界限清楚,干乳时收缩完全。

4. 后躯 猪腰角以后的部位即为后躯。

(1)臀:猪的臀应宽、平、长、微倾斜,臀长表明大腿发育良好,臀宽表明后躯开阔,骨盆发育良好,这部分不仅肌肉丰富,还与母猪的生殖器官发育密切相关。臀部过斜,则影响大腿的发育。民间有"砧板屁股,大阴户,生产仔猪不用助"的说法。

(2)大腿:猪的大腿是猪肉价值较高的部位之一,是制作火腿的原料,应宽广、深厚而丰满,飞节部位有大量的肌肉。

(3)后肢:从猪的后方观察后肢的宽度,后肢要正直,距离宽,民间有"前开会吃,后开背长"的说法。故四肢间的距离,不论左右前后,都应宽广,曲飞节、软系是后肢的缺陷。

(4)外部生殖器官:公猪睾丸要大而明显,大小一致、对称,无单睾、隐睾或疝气等缺陷。母猪阴户应发育良好,阴户宜向上翘,"生门向上者易孕"。这是因为骨盆平整时,骨盆腔较大,母猪生殖器官较发达,交配时公猪生殖器官易密接。

(三)种猪的外貌特征鉴定

体形、外貌不仅反映出种猪的经济类型和品种特征,还在一定程度上反映种猪的生长发育、生产性能、健康状态和对外界环境的适应能力。在外貌特征鉴定时常采用评分鉴定法。

1. 外貌特征鉴定要点

(1)首先,鉴定人员应明确鉴定目标,熟悉该品种猪应具有的外貌特征,在头脑中有一个理想的标准。

(2)要求种猪体况适中,站立在平坦的地面上,种猪的头颈和四肢保持自然平直的站立姿势。

(3)鉴定时,鉴定人员离种猪适当的距离(2~5 m),以便于先观察种猪的整体外貌,看其体形各个部分结构是否协调匀称,体格是否健壮,然后重点观察鉴定的各部位。

(4)对照同一品种的不同种猪个体进行比较鉴别。

2. 鉴定的方法和程序

(1)总体鉴定:按品种特征、体质和性别特征等进行总体鉴定。

①品种特征:看该品种的基本特征如体形、头形、耳形和毛色等是否明显,尤其是看是否符合该品种生产方向要求的体形和生长发育的基本要求。

②体质:体质是否结实,肢蹄是否健壮,动作是否灵活,各部位结构是否匀称、紧凑,发育是否良好等。

③性别特征:主要看种猪的性别特征表现是否明显,种公猪的雄性特征如睾丸发育、大小及包皮的形状等,种母猪的乳头数、乳头及阴户的发育有无缺陷,有无其他遗传疾病等。

(2)各部位的鉴定:经总体鉴定基本合格后,再做各部位的鉴定。

①侧面观察:从种猪的侧面观察头长、体长,背腹线是否平直,前、中、后躯比例及其结合是否良好,腿臀发育状况,体侧是否平整,乳头的数目、形状及排列,前后肢的姿势和行动是否自如等。

②前面观察:从种猪的前面观察耳形、额宽及体躯的宽度(包括胸宽、肋骨开张度、背腰宽度等)、前肢间距及站立姿势等。

③后面观察:从种猪的后面观察腿臀发育(宽度、深度),背腰宽度,后肢间距及站立姿势,种公猪

睾丸的发育,种母猪外生殖器的发育等。然后转到侧面复查一遍,再综合总体和各部位的鉴定情况,给予外貌特征评分及评定等级。即根据品种特征和良种的要求,对种猪各部位的重要性给予不同的分数,满分为100分,鉴定时以各部位的表现给予相应的分数。

猪的每一个品种应该具有与其生产方向一致的外形,只要对生产力和体质没有影响,就不必搞得那么烦琐。

3. 种猪鉴定标准

(1)长白猪:大型猪,发育良好,体躯舒展,头颈轻,体躯伸展,后躯十分发达,背线稍呈弓形,腹线平直,身躯呈流线型,白色而无斑点。长白猪鉴定标准见表10-1。

表10-1 长白猪鉴定标准

类 别	说 明	评 分
一般外貌	大型猪,发育充分,体躯舒展呈流线形;头、颈轻,体伸长,后躯十分发达,体高适中,背线稍呈弓形,腹线平直,各部分十分匀称,躯体紧凑,性格温顺活泼,品种特征十分明显,体质强健,白色,被毛十分光泽,皮肤光滑,无皱纹,无斑点	25
头颈	头轻,颜面长,鼻直而端宽,颌正,颊很紧凑,眼睛温顺,耳中等大,向前方倾斜,遮蔽颜面,两耳间不过颊;颈稍长宽,头和肩平滑而自然	5
前躯	前躯轻,紧凑,颈肩结合良好,前肢和肩结合良好,胸较深而充实,前胸宽	15
中躯	背腰长,前、后躯结合良好,尾根高,稳固,背直而有力,背幅稍宽,肋骨开张良好,腹深,紧凑而丰满,下部深而充实	20
后躯	臀部宽长,尾根附着高,臀部到飞节厚宽而充实紧凑,整个后躯丰圆,尾长短、粗细适中	20
乳房、生殖器	乳房形状良好,正常乳头6对以上,排列整齐;生殖器发育正常,性状良好	5
肢蹄	四肢长而直立,肢间较宽,飞节强健,管部不过粗,很结实,系部有弹力,蹄质良好,左右一致,步态轻快而结实	10
合 计		100

(2)大白猪:大型猪,发育良好,体高而丰满,体躯伸展,背线微凸,腹线平直,体躯呈长方形,白色,无斑点。大白猪鉴定标准见表10-2。

表10-2 大白猪鉴定标准

类 别	说 明	评 分
一般外貌	大型猪,发育充分,体躯丰满,整个体型呈长方形,头、颈较轻,体躯伸展,深而丰满,背线微凸,腹线平直,各部位很匀称,躯体紧凑,性格温顺活泼,品种特征明显,体质强健。被毛白色有光泽,皮肤光滑无皱纹,无斑点	25
头颈	头较轻,嘴长,颜面稍弯曲,鼻端宽,颌端正,颊紧凑,眼睛温顺,两眼间距宽,耳大小适中、向前方竖立,两耳间隔宽;颈较短、宽度中等而紧凑,头、颈、肩结合良好	5
前躯	前躯不臃肿而紧凑,肩附着好,前躯和中躯结合良好,胸深而充实,前胸宽阔	15
中躯	背腰长,与后躯结合良好,背直而强健,背宽阔,肋骨开张良好,腹部深而丰满紧凑,下部则充实	20
后躯	臀部宽而长,尾根附着高,臀部到飞节较宽厚,充实而紧凑,尾长短和粗细适中	20

续表

类 别	说 明	评 分
乳房、生殖器	乳房形状良好,正常乳头 6 对以上,排列整齐;生殖器官发育良好,性能良好	5
肢蹄	四肢稍长直立,肢间宽,飞节强健,管围不粗,很结实,系部较短而有弹力,蹄质好,左右一致,步态轻快而结实	10
合 计		100

（3）杜洛克猪:近似大型猪,发育良好,头、颈较轻,后躯十分发达,体上线由头到臀部呈拱桥状,体下陷平直,体躯半月状,被毛棕色,无斑点。杜洛克猪鉴定标准见表 10-3。

表 10-3　杜洛克猪鉴定标准

类 别	说 明	评 分
一般外貌	近似大型猪,发育充分良好,整个体躯呈半月状,头和颈要轻,体高中等,后躯十分发达,体上线由头到臀部呈拱桥状,体下线平直,各部位十分匀称,被毛棕色,有光泽,皮肤光滑无皱纹,无斑点	25
头颈	头轻,嘴中等长,颜面稍弯曲,鼻端较宽,下颌端正,颊较紧凑,眼睛温顺,两眼间距宽,耳小,折向前方,两耳间隔宽;颈略短,宽度中等而紧凑,头和肩结合良好	5
前躯	不臃肿,十分紧凑,肩附着良好,前躯和中躯结合良好,胸深而充实,前胸宽	15
中躯	背腰长度中等,与后躯结合良好,背宽,大拱起,强健,背幅较宽阔,肋骨充分开张,腹部较深而紧凑,下膘部深而充实	20
后躯	臀部宽而长,无倾斜,大腿宽厚,下腿很发达而紧凑,尾长短和粗细适中	20
乳房、生殖器	泌乳器官形状良好,正常乳头有 6 对以上,排列整齐;生殖器官发育良好,性能良好	5
肢蹄	四肢高而直立,肢间宽阔,飞节强健,管围不粗,很结实,系短而富有弹力,蹄质良好,左右一致,步态轻快而结实	10
合 计		100

4. 评分　综合评定种猪时,以品种特征、体质外形、生长发育和生产力作为主要选种指标,合计 100 分,再根据其相对重要性,规定生产力以 50 分为满分,生长发育以 30 分为满分,品种特征和体质外形以 20 分为满分。故在评出品种特征与体质外形分数后,再乘 20%,即为种猪总评时该项指标的得分。

猪的品种不同,品种特征与体质外形评分标准也不同,猪的品种特征、体质外形评分标准见表 10-4,仅供参考。

表 10-4　猪的品种特征、体质外形评分标准

序号	项目	结构良好的特征	结构不良的缺陷	最高评分
1	品种特征及体质	品种特征明显,体质结实健壮,发育匀称,性情温和,行动自如	品种特征不明显,体格发育不良,体质过粗或过于细弱,行动不自如	22
2	头颈	头符合品种特征(公猪头雄壮而粗大),要求嘴筒齐,上下唇吻合良好,眼大明亮,颈中等长,颈肩结合良好	头不符合品种特征,头过大或过小,上下唇吻合不良,眼小而无神,颈肩结合不良	8

续表

序号	项目	结构良好的特征	结构不良的缺陷	最高评分
3	前躯	肩背较平,肩宽,胸宽深且发育良好,肩背结合良好,肩后无凹陷	肩窄而长,肩后凹陷,胸窄而浅,肩胸结合不良	12
4	中躯	背腰平、宽、长,母猪腹部略大,公猪腹部中等大,肋拱圆,肩胸结合良好,肩后无凹陷;乳头排列整齐,对称,间距适当,无乳头凹陷,国外种猪不少于6对,中国地方猪种不少于7对	背腰凹陷、过窄,前后结合不良,卷腹或垂腹拖地;乳头排列不均匀,间距过窄或过宽,有乳头凹陷、小乳头,乳头数过少或过多,母猪最后一对乳头靠在一起	26
5	后躯	臀部平、宽、长,特别是母猪,大腿宽、圆长而肌肉丰满,公猪睾丸发育匀称,母猪外阴正常	臀部斜、窄、尖,飞节过曲,两腿紧靠,公猪单睾,阴囊松垂,母猪外阴不正常	24
6	四肢	四肢结实,开阔直立,系正直,蹄坚实	四肢细弱,站姿不正,卧系,蹄质松脆	8
合　计				100

五、作业

(1)指出图10-3中数字所代表的各部位名称。

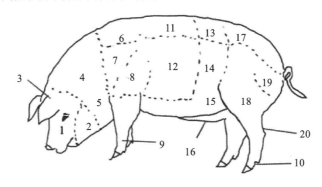

图 10-3　猪体外部示意图

(2)简述所鉴定主要品种猪的外貌特征及外形特点。

技能二　公猪的采精技术

一、实习目的

掌握公猪采精的基本操作要领以及公猪精液品质的检查方法。

二、实习基本原理

(一)假台猪制作

公猪对假台猪反应不太敏感,因此可以用假台猪代替母猪来进行人工采精。假台猪可分固定式和折叠式两种,为方便不同体重的公猪使用,把假台猪的高度制成可调式(图10-4)。

(二)采精

目前徒手采精已经成为公猪采精的主要方法,它比假阴道法更加简便。猪射精的条件主要取决于压力,不像其他家畜那样苛刻(取决于温度、压力和湿润程度等),温度在15 ℃以上即可(采精员手心的温度即可),而润滑可由公猪副性腺分泌的分泌物来解决。

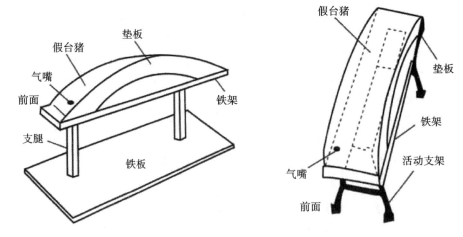

图 10-4　折叠式假台猪示意图

采精前,先对集精杯等物品进行常规消毒,刷拭公猪体躯,用湿毛巾把公猪的腹部和包皮清洗干净。公猪采精常用手握式,即当公猪爬跨于假台猪上时,采精员蹲在假台猪左后方,右手向上握住阴筒,阴茎经几次摩擦后即行挺出。采精员手心转向下方成圆筒状,握住阴茎头螺旋部分并露出少许,趁势牵拉,使阴茎充分伸出,手指呈拳握式,并用拇指顶住并按摩龟头,当阴茎充分勃起,变得紫红并不再回缩时,公猪随即射精。

三、实习材料与用具

1. 实习材料　经过人工采精训练的公猪,制作假台猪的铁架、木块、汽车内胎、带毛猪皮等,一次性胶皮手套,400 mL 集精杯,广口玻璃瓶,细目纱布,毛巾,滴管,75%乙醇及乙醇棉球等。

2. 实习用具　假台猪、恒温水浴锅、恒温冰箱、泡沫保温箱等。

四、实习内容与方法

(1) 用1%氯化钠溶液冲洗消毒过的细目纱布和采精杯,拧干纱布,折为4层,罩在消毒后的集精杯口上,面微凹,然后用橡皮筋套住,放入37 ℃的恒温水浴锅内预热。

(2) 将手洗净,戴上用75%乙醇消毒过的一次性胶皮手套,用1%高锰酸钾溶液消毒公猪的包皮及周围皮肤,再用清水洗净消毒液,并用毛巾擦干。

(3) 公猪爬上假台猪,待公猪伸出阴茎时,采精员蹲在公猪的左后方,立即用右手心向下紧握住龟头部。当公猪前冲时,将阴茎的S状弯曲拉直,小心地把阴茎全部拉出包皮外。

(4) 拇指顶住并按摩龟头,其他手指有节奏地协同动作,公猪射精过程中不要松手,手握力度轻重适中,并注意采精过程中不要触碰阴茎体。

(5) 公猪开始射出的20 mL 精液不要采集,当开始射出乳白色的精液时再用采集杯收集,拇指随时拨开排出的胶状物。

(6) 待公猪射完精后,顺势将阴茎送回包皮中,并将公猪赶下假台猪,送回公猪栏。

五、实习注意事项

(1) 需保持采精室环境安静,并注意人身安全,防止被公猪踩踏和拱咬。

(2) 公猪包皮部位消毒后,必须用清水冲洗干净并擦干,否则残留液滴入精液后,会导致精子死亡或污染精液。

(3) 直接接触精液的器具需要事先预热。

六、作业

观看公猪采精视频,并在虚拟仿真实验平台操作。

技能三　猪的配种技术

一、实习目的

掌握母猪的人工授精的操作要领,为全面掌握人工授精技术奠定基础。

二、实习基本原理

人工授精指用输精管将稀释精液注入发情旺期母猪生殖道内的过程(图 10-5)。母猪的阴道和子宫颈结合处无明显界限,所以给母猪输精时不需使用开膣器。由于处于发情旺期的母猪会出现压背反应,所以人工授精时基本不需要保定措施。

输精管分为两大类,一类是可以反复使用的输精管,一般用橡胶制成,适用于低剂量输精。其优点是消毒之后可以反复使用,缺点是容易出现精液逆流,而且在消毒不严格的情况下,容易导致母猪感染疾病。另一类是一次性输精管,比如目前较普遍使用的海绵头输精管。虽然成本比反复使用的输精管稍高,但适合大剂量输精,而且不容易出现精液逆流。

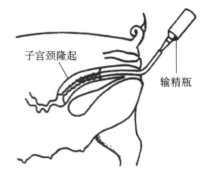

图 10-5　猪的人工授精

三、实习材料与用具

1. 实习材料　发情期的母猪、一次性手套、稀释好的精液、润滑剂等。

2. 实习用具　保温箱、输精栏、输精管等。

四、实习内容与方法

(1)将发情母猪赶入输精栏,一个人按压母猪的背部或骑在母猪背部,使母猪出现压背反射而站立不动,另一个人用 1/1000 新洁尔灭溶液给母猪外阴部和尾根进行消毒,然后用清水清洗消毒液,最后用干毛巾擦干消毒部位。

(2)取出一次性输精管,在其前端涂抹润滑剂,注意不要碰触其前 2/3 处。将润滑后的输精管缓慢插入母猪阴道中。先略向上推进 10～15 cm,然后平直插入,要求一边捻转,一边抽送,一边慢慢插入。当插入的深度为 30～40 cm 时(视母猪大小而异),会感到有阻力,表明此时输精管顶端已到达子宫颈口。将输精管左右旋转,稍稍用力将海绵头插入子宫颈第 2～3 个皱褶处,此时会感到输精管被子宫颈锁定,往回拉时明显感到有阻力。

(3)从保温箱中取出稀释好的精液,小心混匀精液,剪去塑料输精瓶瓶嘴,将输精瓶接上输精管,开始输精。

(4)轻压输精瓶,确认精液能够流出,用针头在输精瓶底扎一个小孔,然后按摩母猪乳房、外阴或按压背部,使母猪子宫产生负压并将精液吸入。

(5)控制输精瓶的高度,调节输精时间。一般在 5～10 min 输完,不得少于 5 min,否则出现倒流的可能性会增大。

(6)输精后不要急于将输精管拔出。取下输精瓶后,将输精管弯曲打折,防止空气进入和精液倒流。

(7)登记配种记录,并对输精情况进行评分。

五、实习注意事项

(1)插入输精管时注意不要插入母猪膀胱内。

(2)精液完全靠子宫产生的负压吸入,不允许将精液强行挤入母猪生殖道内。

(3)若在输精管插入过程中,母猪排粪尿而使输精管受到污染时,必须更换一根新的输精管。

(4)若母猪发情症状不明显,并且无法保持稳定站立姿势时,最好找一头成年公猪置于输精栏旁,以便输精顺利进行。

六、数据处理和实验结果分析

记录输精情况,便于在母猪返情后查找失配原因,从而制订相关对策,在以后输精工作中采取相应的改进措施。输精评分规则见表10-5。

表 10-5　输精评分规则

项　　　目	评 分 等 级		
	1	2	3
压背反射	差	有一些移动	几乎没有移动
输精管锁定	没有锁住	松散锁住	持续牢固锁住
精液倒流	严重倒流	一些倒流	几乎没有倒流

七、作业

简述猪人工授精的步骤和注意要点。

技能四　猪活体测膘

一、实习目的

掌握猪活体测膘的方法。

二、实习材料与用具

1. 实习材料　猪场种猪若干头、耦合剂、碘酊等。

2. 实习用具　皮尺、探尺、超声波扫描仪、剪毛剪刀、手术刀等。

三、实习内容与方法

(一)猪固定

选平坦地面,用捕猪器套住猪上颌,将猪保定好,使猪水平站立。

(二)确定测定部位

测量图 10-6 A、B、C 三点的背膘。

(1)A 点:沿肘关节后缘至肩胛骨后缘与背中线相交点距背中线 4 cm 处,相当于第 6、7 肋骨的分界线。

(2)B 点:胸腰椎结合部(最后肋骨处)距背中线 4 cm 处。

(3)C 点:腰荐椎结合部(膝关节前缘)引线与背中线垂直相交距背中线 4 cm 处。

(三)探尺测膘法

(1)在 A、B、C 三点测膘部位将毛剪去,清除沾在皮肤上的污物,并用碘酊消毒。

(2)抽出探尺笔帽,在手术刀口与背最长肌垂直方向切开皮肤,切口长 0.5～1.0 cm,深度不超过 0.8 cm。

(3)套上笔帽,取下笔套,消毒探尺后,将探尺顺切口徐徐插入皮下脂肪,当探尺触及肌膜有阻力感时,停止插入(测 A 点背膘时,猪脂肪两层间有肌膜时应体会判断)。

(4)探尺上的游标靠边皮肤处时游标所指的刻度为膘厚(包括皮厚),固定探尺游标刻度,取出探尺。

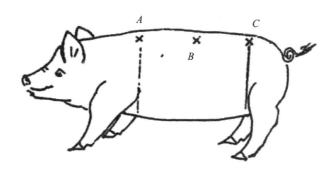

图 10-6　猪示意图

（5）测完后，消毒清洁探尺，防止感染。

（四）B 超测膘

1. B 超的测定原理　B 超是亮度调制超声诊断的简称。这类仪器将多个石英晶体结合起来，按一定的顺序在长约 18 cm 的直线空间内排列，组装在探头内，形成线形的超声波图形，并通过处理器的图像监视器显示出来。图像的描述为实时的，因为超声波图像被高度刷新，形成类似电影的图像。

2. 测定方法

（1）测量部位剪毛，尽量剪干净，必要时用温水擦洗去痂。

（2）探头平面、探头模平面及猪背测量位置涂上耦合剂（油或水），将探头及探头模置于测量位置上，使探头模与猪背紧贴（图 10-7）。

（3）观察并调节屏幕影像，获得理想影像时即冻结影像（图 10-8）。

（4）测量背膘厚度，并加说明资料（如测量时间、猪号、性别等）。

图 10-7　活体 B 超

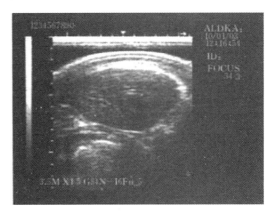

图 10-8　B 超影像

在 B 超影像示意图中（图 10-9），A 点为探头模与皮肤界面的超声反射光点；B 点为脂间筋膜反射光点；C 点为眼肌肌膜反射光点（第 2 层脂肪与腰部眼肌间膜的反射光点）；D 点为腰部眼肌与肋骨或反肋肌膜的反射光点。光点 A 与光点 C 间的距离即为猪背膘厚度。

3. 注意事项

（1）测量时探头、探头模及被测部位应紧密接触，但不要重压。

（2）探头直线平面与猪背正中线纵轴面垂直，不可斜切。

在识别 B 超影像时，首先确定皮肤界面、脂间

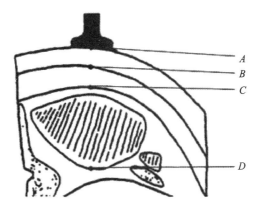

图 10-9　B 超影像示意图

结缔组织和背最长肌肌膜所产生的 3 条或 4 条强回声影带,然后确定眼肌四周肌膜的强回声影像,以确定眼肌面积周界。

(五)测定结果

按以下公式计算出平均背膘厚:

$$平均背膘厚＝(A＋B＋C)/3$$

四、作业

按照上述方法,测定 2～3 头猪的背膘厚度,并将测定结果填入表 10-6 中。

表 10-6 猪的背膘厚度测定记录

猪号	品种	性别	月龄	背膘厚度/cm				测量日期	备注
				前	中	后	平均		

技能五 母猪的分娩与接产

一、实习目的

观察母猪的分娩与接产全过程,掌握母猪分娩与接产的各项准备工作。了解和熟悉母猪的临产征兆、分娩、接产及假死仔猪的处理等办法,掌握初生仔猪的护理技术等。

二、实习材料与用具

1. 实习材料 待产母猪、5％碘酊、高锰酸钾、凡士林、洁净毛巾(抹布)、记录表等。

2. 实习用具 照明灯、护仔箱、秤、耳号钳等。

三、实习内容与方法

(一)母猪分娩的准备工作

母猪的分娩与接产工作是猪场重要的生产环节,除应做好产前预告,使分娩母猪提前一周进入产房外,还应在产前做好以下工作。

(1)事先做好产房和猪栏的防寒保暖或防暑降温工作,维修好仔猪的补料栏或保温箱。

(2)母猪临产前 5～7 天,应调整日料。母猪过肥时要逐步减料 10％～30％,停喂多汁料,以防乳汁过多、过浓引起乳腺炎或仔猪下痢。母猪过瘦时应适当添加蛋白质饲料以利于催乳。

(3)母猪产前 3～5 天应做好产房和猪栏、猪体的清洁消毒工作。

(4)准备好母猪接产的相关用品和用具,如照明灯、护仔箱、称猪篮、耳号钳、记录本、洁净毛巾、消毒药品(碘酊、高锰酸钾)等。

（二）观察母猪临床征兆

（1）母猪临产前腹部大而下垂，阴户红肿、松弛，成年母猪尾根两侧下陷。

（2）母猪乳房膨大下垂，红肿发亮，产前 2～3 天，乳头变硬外涨，用手可以挤出乳汁，待临产 4～6 h 可挤出成股乳汁。

（3）衔草做窝，行动不安，时起时卧，排粪量少，尿频，次数多且分散（拉小尿）。母猪出现上述现象时，一般在 6～12 h 分娩。

（4）阵缩待产，即母猪由闹圈到安静躺卧，并开始有努责现象，从阴户流出黏性胎水（即破水），1 h 内可分娩。

（三）接产

（1）当母猪出现阵缩临床征兆时，接产人员应将接产用具、药品备齐，在一旁安静守候。母猪腹部肌肉间歇性收缩（阵缩像颤抖），阴户阵阵涌出胎水，同时屏气，腹部上抬，尾部举高，尾帚扫动，胎儿即可产出。

（2）仔猪产出后，接产员应立即用左手抓住仔猪躯干，右手掏出口鼻黏液，并用清洁毛巾擦拭仔猪全身黏液。

（3）接产员用左手抓住脐带，右手把脐带内的血向仔猪腹部挤压几次，然后左手抓住仔猪躯干，用中指和无名指夹住脐带，右手在离仔猪腹部 4 cm 处把脐带捏断，断处用 5% 碘酊消毒。若断脐流血不止，可用手指捏住片刻。

（4）仔猪正常分娩间歇时间约为每 15 min 产下 1 头，也有两头连产的，分娩持续时间为 1～4 h。一般情况下，当胎衣开始排出（全部仔猪产出后 10～30 min）时，说明仔猪已全部产完。但有时产出几头仔猪后便排出部分胎衣，再产仔猪几头，再排出胎衣，甚至随着胎衣产出仔猪。胎衣包着的仔猪易窒息而死，应立即撕开胎衣抢救。

（5）以上工作做完后，应打扫产房，擦净母猪体躯污物，再一次给母猪乳房消毒，安抚母猪卧下。清点胎衣数与仔猪数是否相等，产程即告结束。

（6）难产处理与仔猪假死急救。

①难产处理：母猪一般较少出现难产，但有时因母猪衰弱、阵缩无力或个别仔猪胎衣异常堵住产道而导致难产，应及时人工助产。先注射人工合成的催产素，注射后 20～30 min 可产出仔猪，如仍无效，可采用手术掏出。术前应剪磨指甲，用肥皂、来苏尔洗净双手，消毒手臂，涂润滑剂。术者手指并拢成圆锥状，在母猪努责间歇时沿着产道慢慢伸入，摸到仔猪后，可抓住不放，然后随着母猪慢慢努责将仔猪拉出，掏出一头仔猪后，如转为正常分娩，不再继续掏。术后母猪应注射抗生素或其他抗感染药物。

②仔猪假死急救：对虽停止呼吸而心脏仍然跳动的仔猪应进行急救，方法如下。

a.实行人工呼吸。仔猪仰卧，接产员一手托着肩部，另一手托着臀部，做一屈一伸反复运动，直到仔猪叫出声为止。

b.提起仔猪后腿，用手轻轻拍打仔猪臀部。

c.将酒精涂在仔猪的鼻部，刺激仔猪恢复呼吸。

四、作业

学生参与接产，并指出母猪接产过程中的操作要点。

技能六　猪的去势技术

一、实习目的

了解和掌握猪的去势技术。

二、实习材料与用具

1. 实习材料　未去势的小公猪和小母猪若干头、缝线、5％碘酊、75％乙醇、消炎粉等。

2. 实习用具　去势刀、剪毛刀、三棱缝合针等。

三、去势方法

（一）小公猪去势术

1. 保定　术者右手提起小公猪后腿，左手抓住同侧膝前皱襞，使小公猪呈左侧倒卧、背向术者。术者以左脚踩住小公猪颈部，右脚踏住其尾根，并用左手腕部按压其右侧大腿后部，使其右肢向前上方靠紧腹壁，以使小公猪睾丸充分暴露。

2. 手术方法　术者以左手中指背面由前向后顶住小公猪睾丸，拇指和食指捏住其阴囊基部，将睾丸挤向阴囊底壁，使局部紧绷。右手持刀，在睾丸最突出部沿与阴囊中缝平行方向扎入刀尖，切透阴囊各层并左右扩创，小公猪睾丸即被挤出。左手向外牵拉小公猪睾丸，用右手拇指、食指、中指指端向内侧刮搓精索，切断精索即可摘除睾丸。从原切口通过阴囊纵隔再做 1 个切口，挤出另一侧睾丸，以相同方法摘除。

（二）母猪阉割术

1. 小挑花　适用于 1～2 月龄的小母猪。

（1）保定：术者以左手提起小母猪的左后肢，右手抓住其左膝前皱襞，使小母猪右侧卧地（小母猪头在术者右侧，尾在术者左侧，背向术者）。术者右脚踩在小母猪耳后的颈部，并将其左、右肢向后伸直，使其后躯呈半仰卧姿势，左脚踩住小母猪的左后肢，使皮肤绷紧，然后施术。

图 10-10　小挑花切口位置示意图

（2）手术部位：术者左手中指抵住小母猪左侧髋结节（胯尖），拇指压在同侧腹壁上，中指和拇指在同一条直线上，拇指指端要按在小母猪同侧乳头与膝前皱襞之间中点的稍外方，此处就是切口的位置（图 10-10）。仔猪营养良好、发育快的，切口可稍偏腹侧；营养差、身体消瘦的，切口可稍偏背侧。在饲喂后，腹腔内容物较多时，切口可稍偏后；腹腔内容物偏少时，切口可稍偏前。俗称"饥朝前，饱朝后，肥靠内，瘦靠外"就是这个意思。

（3）手术方法：手术部位确定后，术者以左手拇指用力按压小母猪腹壁，右手以执笔式持刀，用中指逼住刀尖刺入腹壁并切透，切口大小为 0.6～1 cm，一次切透皮肤和腹壁肌肉层，用手柄端捣破腹膜，并向左右扩大。在捣破腹膜时，似有一种穿透薄膜的感觉，同时有腹水流出。当术者左手拇指按压局部时，子宫角可从切口内自行突出，若不能突出，可将刀柄左右摇晃，并用刀柄端向骨盆腔勾取。当子宫角暴露于切口之外时，术者两手自然屈曲，继续压迫腹壁，再用两手拇指、食指交替拉出子宫角，然后把卵巢连带子宫体一并摘除。因切口很小不必缝合。

2. 大挑花　适用于 3 月龄以上的健康母猪。术前要进行母猪发情检查和妊娠检查，对未发情和未妊娠的母猪可以施行手术。

（1）保定：采用右侧卧保定，使猪的背部向着术者，头和后肢由助手辅助保定。

（2）手术部位：较小或体瘦的母猪，在肷部三角区中央做切口；较大或膘情好的母猪，可在肷部三角区的后下 1/3 处做切口。

（3）手术方法：术者左手拇指在母猪髋关节前端垂直向下 2～3 cm 处按压左肷区，沿手指边缘做 2～3 cm 长的弧形切口，切透皮肤，用右手食指戳破腹肌，并用力戳破腹膜。术者右手食指经切口伸入母猪腹腔至腰椎左侧，由前向后探摸左侧卵巢，摸到左侧卵巢后，用食指尖压住，并沿着腹壁向外勾出。当卵巢达到切口时，可借助刀柄的钩勾出左侧卵巢，再用右手食指继续探摸右侧卵巢。如果右侧卵巢不易找到时,可顺着左侧子宫角去找,找到后拉出切口外,以三棱缝合线结扎卵巢系膜,并切除两侧卵巢。用螺旋缝合法缝合腹膜,撒布消炎粉后,用结节缝合法缝合皮肤 2～3 针,手术部位用 5%碘酊消毒。

四、作业

(1)简述公猪、母猪去势手术方法的异同。

(2)结合实习,总结猪去势手术方法,并指出其要点。

Note

附　录

(a) 民猪（公）

(b) 民猪（母）

图 1　民猪

(a) 二花脸（公）

(b) 二花脸（母）

(c) 嘉兴黑猪（公）

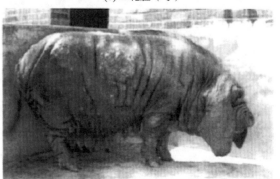

(d) 嘉兴黑猪（母）

图 2　太湖猪

(a) 金华猪（公）

(b) 金华猪（母）

图 3　金华猪

(a) 荣昌猪（公）

(b) 荣昌猪（母）

图 4　荣昌猪

(a) 香猪（公）

(b) 香猪（母）

图 5　香猪

(a) 大白猪（公）

(b) 大白猪（母）

图 6　大白猪（兰德瑞斯猪）

(a) 大白猪（公）

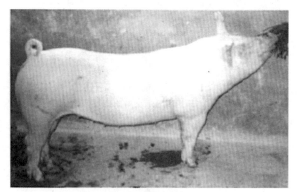

(b) 大白猪（母）

图 7　大白猪

(a) 杜洛克猪（公）

(b) 杜洛克猪（母）

图 8　杜洛克猪

(a) 汉普夏猪（公）

(b) 汉普夏猪（母）

图 9　汉普夏猪

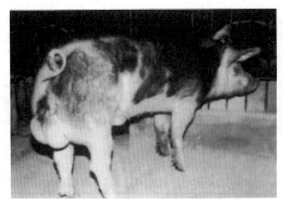

(a) 皮特兰猪（公）

(b) 皮特兰猪（母）

图 10　皮特兰猪

(a) 北京黑猪（公）　　　　　　　　　　　　(b) 北京黑猪（母）

图 11　北京黑猪

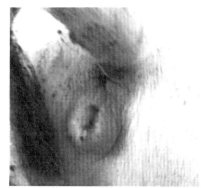

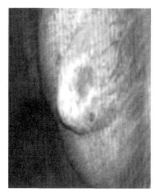

图 12　发情表现

参考文献

［1］　魏刚才.养殖场消毒技术［M］.北京:化学工业出版社,2007.

［2］　潘琦.科学养猪大全［M］.合肥:安徽科学技术出版社.2008.

［3］　王林云.养猪词典［M］.北京:中国农业出版社,2004.

［4］　何谦,郭进超,李岩,等.发酵液体饲料在断奶仔猪的应用进展.养猪［J］.2007(5):5-7.

［5］　罗安治.瘦肉型猪饲养技术［M］.成都:四川科学技术出版社,2009.

［6］　何若钢.种猪选育与饲养管理技术［M］.北京:化学工业出版杜,2012.

［7］　刘作华.猪规模化健康养殖关键技术［M］.北京:中国农业出版社,2009.

［8］　段诚中.规模化养猪新技术［M］.北京:中国农业出版社,2001.

［9］　崔尚金,魏凤祥.断乳仔猪饲养管理与疾病控制专题20讲［M］.北京:中国农业出版社,2004.

［10］　唐新连.实用养猪实用技术［M］.上海:上海科学技术出版社,2013.

［11］　赵鸿璋,曹广芝.猪场经营与管理［M］.郑州:中原农民出版社,2011.

［12］　杨公社.猪生产学［M］.北京:中国农业出版社,2002.

［13］　朱宽佑,潘琦.养猪生产［M］.2版.北京:中国农业大学出版社,2011.

［14］　杨公社.绿色养猪新技术［M］.北京:中国农业出版社,2004.

［15］　赵希彦,郑翠芝.畜禽环境卫生［M］.北京:化学工业出版社,2009.

［16］　俞美子,赵希彦.畜牧场规划与设计［M］.2版.北京:化学工业出版社,2016.

［17］　王燕丽,李军.猪生产技术［M］.2版.北京:化学工业出版社,2016.

［18］　郭宗义,王金勇.现代实用养猪技术大全［M］.北京:化学工业出版社,2010.

［19］　张户,王黎.规模化养猪场的数据管理［J］.养猪,2013(1):84-88.

［20］　刘庭科,黄学斌.现代规模猪场管理要点浅析［J］.中国猪业,2012(3):14-15.

［21］　李宇琴.一例抗体监测改善猪场免疫状况实例［J］.今日养猪业,2011(4):21-22.

［22］　梁永红.实用养猪大全［M］.2版.郑州:河南科学技术出版社,2008.

［23］　易本驰,张汀.猪病快速诊治指南［M］.郑州:河南科学技术出版社,2008.